电动旋翼航空器机械系统适航审定要求解析

徐海　谷峰　郝志鹏　著

化学工业出版社
·北京·

内容简介

本书系统全面地解析了电动旋翼航空器机械系统的适航审定要求。内容涵盖电动旋翼航空器机械系统的核心适航技术及其符合性验证方法的现状和发展趋势，操纵系统、液压系统、起落架系统和环控系统的功能、组成、型号取证过程中需要验证的条款，并从适航审定的角度解析每一条款对飞机设计提出的符合性要求，解读条款的发展过程，重点提出系统针对该条款的符合性验证思路，最后给出适航审定过程中可接受的符合性验证方法和审查要点。

本书内容新颖实用、案例丰富、数据可靠，对相关专业设计人员、工程技术人员、院校师生等都具有一定的指导意义，民用航空器设计制造人员更可参考本书进行相关系统的适航活动。

图书在版编目（CIP）数据

电动旋翼航空器机械系统适航审定要求解析 / 徐海，谷峰，郝志鹏著. -- 北京 : 化学工业出版社, 2025. 11. -- ISBN 978-7-122-49207-4

Ⅰ. V275

中国国家版本馆 CIP 数据核字第 20253954CF 号

责任编辑：黄 滢　　装帧设计：王晓宇
责任校对：边 涛

出版发行：化学工业出版社
(北京市东城区青年湖南街 13 号　邮政编码 100011)
印　装：北京建宏印刷有限公司
787mm×1092mm　1/16　印张 15½　字数 350 千字
2025 年 11 月北京第 1 版第 1 次印刷

购书咨询：010-64518888　　售后服务：010-64518899
网　址：http://www.cip.com.cn
凡购买本书，如有缺损质量问题，本社销售中心负责调换。

定　价：128.00 元

前言

随着旋翼航空器的设计制造向绿色、高效方向转型，电动旋翼航空器正迎来前所未有的发展机遇。电动旋翼航空器作为城市空中交通的核心载体，以其低噪声、零排放和灵活起降的特点，成为未来智慧交通系统的重要组成部分。然而，其商业化进程始终绕不开一道关键门槛——适航认证。

适航条款是航空器安全性的基石，是确保每一架航空器在设计、制造和运行中满足最低安全标准的法律与技术依据。对于新兴的电动旋翼航空器而言，其机械系统涵盖电传动操纵系统、液压系统、起落架系统、环控系统等，融合了高功率电驱动、分布式推进、多冗余备份等创新技术，这对传统的适航符合性验证方法提出了严峻挑战。如何系统化地针对电动旋翼航空器机械系统提出基于条款的符合性验证方法，不仅是技术难题，更是关乎民用电动旋翼航空器商业化的核心环节。

本书致力于构建一套从理论到实践、从条款解读到工程应用的符合性验证方法体系，旨在为航空器设计单位、适航审定机构、科研院所及相关从业人员提供切实可行的技术指引。

全书内容围绕"方法"这一核心展开。首先，本书深入剖析了电动旋翼航空器适用适航条款中适用于机械系统的条款要求。其次，系统阐述了符合性验证的逻辑框架，包括符合性验证方法的选择、证据链的构建与评审要点。

本书的主要读者对象包括航空器设计与制造单位的工程师、适航工程师、系统工程师，适航审定部门的审定代表与专家，高等院校飞行器设计、适航技术与管理专业的研究生和教师，以及对电动航空器研发与认证感兴趣的相关专业人士。

由于电动航空技术及适航审定政策均在快速演进中，因此书中内容虽力求准确与前瞻，但疏漏之处仍在所难免，恳请各位读者批评指正。衷心希望本书不仅能成为读者手边的工具指南，更能激发更多关于未来航空器安全与创新的深入讨论，共同推动中国乃至全球电动航空产业安全、健康、有序地在蓝天绽放活力。

在此，感谢中国民用航空沈阳航空器适航审定中心丁丽、陈卓两位同事，以及天津直升机有限责任公司李勇和哈尔滨飞机工业集团有限责任公司吕晓锋、安杨、刘彬彬、马小伟、季茂龄六位专家给予的专业性指导与帮助。同时，也向为本书编写出版提供宝贵知识与经验的企事业单位、科研院所的专家同仁，以及默默支持我们的家人，致以最诚挚的谢意！

著者

目录

第 1 章

概述 / 1

第 2 章

操纵系统 / 9

第 1 章

概述

1.1 适航规章框架的演进与现状

电动旋翼航空器作为低空经济的核心载体，其适航认证体系正处于从传统航空规章向新型标准过渡的关键阶段。全球主要航空管理机构针对这一新兴领域采取了差异化的适航审定路径，共同推动着适航技术体系的完善。

(a) 国际适航框架的多元化发展。

美国联邦航空管理局（FAA）采用渐进式适航审定方法，在现有联邦航空条例（FAR）Part 23 基础上，针对电动垂直起降（eVTOL）特性发布专用条件（Special Conditions）。欧洲航空安全局（EASA）则发布了全球首部针对垂直起降航空器的专门规章 SC-VTOL，提出了分级认证理念，根据航空器复杂度和风险等级划分为 5 个类别，为各类电动旋翼航空器提供了清晰的认证路径。中华人民共和国民用航空局（CAAC，以下简称中国民航局）在《通用航空装备创新应用实施方案（2024—2030 年）》中明确提出构建“有人无人结合、高低搭配互补”的适航管理体系，并加快完善电推进系统专用条件，如针对电池失效管理、转子超速（XX. 3327 条款）、耐久性（XX. 3519 条款）等关键技术要求（表 1-1）。

(b) 中国适航体系的加速建设。

2024 年 3 月，中华人民共和国工业和信息化部等四部门联合发布的《通用航空装备创新应用实施方案（2024—2030 年）》制定了明确的目标：到 2027 年，形成完善的通用航空法规标准体系和安全验证体系；到 2030 年，实现“短途运输＋电动垂直起降”客运网络的全面运营。中国民航局已发布《电推进系统专用条件编制指南》咨询通告，并建立了随机审定与独立审定双轨制，既允许电推进系统随航空器整机认证，也支持关键子系统独立申请技术标准批准（TSOA）。此外，中国民航大学牵头制定了 4 项电推进系统团体标准，为民航标准的建设奠定了基础。

（c）适航条款的技术深化。

针对电动旋翼航空器的特殊性，适航条款在机械系统领域呈现出精细化、专业化的发展趋势。以 EASA SC-VTOL 规章为例，其要求转子系统必须具备足够的“爆裂裕度”，在超过认证工作条件和导致转子超速的失效条件下仍能保持结构完整性，通常要求通过试验和有效的分析方法证明爆裂裕度不低于 1.5 倍最大工作转速。中国民航规章中的 XX.3519 条款则强调螺旋桨系统的耐久性要求，涵盖材料选择、应力水平、疲劳性能等关键因素，要求制造商通过静力试验、疲劳试验、耐久性试验等多种验证手段确定翻修间隔期。

表 1-1　主要航空管理机构电动旋翼航空器适航框架比较

管理机构	核心规章	认证路径特点	关键技术要求
FAA（美国）	FARPart 23＋用条件	基于风险的分级审定	电池安全、坠落碰撞保护、飞控可靠性
EASA（欧洲）	SC-VTOL	5 级分类认证	爆裂裕度（≥1.5x）、结构完整性、飞控冗余
CAAC（中国）	CCAR-23-R4＋特别条件	随机审定与独立审定并行	转子超速（XX.3327）、耐久性（XX.3519）、数据链安全

1.2　机械系统核心适航技术突破

电动旋翼航空器机械系统的适航技术发展集中于三大关键领域：高可靠动力系统、轻量化结构设计，以及冗余飞控系统。这些技术突破直接决定了航空器能否满足适航要求的安全性阈值和可靠性指标。

1.2.1　动力系统安全技术

动力系统作为电动旋翼航空器的“心脏”，其安全性直接关系到适航认证的核心指标。现代电动航空动力系统通过以下多重技术路径提升安全水平。

（a）异构双余度电机控制。

捷飞智航科技（西安）有限公司开发的电机控制系统采用异构双控制器架构，两个不同架构的控制器实时互相传输电气参数并进行交叉校验。当主控制器出现异常时，备用控制器可在毫秒级时间内接管控制，有效避免了单点故障和同构双余度系统的共性故障问题。这种设计显著提升了中大型无人机的稳定性和可靠性，满足了适航规章对动力系统“失效可工作”的要求。

（b）高能量密度航空电池。

中国《通用航空装备创新应用实施方案》明确规划了航空锂电池的技术路线：2027 年前实现 400W・h/kg 级产品量产，2030 年前完成 500W・h/kg 级产品应用验证。这些高能量密度电池系统集成了多级熔断保护和热失控抑制技术，确保在单体电池失效的情况下不会引发连锁反应。同时，电池系统还需通过适航条款要求的过充/过放测试、针刺试验和高空低气压测试等极端条件验证，证明其在各种可预见的工作条件下均不会发生危害性热失控。

（c）混合冷却电机技术。

针对电动旋翼航空器高功率密度电机的散热挑战，先进的混合冷却系统结合了液冷基板与风冷散热片的双重优势。中国民航大学的研究表明，此类系统可使电机持续功率密度提升 35% 以上，同时满足适航规章对电推进系统温度控制的严格要求。电机的设计还需考虑电磁兼容性（EMC）问题，防止对航空电子设备产生干扰，这也是适航审查的重点内容。

1.2.2 结构完整性与坠撞安全

机械系统的结构设计必须满足适航规章对坠撞生存率的要求，同时兼顾轻量化需求。

（a）复合材料旋翼系统。

现代电动旋翼航空器广泛采用碳纤维增强复合材料制造旋翼结构，通过铺层优化设计实现重量减轻 30%～40% 的同时，满足适航要求的疲劳寿命（通常要求数万飞行小时）。旋翼系统必须通过严格的超转试验（通常要求 125% 最大工作转速）和鸟撞试验，证明其在极端条件下不会发生灾难性故障。

（b）耐坠毁机身设计。

亿航 EH216-S 等载人 eVTOL 采用能量吸收结构设计，起落架和座椅安装点等关键区域使用可压溃材料，在坠撞事故中通过可控变形吸收动能，确保乘员承受的冲击载荷低于人体耐受极限（通常要求纵向加速度≤25g，横向加速度≤15g）。适航验证中需通过落振试验和计算机仿真相结合的方式验证耐坠毁性能。

（c）机械传动简化设计。

与直升机复杂的传动系统不同，电动旋翼航空器多采用分布式电推进（DEP）架构，大幅简化了机械传动链。如亿航 EH216-S 由 16 个独立的螺旋桨组成，每个电机直接驱动一个螺旋桨，消除了传统直升机的主旋翼传动轴、尾桨传动轴和减速器等复杂机械部件，显著提高了系统的可靠性和适航符合性。

1.2.3 飞控与机械作动系统

飞行控制系统是电动旋翼航空器的“神经系统”，其可靠性直接关系到飞行安全。

（a）三余度电传作动系统。

先进载人 eVTOL 采用三通道异构架构，结合两套机电作动器（EMA）和一套机械备份系统。系统通过多数表决机制实现故障屏蔽，当单一通道出现故障时仍能维持正常飞行；双通道失效时可激活机械备份，确保可控飞行。这种设计满足了适航规章对载人航空器“失效-安全”的要求。

（b）旋翼控制机构可靠性提升。

传统直升机旋翼控制系统中的球轴承等关键部件是适航关注的重点。针对此问题，适航指令（如 CAD2025-EC35-01）要求对轴承进行定期无损检测（如磁粉检测、X 射线检测），并建立寿命跟踪系统，确保在达到使用寿命前及时更换。电动旋翼航空器则进一步采用无轴承旋翼设计和磁悬浮技术，从源头上减少机械故障点，提高系统可靠性。

1.3 适航符合性验证方法创新

适航符合性验证是证明航空器满足安全性要求的科学过程，电动旋翼航空器领域正在发展多种创新验证方法，以应对新技术带来的挑战。

1.3.1 基于模型的验证体系

基于模型的系统工程（MBSE）方法正在电动旋翼航空器适航验证中发挥越来越重要的作用。

(a) 数字孪生技术应用。

通过构建包含气动、结构、控制等多学科的高保真数字孪生模型，可以在虚拟环境中模拟各种故障场景和极端条件。例如，转子超速（XX. 3327 条款）的符合性验证可借助多体动力学仿真预测转子系统在超速状态下的应力和变形分布，辅助确定最危险的爆裂转速点，大幅减少物理试验次数。

(b) 故障树分析（FTA）与系统安全评估。

针对机械系统单点故障问题，采用定量化风险评估工具进行预测。以动力电池系统为例，通过构建包含单体电池、电池模组、电池管理系统（BMS）、热管理系统等层次的故障树，定量计算系统失效概率（通常要求低于 10^{-9}/飞行小时），满足适航要求的“极不可能”发生等级。

1.3.2 试验验证体系构建

物理试验仍是适航符合性验证的最终依据，电动旋翼航空器需要构建全面的试验验证体系（表 1-2）。

(a) 部件级试验。

包括电机超转试验（验证转子爆裂裕度）、电池穿刺试验（验证热失控传播特性）、螺旋桨疲劳试验等。例如，按照 XX. 3519 耐久性条款要求，螺旋桨系统需完成全尺寸疲劳试验，验证其在翻修间隔期内的结构完整性。

(b) 系统级试验。

涵盖动力系统台架测试、飞控硬件在环（HIL）测试等。览翌航空在 LEU100 适航审查中，通过系统级测试验证了航电系统与飞控软件的协同性，证明了系统在各种边界条件下的稳定性和可靠性。

(c) 整机级试验。

包括地面共振试验（验证旋翼系统与机体的动力学耦合特性）、坠撞试验（验证机体结构能量吸收能力），以及飞行试验等。锐翔 RX4E 电动飞机在适航审定过程中进行了长达五年的各种试验，最终获得了中国民航局的型号合格证。

表 1-2 电动旋翼航空器机械系统主要适航验证方法

验证方法	适用场景	验证目的	适航条款参考
多体动力学仿真	转子系统设计	预测超速行为，确定爆裂转速	XX. 3327(超速)
全尺寸疲劳试验	旋翼/螺旋桨	验证翻修间隔期内的结构完整性	XX. 3519(耐久性)
硬件在环测试	飞控系统	验证故障模式下的系统响应	SC. 0000(飞控)
坠撞试验	机体结构	验证坠撞生存率，评估乘员保护	SC. 0000(结构)
环境试验	整机/部件	验证极端温度、湿度、振动条件下的性能	XX. 0000(环境)

1.3.3 持续适航管理

适航认证不是终点，而是航空器全生命周期安全管理的起点。现代适航体系强调持续适航的重要性。

(a) 实时数据监控与预警。

通过在航空器上部署数百个传感器，实时监测机械系统关键参数（如振动频谱、温度分布、应力状态等），结合边缘计算技术实现异常状态的早期预警。这些数据不仅用于预防性维护，也为适航当局修订规章提供了科学依据。

(b) 适航指令与服务通告。

针对运行中发现的安全隐患，适航当局会发布强制性适航指令（如 CAD2025-EC35-01），要求运营人对特定部件进行检查或更换。制造商也会发布服务通告，提供预防性维护建议。例如，针对 EC135 系列直升机旋翼控制系统球轴承发布的适航指令要求定期检查并将结果报告给制造商，确保潜在缺陷得到及时处理。

1.4 典型案例与实践经验

电动旋翼航空器的适航认证实践正在全球范围内加速推进，一些典型案例为我们提供了宝贵经验。

1.4.1 亿航 EH216-S 全球认证实践

亿航智能的 EH216-S 无人驾驶电动垂直起降航空器是全球首个获得全面适航认证（含

TC/PC/AC）的载人 eVTOL，其认证经验具有重要参考价值。

（a）全球适航布局。

2024 年 9 月，亿航 EH216-S 获得巴西国家民航局颁发的试验飞行许可证书，并在巴西成功完成首次飞行；2025 年 6 月，亿航与阿根廷国家飞机制造公司（FAdeA）签署战略合作备忘录，共同推进 EH216-S 在阿根廷和拉美地区的适航认证、本地化生产及运营服务体系建设。这种本地化合作模式充分利用了当地合作伙伴对适航规章的深刻理解和与监管机构的良好关系，加速了认证进程。

（b）适航技术特点。

EH216-S 采用 16 旋翼分布式布局，最大起飞质量 620kg，最大飞行速度 130km/h，航程 30km。其机械系统设计极具特色：无传统起落架结构，依靠机体底部缓冲结构吸收着陆冲击；无机械传动链，每个电机直接驱动一个螺旋桨，显著简化了机械系统，减少了适航认证的复杂性。

1.4.2 览翌航空 LEU100 适航审定进展

览翌航空研发的 LEU100 中型电动垂起无人机代表了中国物流无人机适航认证的前沿水平。

（a）复合翼构型创新。

LEU100 采用垂直起降与固定翼巡航相结合的设计，最大起飞质量 140kg，最大商载 55kg，巡航速度 120km/h。这种设计兼顾了垂直起降的灵活性和固定翼巡航的高效率，特别适合物流货运、医疗救援等应用场景。

（b）适航审查突破。

2024 年底，LEU100 在上海成功举办首次适航审查会，与会专家对其结构设计、航电系统和飞行性能进行了全面审查，标志着适航审定工作进入新阶段。

1.4.3 锐翔电动飞机适航认证经验

辽宁通用航空研究院研发的 RX4E 锐翔四座电动飞机于 2025 年初获得中国民航局型号合格证，为电动飞机适航认证提供了宝贵经验。

（a）五年认证历程。

锐翔 RX4E 于 2019 年 11 月向中国民航局提交认证申请，经历了长达五年的严格测试和验证，最终成功获得型号合格证。这一过程表明，即使是相对简单的电动固定翼飞机，适航认证也是一个漫长而严谨的过程。

（b）技术参数与性能。

RX4E 翼展 13. 5m，机长 8. 4m，最大起飞质量 1260kg，搭载总容量 70kW・h 的动力锂电池，电推进系统最大功率 140kW，最大续航时间 1. 5h。这些数据为电动航空器适航认证提供了重要参考。

1.5 挑战与发展趋势

电动旋翼航空器机械系统适航技术虽然取得了显著进展，但仍面临诸多挑战，未来发展呈现出明确趋势。

1.5.1 技术挑战

(a) 电池安全与能量密度平衡。

当前航空锂电池能量密度（300～400W·h/kg）仍无法完全满足商业运营的经济性要求，而进一步提升能量密度又面临热失控风险增加的挑战。适航审定要求电池系统在任何可预见的工作条件下均不会发生危害性热失控，这对电池材料、结构和管理系统提出了极高要求。

(b) 适航验证体系完善。

针对新型机械系统（如磁轴承、超导电机等）的验证方法尚未标准化。特别是分布式电推进系统的多旋翼气动干扰、失效模式分析等缺乏成熟的验证指南。此外，数字孪生等新型验证方法的适航认可度仍需提升。

(c) 持续适航管理挑战。

随着机队规模扩大，如何高效收集和分析运行数据，实现预测性维护成为挑战。特别是对于采用新型材料和结构的机械部件，其寿命预测模型和损伤容限评估方法需要进一步完善。

1.5.2 发展趋势

(a) 智能化适航验证。

人工智能技术将在适航验证中发挥越来越重要的作用。基于机器学习的异常检测算法可提前识别机械系统的潜在故障；数字孪生技术可实现对机械系统全生命周期的健康管理；自动化测试用例生成工具可提高验证效率和覆盖率。

(b) 适航规章全球协调。

随着 eVTOL 全球化运营趋势加速，FAA、EASA 和 CAAC 正在加强适航标准的协调统一。2024 年成立的国际电动航空适航工作组致力于制定全球统一的 eVTOL 适航基准，减少重复认证成本。

(c) 绿色适航标准发展。

除安全性外，环境可持续性正成为适航标准的新维度。欧盟已提出“绿色适航”概念，要求评估航空器全生命周期的碳足迹。未来适航审定可能增加对噪声污染、电磁辐射和材料可回收性的要求。

(d) 新材料的适航认证。

随着复合材料、增材制造部件在机械系统中的广泛应用，适航审定方法正在革新。基于概率损伤容限（PDT）的方法有望替代传统的确定性方法，更科学地评估新型材料结构的可靠性和使用寿命。

电动旋翼航空器适航技术发展已成为推动低空经济繁荣的关键基石。随着政策支持力度加大、技术瓶颈逐步突破以及认证经验不断积累，全球适航体系正加速完善。未来十年，随着适航标准与验证方法的成熟，电动旋翼航空器将在城市交通、物流配送、应急救援等领域实现大规模应用，最终形成“空-天-地一体化”的立体交通网络，深刻改变人类出行方式和社会运行模式。在这一进程中，机械系统适航技术的持续创新将是保障低空交通安全、高效运行的根本所在。

第2章

操纵系统

2.1 操纵系统概述

2.1.1 系统组成

电动旋翼航空器操纵系统一般包括主旋翼操纵系统和尾桨操纵系统。

主旋翼操纵系统包括总距操纵和周期变距操纵，为硬式操纵系统。从座舱操纵装置到主操纵舵机的线系包括周期变距杆、总桨距杆、拉杆、摇臂、扭轴、组合摇臂、复合摇臂、主操纵舵机等零部件。

尾桨操纵系统为硬式操纵系统，从驾驶舱操纵装置到尾操纵舵机的线系包括脚蹬组件、摇臂、扭轴、拉杆以及尾操纵舵机等零部件。

系统若采用软硬混合式操纵系统，其软式部分一般采用推拉钢索进行操纵。

系统中设置有止动器，分别用于对横向、纵向和总距以及航向操纵量进行限制，防止因干扰或超载引起驾驶员或自动驾驶输入的无限运动。

同时设置有总距低距锁，用于在地面状态下旋翼航空器在发动机不工作阶段锁住驾驶员总桨距杆，确保总桨距杆处于低距位置。

2.1.2 系统原理

操纵系统是将正副驾驶员的操纵指令通过座舱操纵装置、机械线系、操纵舵机、自动倾斜器等部件传到主、尾桨叶，从而实现对旋翼航空器的姿态和航迹的控制。

操纵系统包括主旋翼操纵系统和尾旋翼操纵系统（航向操纵系统）。其中主旋翼操纵系统包括周期变距操纵（俯仰和横滚）、总桨距操纵，如图 2-1 所示。

周期变距俯仰操纵——用来操纵旋翼桨叶攻角的周期性变化，从而改变旋翼拉力的方向，以保持或改变旋翼航空器的纵向运动和俯仰姿态。前后移动周期变距操纵杆操纵纵向线系，使自动倾斜器 B 点运动，以实现旋翼航空器绕俯仰轴的运动。当前推周期变距操纵杆时，自动倾斜器 B 点向下运动，A、C 点保持不动，桨叶攻角周期变化的结果，使旋翼桨盘前倾，旋翼航空器前飞；反之后拉周期杆时，旋翼桨盘后倾，旋翼航空器后飞。

周期变距横滚操纵——用来操纵旋翼桨叶攻角的周期性变化，从而改变旋翼拉力的方向，以保持或改变旋翼航空器的横向运动和滚转姿态。左右移动周期变距操纵杆操纵两个横向线系，使自动倾斜器 A、C 两点反向运动以实现旋翼航空器绕横滚轴线的运动。当向右压周期变距操纵杆，使得 A 点向下、C 点向上做等距运动，而 B 点保持不动，桨叶安装角周期变化的结果，使旋翼桨盘向右倾斜，旋翼航空器向右侧飞；反之向左压周期杆时，旋翼桨盘向左倾斜，旋翼航空器向左侧飞。

总桨距操纵——用来操纵旋翼桨叶的总桨距，从而改变旋翼拉力的大小，以实现旋翼航空器沿高度方向的运动。上下移动总桨距操纵杆使 A、B、C 三点都做等量的运动。当上提总距操纵杆时三点都向上运动，而使旋翼总桨距增大，旋翼航空器上升；反之下压总距操纵杆时，旋翼总距减小，旋翼航空器下降。

尾桨操纵——用来操纵尾桨桨距，从而改变尾桨拉力的大小，以保持或改变旋翼航空器航向运动和航向姿态。当向前蹬右脚蹬时，尾桨桨距增加，旋翼航空器机头向右偏；反之当向前蹬左脚蹬时，尾桨桨距减小，旋翼航空器机头向左偏。

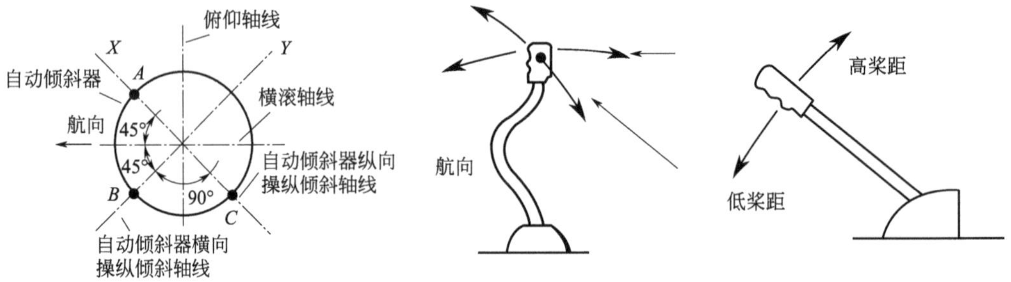

图 2-1　主旋翼操纵系统工作原理

周期变距操纵杆前后运动，带动自动倾斜器 B 点移动，使自动倾斜器绕 X 轴倾斜。

周期变距操纵杆横向运动，使自动倾斜器的 A 和 C 点做反向移动，使自动倾斜器绕 Y 轴倾斜。

总桨距操纵杆运动：在 A、B 和 C 点同时操纵自动倾斜器，于是自动倾斜器做平行移动，而不影响攻角周期变化。

2.1.3　系统典型零部件

操纵系统作为相对复杂的机械系统，包含了一些典型结构的零部件，如复合摇臂、操纵拉杆、推拉钢索，以及轴承等。

2.1.3.1 复合摇臂

复合摇臂是操纵系统中的重要组成部分，其功能是将总距操纵与周期变距操纵进行复合，一般包含扭力轴、摇臂以及轴承等，如图 2-2 所示。

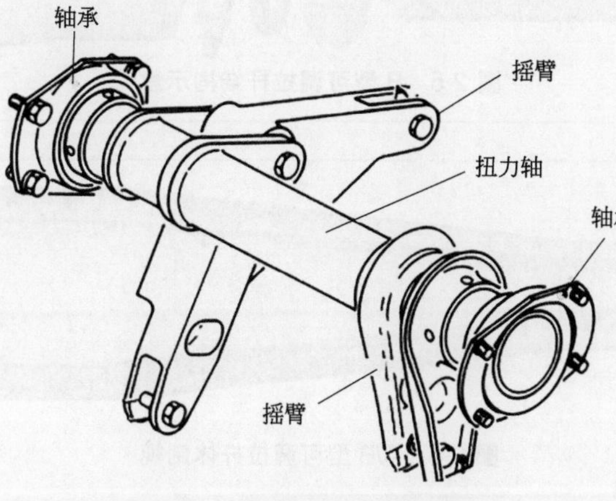

图 2-2 复合摇臂结构示意

2.1.3.2 操纵拉杆

操纵系统的硬式操纵部分一般采用操纵拉杆进行载荷和位移的传递，其结构由拉杆体、杆端轴承、螺母，以及垫片等组成。拉杆体一般采用 2017A 铝合金管材，杆体两端收口，其能承受操纵的推拉载荷。按照两端的固定方式一般分为固定拉杆和可调拉杆。

固定拉杆包括拉杆体和杆端接头（图 2-3）。

图 2-3 固定拉杆结构示意

可调拉杆可分为采用锁紧垫片（A 型）和锁线（B 型）固定的两种形式（图 2-4～图 2-6）。

A 型可调拉杆包括拉杆体、杆端接头、螺母、锁紧垫片以及热收缩套（图 2-4）。

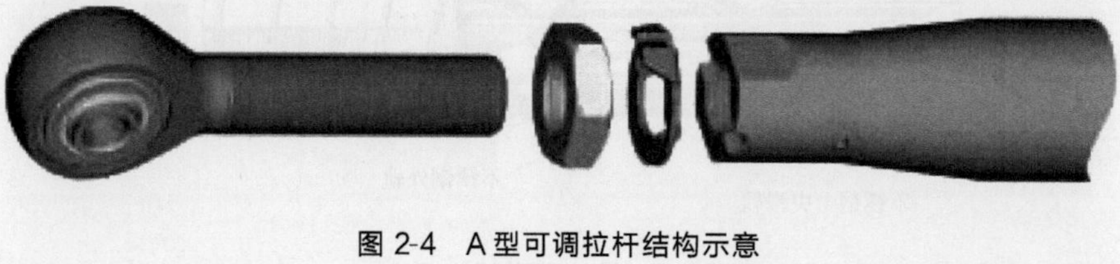

图 2-4 A 型可调拉杆结构示意

B 型可调拉杆包括拉杆体、杆端接头、螺母、垫片、锁线以及热收缩套（图 2-5）。

图 2-5　B 型可调拉杆结构示意

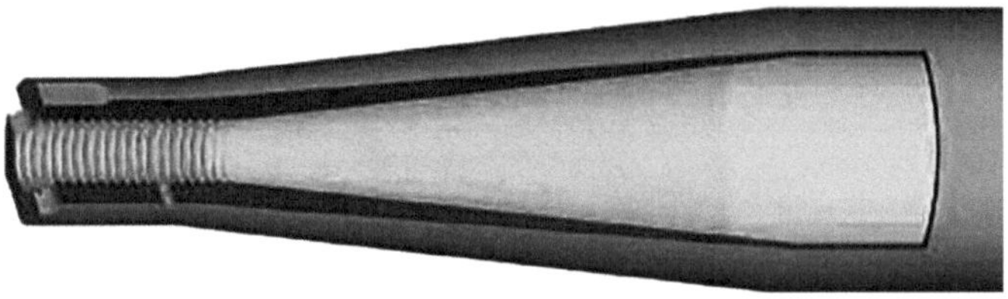

图 2-6　A/B 型可调拉杆体剖视

2.1.3.3　推拉钢索

操纵系统的软式操纵部分一般采用推拉钢索进行载荷和位移的传递。

推拉钢索，又称为半软式控制钢索，是一种高效率的以及适应高张力和压缩负载传输的控制钢索。其实质是一个线性滚珠轴承，主要用于在推拉运动中传输更重要的负载，把力从一个点转移到另一个点上。选择合适的应用并正确安装推拉钢索，可使它产生最大程度的传输效率并能在机械控制系统中灵活运动。

如图 2-7 所示，推拉钢索部件组成如下：

（a）不锈钢外轨，用于运载无功负载；

（b）不锈钢滚珠，用于承载，减少中央滑轨运动时的摩擦阻力；

（c）不锈钢滚珠隔离圈，用于定位滚珠，使其发挥最佳性能；

（d）不锈钢中央滑轨，用于主动负载传送部件；

（e）灵活性互锁钢套管，用于提供径向支承；

（f）PVC 管罩，用于保护内部部件不被外部污染。

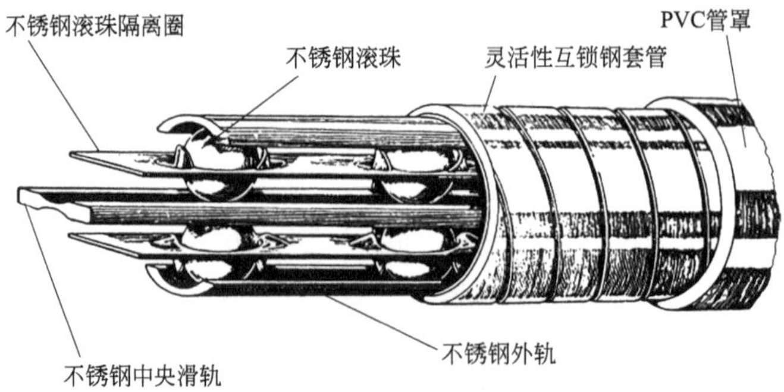

图 2-7　推拉钢索部件组成

由于普通软式钢索只能承受拉力，不能承压。因此，在软式操纵中，普通钢索必须组成回路系统。钢索由滑轮支持，并通过滑轮来改变钢索的通过方向，或通过扇形件来改变输入与输出钢索的传动比。

与普通软式钢索相比，推拉钢索具有以下特点：

(a) 推拉钢索可同时传递拉力和压力，不需像普通钢索那样构成回路，降低了系统的复杂度，安装简单，节约成本；

(b) 推拉钢索长度可达 50m，并可通过连接单个联轴器使运动和载荷传输到更远的距离；

(c) 推拉钢索可在复杂的多平面布局中保持最大灵活性，其机械效率可达到 90% ～ 95%，同时具有高负载、精密和低滞后的特点；

(d) 推拉钢索的运动部件全部包覆在钢套管和 PVC 管罩内部，不受环境温度、湿热、霉菌等外部因素影响；

(e) 推拉钢索具有较高的可靠性和使用寿命，安装后不需特别的维修和保养。

2.1.3.4 轴承

操纵系统中拉杆和摇臂、支座和摇臂等的铰链部位采用轴承进行连接。

轴承的主要功能是支承旋转轴或其他运动体，引导转动或移动运动并承受由轴或轴上零件传递而来的载荷。系统中采用的轴承一般为滚动轴承（图 2-8）和关节轴承（图 2-9）。

滚动轴承是采用滚动摩擦原理工作的支承件，具有摩擦力小、易于启动、升速迅速、结构紧凑，标准化、系列化、通用化水平高，适应现代各种机械要求的工作性能和使用寿命以及维护保养简便等特点。

滚动轴承有多种结构类型，通常按轴承中滚动体种类的不同，将其分为球轴承和滚子轴承，并按轴承所能承受载荷的主要作用方向分为向心轴承和推力轴承。

图 2-8　滚动轴承示意

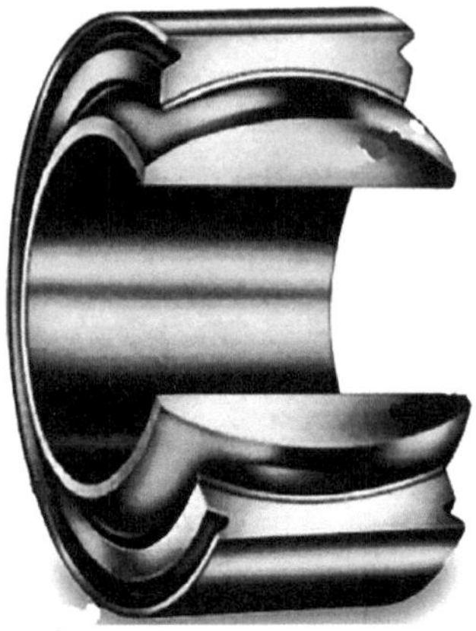

图 2-9　关节轴承示意

(a) 滚动轴承按其所能承受的载荷方向或公称接触角的不同，分为：

(Ⅰ) 向心轴承——主要用于承受径向载荷的滚动轴承，其公称接触角从 0°到 45°；

(Ⅱ) 推力轴承——主要用于承受轴向载荷的滚动轴承，其公称接触角从 45°到 90°。

(b) 滚动轴承按滚动体的种类分为球轴承和滚子轴承。

(c) 滚动轴承按其能否调心，分为：

(Ⅰ) 调心轴承——滚道是球面形的，能适应两滚道轴心线间的角偏差以及角运动的轴承；

(Ⅱ) 非调心轴承——能阻抗滚道间轴心线角偏移的轴承。

关节轴承是滑动接触表面为球面，主要适用于摆动运动、倾斜运动和低速旋转运动的滑动轴承。其主要类型有以下几种：

(a) 关节轴承按其所能承受的载荷方向或公称接触角的不同，分为：

(Ⅰ) 向心关节轴承——用于承受径向载荷的滚动轴承，其公称接触角从 0°到 30°；

(Ⅱ) 推力关节轴承——用于承受轴向载荷，其公称接触角从 30°到 90°。

(b) 关节轴承按其是否附有杆端或装于杆端上分为一般关节轴承和杆端关节轴承。

(c) 关节轴承按其工作是否需补充润滑剂，分为润滑型关节轴承和自润滑型关节轴承。

(d) 关节轴承按其所能承受载荷的方向、接触角和结构形式，综合将其分为向心关节轴承、角接触关节轴承、推力关节轴承、杆端关节轴承。

2.2　重要条款概述

适用于电动旋翼航空器操纵系统的适航验证包含表 2-1 所示重要条款的符合性验证。

表 2-1 适航验证重要条款

序号	条款编号	条款名称
1	EH. 671	操纵系统-总则
2	EH. 672	增稳系统、自动和带动力的操纵系统
3	EH. 673	主飞行操纵系统
4	EH. 674	交连操纵装置
5	EH. 675	止动器
6	EH. 679	操纵系统锁
7	EH. 681	限制载荷静力试验
8	EH. 683	操作试验
9	EH. 685	操纵系统的细节设计
10	EH. 687	弹簧装置
11	EH. 691	自转操纵机构
12	EH. 695	动力助力和带动力操作的操纵系统

2.2.1 EH.671 操纵系统-总则

2.2.1.1 条款原文

2. 2. 1. 1. 1 CCAR29. 671 操纵系统-总则

(a) 每个操纵机构和操纵系统必须操作简便、平稳和确切，并符合其功能。

(b) 每个飞行操纵系统的每个元件必须在设计上采取措施或带有醒目的永久性标记，使能导致操纵系统功能不正常的任何装配错误的概率减至最小。

(c) 必须提供手段以便在飞行前使所有主飞行操纵系统能在全行程内运动，或必须提供措施使驾驶员在飞行前能认定整个操纵在全行程内是有效的。

2. 2. 1. 1. 2 FAR29. 671 (Amendment 29-55)

General.

(a) Each control and control system must operate with the ease, smoothness, and positiveness appropriate to its function.

(b) Each element of each flight control system must be designed, or distinctively and permanently marked, to minimize the probability of any incorrect assembly that could result in the malfunction of the system.

(c) A means must be provided to allow full control movement of all primary flight controls prior to flight, or a means must be provided that will allow the pilot to determine that full control authority is available prior to flight.

2. 2. 1. 1. 3 CS29. 671 (Amendment 8)

General

(a) Each control and control system must operate with the ease, smoothness, and positiveness appropriate to its function.

(b) Each element of each flight control system must be designed, or distinctively and permanently marked, to minimise the probability of any incorrect assembly that could result in the malfunction of the system.

(c) A means must be provided to allow full control movement of all primary flight controls prior to flight, or a means must be provided that will allow the pilot to determine that full control authority is available prior to flight.

2.2.1.2 条款背景和历史沿革分析

2.2.1.2.1 FAA相关修正案及背景说明

FAR29.671相关的FAA修正案情况如表2-2所示。经对修正案涉及的NPRM和Final Rule进行分析，情况如下：

表2-2 相关FAA修正案

序号	条款号	标题	修正案	生效日期	现行有效
1	29.671	General.	Original	1965.2.1	
2	29.671	General.	29-24	1984.12.6	与CCAR现行有效条款等效

1965年，FAA根据原有CAR，重新编排制定FAR。以下首先详述CAR期间与操纵系统-总则相关的修订说明及结果，之后分析此次FAR制定过程中的修订内容。

FAA于1964年发布NPRM，表示将依据已有CAR重新编排制定FAR。在NPRM64-30（1964年5月20日）中，FAA提出，将原有的CAR7.320修订为FAR29.297。

FRA5084最终法规将CAR7.320修订为FAR29.671。

在NPRM82-12（1982年4月29日）中，FAA提出，计划对第29.671条新增内容（c）：

> 必须提供一种手段，允许在飞行前对所有主飞行控制装置进行全行程控制，或者必须提供一种措施，允许飞行员在飞行前确定有完全控制权限可用。

这项拟议的规则将要求运输类旋翼航空器的控制系统在设计上能够由飞行员在飞行前验证其正常功能。

这种飞行前控制检查的设计要求是在最近的一个旋翼航空器认证项目中提出的，在该项目中主要飞行控制装置在没有液压动力的飞行前检查期间不可移动，在旋翼旋转之前没有办法为飞行控制装置提供液压动力。一旦旋翼开始转动，就可以检查控制装置，但只能做较小的运动。控制装置的全部行程会导致触动止动块。小幅度的控制行程只允许检查控制运动的正确方向，而不是检查全部控制权限。

如果没有完全的控制权限，可能存在严重的控制问题。这些问题在运行过程中或大多数正常操作中可能不会被发现。如果出现不寻常的飞行状况，如发动机失效、急转弯或强阵风下的顺风悬停，则可能需要使用完全控制权限，飞行员必须在飞行前确认完全控制权限。这项拟议的规则将要求飞行员能够在飞行前验证控制权限。

FRA23266最终法规（1984年8月14日）采纳了NPRM82-12的建议，修改了第29.671条。

一位评论者同意增加新的第29.671条（c）款的建议，指出它“可能会明显增加制造和维护的成本；但是，这个成本可能是合理的"。

另一位评论者建议删除该建议，称其不能实现 FAA 所期望的目标，而且维修质量与适航监管行动无关。可能只有重大的控制干扰或操纵失误会在飞行前检查中被发现，而这些应该在维修检查中被发现。在使用具有较少铰链的复合材料旋翼桨毂时，会进一步限制在地面上进行的允许的控制输入。因此，除非提供一些其他的替代方案，否则飞行员将没有能力确定适航性。FAA 认为，考虑到故障的灾难性影响和控制系统的日益复杂，改进飞行前检查能力是适当的。

因此，该修正案按建议通过。

此后 FAR29.671 条一直没有修订。

2.2.1.2.2 CS29 对应条款背景和历史沿革分析

2003 年 11 月 14 日，EASA 基于 JAR-29 发布了第一版 CS29 Initial，其中包括 CS29.671 条。

该条内容自第一版发布至今未做修订。

2.2.1.2.3 规章差异分析

（Ⅰ）FAR29 与 CS29 规章差异：CS29.671 条与 FAR29.671 条内容完全一致。

（Ⅱ）CCAR-29-R2 与 FAR29 规章差异：CCAR29.671 条与 FAR29.671 条内容完全一致。

2.2.2 EH.672 增稳系统、自动和带动力的操纵系统

2.2.2.1 条款原文

2.2.2.1.1 CCAR29.672 增稳系统、自动和带动力的操纵系统

如果增稳系统或其他自动或带动力的操纵系统的功能对于表明满足本部飞行特性要求是必要的，则这些系统必须符合第 29.671 条和下述规定：

(a) 在增稳系统或任何其他自动或带动力的操纵系统中，对于如驾驶员未察觉会导致不安全结果的任何故障，必须设置警告系统，该系统应在预期的飞行条件下无需驾驶员注意即可向驾驶员发出清晰可辨的警告。警告系统不得直接驱动操纵系统。

(b) 增稳系统或任何其他自动的或带动力的操纵系统的设计必须允许对任何故障采取初步的对策而无需特殊的驾驶技巧或体力，采取的对策可以是通过正常的方式移动飞行操纵机构来超越故障，也可以是断开故障的系统。

(c) 必须表明，在增稳系统或任何其他自动或带动力的操纵系统中发生任何单个故障后，符合下列规定：

（Ⅰ）当故障或功能不正常发生在批准的使用限制内的任何速度或高度上，旋翼航空器仍能安全操纵；

（Ⅱ）在旋翼航空器飞行手册中规定的实际使用的飞行包线（例如速度、高度、法向加速度和旋翼航空器形态）内，仍能满足本部所规定的操纵性和机动性要求；

（Ⅲ）配平和稳定特性不会降低至允许继续安全飞行和着陆所必须的水平以下。

2.2.2.1.2 FAR29.672 (Amendment 29-55)

Stability augmentation, automatic, and power-operated systems.

If the functioning of stability augmentation or other automatic or power-operated system is necessary to show compliance with the flight characteristics requirements of this Part, the system must comply with Sec. 29.671 of this Part and the following:

(a) A warning which is clearly distinguishable to the pilot under expected flight conditions without requiring the pilot's attention must be provided for any failure in the stability augmentation system or in any other automatic or power-operated system which could result in an unsafe condition if the pilot is unaware of the failure. Warning systems must not activate the control systems.

(b) The design of the stability augmentation system or of any other automatic or power-operated system must allow initial counteraction of failures without requiring exceptional pilot skill or strength, by overriding the failure by moving the flight controls in the normal sense, and by deactivating the failed system.

(c) It must be shown that after any single failure of the stability augmentation system or any other automatic or power-operated system:

(Ⅰ) The rotorcraft is safely controllable when the failure or malfunction occurs at any speed or altitude within the approved operating limitations;

(Ⅱ) The controllability and maneuverability requirements of this Part are met within a practical operational flight envelope (for example, speed, altitude, normal acceleration, and rotorcraft configurations) which is described in the Rotorcraft Flight Manual; and

(Ⅲ) The trim and stability characteristics are not impaired below a level needed to allow continued safe flight and landing.

2.2.2.1.3 CS29.672 (Amendment 8)

Stability augmentation, automatic, and power-operated systems

If the functioning of stability augmentation or other automatic or power-operated system is necessary to show compliance with flight characteristics requirements of CS29, the system must comply with CS29.671 and the following:

(a) A warning which is clearly distinguishable to the pilot under expected flight conditions without requiring the pilot's attention must be provided for any failure in the stability augmentation system or in any other automatic or power-operated system which could result in an unsafe condition if the pilot is unaware of the failure. Warning systems must not activate the control systems.

(b) The design of the stability augmentation system or of any other automatic or power-operated system must allow initial counteraction of failures without requiring exceptional pilot skill or strength, by overriding the failure by moving the flight controls in the normal sense, and by deactivating the failed system. the stability augmentation system or any other automatic or power-operated system:

（Ⅰ）The rotorcraft is safely controllable when the failure or malfunction occurs at any speed or altitude within the approved operating limitations；

（Ⅱ）The controllability and manoeuvrability requirements of CS29 are met within a practical operational flight envelope（for example，speed，altitude，normal acceleration，and rotorcraft configurations）which is described in the rotorcraft flight manual；and

（Ⅲ）The trim and stability characteristics are not impaired below a level needed to allow continued safe flight and landing.

2.2.2.2 条款背景和历史沿革分析

2.2.2.2.1 FAA 相关修正案及背景说明

FAR29.672 相关的 FAA 修正案情况如表 2-3 所示。经对修正案涉及的 NPRM 和 Final Rule 进行分析，情况如下：

表 2-3 相关 FAA 修正案

条款号	标题	修正案	生效日期	现行有效
29.672	Stability augmentation，automatic，and power-operated systems.	29-24	1984.12.6	与 CCAR 现行有效条款等效

（a）在 NPRM82-12（1982 年 4 月 29 日）中，FAA 提出，将新增第 29.672 条“增稳系统、自动和带动力的操纵系统”。

1965 年 4 月 16 日，美国航空公司驾驶员协会（Airline Pilots Association，ALPA）以信函方式请求 FAA 修订 FAR25 部中关于稳定性和失速告警方面的要求，禁止使用能够接管或直接作动飞行操纵的任何自动装置。ALPA 提议要求任何不满足原 25.171-25.181 条中关于纵向、横向和航向稳定性要求的飞机都应安装告警系统；该告警系统应独立于飞机的飞行操纵系统，不能直接驱动飞行操纵器件（包括姿态配平装置），并且当飞机正在接近危险的飞行高度或速度时能够及时提供充足的预告警。尽管 ALPA 提议只是声明告警系统不能触发飞行操纵器件，但从讨论材料可以明显看出 ALPA 请求信函的目的是禁止任何增稳或防失速装置驱动操纵器件。而且，ALPA 请求信函仅针对两类特殊装置，即稳定性增稳系统和防失速系统，提出了防止自动装置导致的操纵器件的非预期工作这种危险。

然而，飞行操纵器件的非预期工作也可能会因为其他装置而引起，而这些装置在现代高速运输类航空器上几乎广泛使用，包括自动驾驶仪、助力器（power-boosters）和动力/功率驱动操纵系统。因此，ALPA 提出的问题不仅限于稳定性和失速告警装置，而是包括所有提供安全性功能的装置。并且 FAA 认为应要求对飞行操纵系统的所有元素的所有可能的失效和故障模式进行全面分析研究，以确保任何失效或故障都能被飞行机组可靠地消除和解决。因此，FAA 对增稳装置或其他动力装置的失效及失效告警等提出了新要求——第 25.672 条。

旋翼航空器设计中正逐步使用增稳系统、自动和带动力的操纵系统，该系统的性能对于确保飞行安全是必要的，但适航规章中还没有提出对应的适航审定标准。因此，1982 年 4 月 29 日，FAA 发布 NPRM82-12，建议在规章中新增 29.672 条。由于旋翼航空器设计中所采用的增稳、自动和带动力系统与 FAR25 运输类固定翼飞机的增稳、自动和带动力系统相似，因此建议新增的第 29. 672 条参照 25. 672 条制定。

（b）FRA23266 最终法规（1984 年 8 月 14 日）采纳了 NPRM82-12 的建议，新增了第 29. 672 条。

此后 FAR29. 672 条一直没有修订。

2. 2. 2. 2. 2　CS29 对应条款背景和历史沿革分析

2003 年 11 月 14 日，EASA 基于 JAR-29 发布了第一版 CS29 Initial，其中包括 CS29. 672 条。

该条内容自第一版发布至今未做修订。

2. 2. 2. 2. 3　规章差异分析

（Ⅰ）FAR29 与 CS29 规章差异：CS29. 672 条与 FAR29. 672 条内容完全一致。

（Ⅱ）CCAR-29-R2 与 FAR29 规章差异：CCAR29. 672 条与 FAR29. 672 条内容完全一致。

2.2.3 EH.673 主飞行操纵系统

2.2.3.1 条款原文

2. 2. 3. 1. 1　CCAR29. 673 主飞行操纵系统

主飞行操纵系统是驾驶员用来直接操纵旋翼航空器的俯仰、横滚、偏航和垂直运动的系统。

2. 2. 3. 1. 2　FAR29. 673（Amendment 29-55）

Primary flight controls.

Primary flight controls are those used by the pilot for immediate control of pitch，roll，yaw，and vertical motion of the rotorcraft.

2. 2. 3. 1. 3　CS29. 673（Amendment 8）

Primary flight controls

Primary flight controls are those used by the pilot for immediate control of pitch，roll，yaw，and vertical motion of the rotorcraft.

2.2.3.2 条款背景和历史沿革分析

2. 2. 3. 2. 1　FAA 相关修正案及背景说明

FAR29. 673 相关的 FAA 修正案情况如表 2-4 所示。经对修正案涉及的 NPRM 和 Final Rule 进行分析，情况如下：

表 2-4　相关 FAA 修正案

条款号	标题	修正案	生效日期	现行有效
29. 673	Primary flight controls.	29-24	1984. 12. 6	与 CCAR 现行有效条款等效

（a）在 NPRM82-12（1982 年 4 月 29 日）中，FAA 提出，将新增第 29. 673 条“主飞

行控制系统”，这是因为在当时计划对第 29. 671 条新增内容：

必须提供一种手段，允许在飞行前对所有主飞行控制装置进行完全控制移动，或者必须提供一种措施，允许飞行员在飞行前确定有完全控制权限可用。

其中，由于“主飞行控制”一词尚未明确定义，便提案增加本条款，为主飞行控制系统定义。这项建议在性质上是明确的，如果获得通过，将不会产生任何经济影响。

（b）FRA23266 最终法规（1984 年 8 月 14 日）采纳了 NPRM82-12 的建议，新增了第 29. 673 条：

> 29. 673“主飞行操纵系统”：
>
> 主飞行操纵系统是驾驶员用来直接操纵旋翼航空器的俯仰、横滚、偏航和垂直运动的系统。

此后 FAR29. 673 条一直没有修订。

2. 2. 3. 2. 2　CS29 对应条款背景和历史沿革分析

2003 年 11 月 14 日，EASA 基于 JAR-29 发布了第一版 CS29 Initial，其中包括 CS29. 673 条。

该条内容自第一版发布至今未做修订。

2. 2. 3. 2. 3　规章差异分析

（Ⅰ）FAR29 与 CS29 规章差异：CS29. 673 条与 FAR29. 673 条内容完全一致，且两者后续都未进行修订。

（Ⅱ）CCAR-29-R2 与 FAR29 规章差异：CCAR29. 673 条与 FAR29. 673 条内容完全一致，且两者后续都未进行修订。

2.2.4 EH.674 交连操纵装置

2.2.4.1 条款原文

2. 2. 4. 1. 1　CCAR29. 674 交连操纵装置

每个主飞行操纵系统必须能在任何交连的辅助操纵系统出现故障、失效或卡滞后保证安全飞行和着陆，并且能独立进行操作。

2. 2. 4. 1. 2　FAR29. 674（Amendment 29-55）

Interconnected controls.

Each primary flight control system must provide for safe flight and landing and operate independently after a malfunction，failure，or jam of any auxiliary interconnected control.

2. 2. 4. 1. 3　CS29. 674（Amendment 8）

Interconnected controls

Each primary flight control system must provide for safe flight and landing and operate independently after a malfunction，failure，or jam of any auxiliary interconnected control.

2.2.4.2 条款背景和历史沿革分析

2. 2. 4. 2. 1　FAA 相关修正案及背景说明

FAR29. 674 相关的 FAA 修正案情况如表 2-5 所示。经对修正案涉及的 NPRM 和 Final

Rule 进行分析，情况如下：

表 2-5 相关 FAA 修正案

条款号	标题	修正案	生效日期	现行有效
29. 674	Interconnected controls.	29-30	1990. 4. 5	与 CCAR 现行有效条款等效

（a）在 NPRM88-7（1988 年 3 月 14 日）中，FAA 提出，将新增第 29. 674 条“交连操纵装置”，内容如下：

> 29. 674“交连操纵装置”：
>
> 每个飞行控制系统必须保证安全飞行，并能在任何交连操纵装置（如发动机和总距或总距和航向）发生失效、故障或卡滞后独立操纵。

有飞机事故表明，装有涡轴发动机的旋翼航空器的服役历史显示发动机 N2（动力涡轮转速）操纵钢索的卡滞导致了总距操纵的卡滞，飞行员不能进入自转状态或控制发动机动力。有提议修订第 27. 691 条和第 29. 691 条来明确对相关控制系统失效评估的标准和要求，这里的相关控制系统是指会引起桨距或自转系统故障的系统，但鉴于第 27. 691 条和第 29. 691 条涉及航空器自转机构的设计特性要求，不建议被修改。因此，FAA 决定新增第 29. 674 条，要求考虑与飞行操纵系统有交联的系统在故障或卡滞时对飞行操纵系统的影响。例如，发动机操纵机构与飞行操纵机构相交连，要求当单个发动机的操纵机构出现问题时，不会影响飞行操纵的安全操作。

FAA 收到一条建议称，对于相互交连的主飞行控制系统的故障，这些要求是不现实和不必要的，建议将要求限制到与主飞行控制系统交连的辅助操纵系统的故障。FAA 同意这一观点，并采纳了这一建议。

FAA 还收到一条建议，即在“每个”和“飞行”之间插入“主”一词，并进一步建议将提案最后一条中的例子删除。FAA 采纳了该建议。

（b）FRA25570 最终法规（1990 年 2 月 12 日）采纳了 NPRM88-7 的建议，新增了第 29. 674 条：

> 29. 674“交连操纵装置”：
>
> 每个主飞行操纵系统必须能在任何交连的辅助操纵系统出现故障、失效或卡滞后保证安全飞行和着落，并且能独立进行操作。

此后 FAR29. 674 条一直没有修订。

2.2.4.2.2 CS29 对应条款背景和历史沿革分析

2003 年 11 月 14 日，EASA 基于 JAR-29 发布了第一版 CS29 Initial，其中包括 CS29. 674 条。

该条内容自第一版发布至今未做修订。

2.2.4.2.3 规章差异分析

（Ⅰ）FAR29 与 CS29 规章差异：CS29. 674 条与 FAR29. 674 条内容完全一致。

（Ⅱ）CCAR-29-R2 与 FAR29 规章差异：CCAR29. 674 条与 FAR29. 674 条内容完全一致。

2.2.5 EH.675 止动器

2.2.5.1 条款原文

2.2.5.1.1 CCAR29.675 止动器

（a）每个操纵系统都必须有确实限制驾驶员操纵机构运动范围的止动器。

（b）每个止动器在系统中的布置应使操纵行程范围不受到下列因素的明显影响：

（Ⅰ）磨损；

（Ⅱ）松动；

（Ⅲ）松紧调节。

（c）每个止动器必须能承受相应于操纵系统设计情况下的载荷。

（d）每片主旋翼桨叶应符合下列规定：

（Ⅰ）必须有符合桨叶设计要求的止动器，以限制桨叶绕其铰链的行程；

（Ⅱ）必须采取措施避免桨叶在旋翼启动和停转过程之外的任何运转期间撞击下止动器。

2.2.5.1.2 FAR29.675（Amendment 29-55）

Stops.

（a）Each control system must have stops that positively limit the range of motion of the pilot's controls.

（b）Each stop must be located in the system so that the range of travel of its control is not appreciably affected by：

（Ⅰ）Wear；

（Ⅱ）Slackness；or

（Ⅲ）Takeup adjustments.

（c）Each stop must be able to withstand the loads corresponding to the design conditions for the system.

（d）For each main rotor blade：

[（Ⅰ）Stops that are appropriate to the blade design must be provided to limit travel of the blade about its hinge points；and]

（Ⅱ）There must be means to keep the blade from hitting the droop stops during any operation other than starting and stopping the rotor.

2.2.5.1.3 CS29.675（Amendment 8）

Stops

（a）Each control system must have stops that positively limit the range of motion of the pilot's controls.

（b）Each stop must be located in the system so that the range of travel of its control is not appreciably affected by：

（Ⅰ）Wear；

（Ⅱ）Slackness；or

（Ⅲ）Take-up adjustments.

（c）Each stop must be able to withstand the loads corresponding to the design conditions for the system.

（d）For each main rotor blade：

（Ⅰ）Stops that are appropriate to the blade design must be provided to limit travel of the blade about its hinge points；and

（Ⅱ）There must be means to keep the blade from hitting the droop stops during any operation other than starting and stopping the rotor.

2.2.5.2 条款背景和历史沿革分析

2.2.5.2.1 FAA相关修正案及背景说明

FAR29.675相关的FAA修正案情况如表2-6所示。经对修正案涉及的NPRM和Final Rule进行分析，情况如下：

表2-6 相关FAA修正案

序号	条款号	标题	修正案	生效日期	现行有效
1	29.675	Stops.	Original	1965.2.1	
2	29.675	Stops.	29-17	1978.12.1	与CCAR现行有效条款等效

1965年，FAA根据原有CAR，重新编排制定FAR。以下首先详述CAR期间与止动器相关的修订说明及结果，之后分析此次FAR制定过程中的修订内容。

FAA于1964年发布NPRM，表示将依据现有CAR重新编排制定FAR。在NPRM64-30（1964年5月20日）中，FAA提出，将原有的CAR7.311修订为FAR29.283，将CAR7.321修订为FAR29.299。

FRA5084最终法规部分采纳了NPRM64-30的建议，但将第29.283条和第29.299条合并，修改为了第29.675条。

在针对FAR29部进行的第17次修订中，FAA对第29.675条进行了修订。

在NPRM75-26（1975年6月30日）中，FAA建议将第29.675条（d）款（Ⅰ）项修改为“必须有符合桨叶设计要求的止动器，以限制桨叶绕其铰链的行程”。

在本次修订之前的条款中明确要求止动器必须是安装（或直接作用）在旋翼桨叶上的，桨叶在其正常旋转之外，绕其铰链还会产生上下方向的挥舞和前后方向的摆振。为了尽量消除这些不利的运动，需对桨叶设置止动器，一般包括上限动器、下限动器、前止动器和后止动器等。止动器的作用是限制桨叶的运动范围，对其设计安装位置没有过多要求，因此只要可以限制桨叶的运动范围，安装在其他位置的止动器也是可以使用的。

1978年12月1日，Final Rule 14685生效，对第29.675条（d）款（Ⅰ）项进行了修订，修改为“必须有符合桨叶设计要求的止动器，以限制桨叶绕其铰链的行程”。

2.2.5.2.2 CS29对应条款背景和历史沿革分析

2003年11月14日，EASA基于JAR-29发布了第一版CS29 Initial，其中包括

CS29. 675 条。

该条内容自第一版发布至今未做修订。

2. 2. 5. 2. 3　规章差异分析

（Ⅰ）FAR29 与 CS29 规章差异：CS29. 675 条与 FAR 第 17 修正案中的第 29. 675 条中的内容一致。

（Ⅱ）CCAR-29-R2 与 FAR29 规章差异：CCAR29. 675 条没有修订过。

我国现行有效的 CCAR-29-R2 中的第 675 条与 FAR 第 17 修正案中的第 29. 675 条中的内容一致。

2.2.5.3　条款发展方向

目前操纵机构和旋翼桨毂桨叶都还是机械式的机构，未来的发展还是基于机构的优化，不会存在颠覆性的设计，因此对于安装在其机构上的止动器不会出现变化，本条款也不会有修订。

2.2.6　EH.679 操纵系统锁

2.2.6.1　条款原文

2. 2. 6. 1. 1　CCAR29. 679 操纵系统锁

若旋翼航空器装有用于在地面或水面上锁闭操纵系统的装置，则必须有措施以满足下列要求：

（a）当驾驶员以正常方式操作操纵机构时，锁能自动地脱开，或限制旋翼航空器的运行，使在起飞前给驾驶员以无误的警告；

（b）防止该锁在飞行中锁闭。

2. 2. 6. 1. 2　FAR29. 679（Amendment 29-55）

Control system locks.

If there is a device to lock the control system with the rotorcraft on the ground or water, there must be means to：

（a）Automatically disengage the lock when the pilot operates the controls in a normal manner，or limit the operation of the rotorcraft so as to give unmistakable warning to the pilot before takeoff；and

（b）Prevent the lock from engaging in flight.

2. 2. 6. 1. 3　CS29. 679（Amendment 8）

Control system lock

If there is a device to lock the control system with the rotorcraft on the ground or water, there must be means to：

（a）Automatically disengage the lock when the pilot operates the controls in a normal manner，or limit the operation of the rotorcraft so as to give unmistakable warning to the pilot before take-off，and

（b）Prevent the lock from engaging in flight.

2.2.6.2 条款背景和历史沿革分析

2.2.6.2.1 FAA 相关修正案及背景说明

FAR29.679 相关的 FAA 修正案情况如表 2-7 所示。经对修正案涉及的 NPRM 和 Final Rule 进行分析，情况如下：

表 2-7 相关 FAA 修正案

条款号	标题	修正案	生效日期	现行有效
29.679	Control system locks.	Original	1965.2.1	与 CCAR 现行有效条款等效

1965 年，FAA 根据原有 CAR，重新编排制定 FAR。以下首先详述 CAR 期间与操纵系统锁相关的修订说明及结果，之后分析此次 FAR 制定过程中的修订内容。

FAA 于 1964 年发布 NPRM，表示将依据已有 CAR 重新编排制定 FAR。在 NPRM64-30（1964 年 5 月 20 日）中，FAA 提出，将原有的 CAR7.322 修订为 FAR29.301。

FRA5084 最终法规采纳了 NPRM64-30 的建议，但将编号由第 29.301 条改为了第 29.679 条。

此后 FAR29.679 条一直没有修订。

2.2.6.2.2 CS29 对应条款背景和历史沿革分析

2003 年 11 月 14 日，EASA 基于 JAR-29 发布了第一版 CS29 Initial，其中包括 CS29.679 条。

该条内容自第一版发布至今未做修订。

2.2.6.2.3 规章差异分析

（Ⅰ）FAR29 与 CS29 规章差异：CS29.679 条与 FAR29.679 条内容完全一致。

（Ⅱ）CCAR-29-R2 与 FAR29 规章差异：CCAR29.679 条没有修订过。

我国现行有效的 CCAR-29-R2 中的第 679 条与 FAR 中的第 29.679 条中的内容一致。

2.2.6.3 条款发展方向

本条款对于安装有操纵系统锁的要求比较明确和详细，后续随着操纵系统技术的发展不会影响操纵系统锁装置的适航要求。

2.2.7 EH.681 限制载荷静力试验

2.2.7.1 条款原文

2.2.7.1.1 CCAR29.681 限制载荷静力试验

（a）必须按下列规定进行试验，来表明其满足本规章的限制载荷的要求：

（Ⅰ）试验载荷的方向应在操纵系统中产生最严重的受载状态；

（Ⅱ）试验中应包括每个接头、滑轮及将系统连接到主要结构上的支座。

（b）对做角运动的操纵系统接头必须采用分析或单独载荷试验的方式表明其满足特殊系数的要求。

2.2.7.1.2 FAR29.681（Amendment 29-55）

Limit load static tests.

(a) Compliance with the limit load requirements of this part must be shown by tests in which:

(Ⅰ) The direction of the test loads produces the most severe loading in the control system; and

(Ⅱ) Each fitting, pulley, and bracket used in attaching the system to the main structure is included;

(b) Compliance must be shown (by analyses or individual load tests) with the special factor requirements for control system joints subject to angular motion.

2.2.7.1.3 CS29.681 (Amendment 8)

Limit load static tests

(a) Compliance with the limit load requirements of this Code must be shown by tests in which:

(Ⅰ) The direction of the test loads produces the most severe loading in the control system; and

(Ⅱ) Each fitting, pulley, and bracket used in attaching the system to the main structure is included.

(b) Compliance must be shown (by analyses or individual load tests) with the special factor requirements for control system joints subject to angular motion.

2.2.7.2 条款背景和历史沿革分析

2.2.7.2.1 FAA 相关修正案及背景说明

FAR29.681 相关的 FAA 修正案情况如表 2-8 所示。经对修正案涉及的 NPRM 和 Final Rule 进行分析，情况如下：

表 2-8 相关 FAA 修正案

条款号	标题	修正案	生效日期	现行有效
29.681	Limit load static tests.	Original	1965.2.1	与 CCAR 现行有效条款等效

1965 年，FAA 根据原有 CAR，重新编排制定 FAR。以下首先详述 CAR 期间与限制载荷静力试验相关的修订说明及结果，之后分析此次 FAR 制定过程中的修订内容。

FAA 于 1964 年发布 NPRM，表示将依据已有 CAR 重新编排制定 FAR。在 NPRM64-30 (1964 年 5 月 20 日) 中，FAA 提出，将原有的 CAR7.323 修订为 FAR29.303。

FRA5084 最终法规将 CAR7.323 修订为 FAR29.681。在形式上，第 29.681 条将第 7.323 条中的 (a)(b) 两款修改为 (a) 款的 (Ⅰ)(Ⅱ) 项，将第 7.323 条中的 (c) 款修改为 (b) 款，内容上并无实质性变化。

此后 FAR29.681 条一直没有修订。

2.2.7.2.2 CS29 对应条款背景和历史沿革分析

2003 年 11 月 14 日，EASA 基于 JAR-29 发布了第一版 CS29 Initial，其中包括 CS29.681 条。

该条内容自第一版发布至今未做修订。

2.2.7.2.3 规章差异分析

（Ⅰ）FAR29 与 CS29 规章差异：CS29.681 条与 FAR29.681 条内容完全一致。

（Ⅱ）CCAR-29-R2 与 FAR29 规章差异：CCAR29.681 条与 FAR29.681 条内容完全一致。

2.2.7.3 条款发展方向

基于电传飞控系统的发展，由于操纵系统组成和操纵载荷的变化，对于限制载荷要求会有所降低，同时因为诸如滑轮这些零件的消失，会取消相应的内容。

2.2.8 EH.683 操作试验

2.2.8.1 条款原文

2.2.8.1.1 CCAR29.683 操作试验

必须通过操作试验验证，当在驾驶舱用相当于该系统所规定的载荷加载于操纵系统来操纵机构时，此系统不会出现下列情况：

(a) 卡滞；

(b) 过度摩擦；

(c) 过度变形。

2.2.8.1.2 FAR29.683（Amendment 29-55）

Operation tests.

It must be shown by operation tests that, when the controls are operated from the pilot compartment with the control system loaded to correspond with loads specified for the system, the system is free from:

(a) Jamming;

(b) Excessive friction; and

(c) Excessive deflection.

2.2.8.1.3 CS29.683（Amendment 8）

Operation tests

It must be shown by operation tests that, when the controls are operated from the pilot compartment with the control system loaded to correspond with loads specified for the system, the system is free from:

(a) Jamming;

(b) Excessive friction; and

(c) Excessive deflection.

2.2.8.2 条款背景和历史沿革分析

2.2.8.2.1 FAA 相关修正案及背景说明

FAR29.683 相关的 FAA 修正案情况如表 2-9 所示。经对修正案涉及的 NPRM 和 Final Rule 进行分析，情况如下：

表 2-9 相关 FAA 修正案

条款号	标题	修正案	生效日期	现行有效
29. 683	Operation tests.	Original	1965. 2. 1	与 CCAR 现行有效条款等效

1965 年，FAA 根据原有 CAR，重新编排制定 FAR。以下首先详述 CAR 期间与操作试验相关的修订说明及结果，之后分析此次 FAR 制定过程中的修订内容。

FAA 于 1964 年发布 NPRM，表示将依据已有 CAR 重新编排制定 FAR。在 NPRM64-30（1964 年 5 月 20 日）中，FAA 提出，将原有的 CAR7. 324 修订为 FAR29. 305。

FRA5084 最终法规将 CAR7. 324 修订为 FAR29. 683。在形式上，第 29. 683 条将第 7. 324 条中的（a）（b）两款合并为一款，在内容上并无实质性变化。

此后 FAR29. 683 条一直没有修订。

2. 2. 8. 2. 2　CS29 对应条款背景和历史沿革分析

2003 年 11 月 14 日，EASA 基于 JAR-29 发布了第一版 CS29 Initial，其中包括 CS29. 683 条。

该条内容自第一版发布至今未做修订。

2. 2. 8. 2. 3　规章差异分析

（Ⅰ）FAR29 与 CS29 规章差异：CS29. 683 条与 FAR29. 683 条内容完全一致。

（Ⅱ）CCAR-29-R2 与 FAR29 规章差异：CCAR29. 683 条与 FAR29. 683 条内容完全一致。

2.2.8.3 条款发展方向

条款发布至今未进行过修订，条款内容已很好地满足机械操纵系统的适航工作，随着电传和光传技术的发展和应用，后续将适应性发展。

2.2.9 EH.685 操纵系统的细节设计

2.2.9.1 条款原文

2. 2. 9. 1. 1　CCAR29. 685 操纵系统的细节设计

（a）操纵系统的每个细节必须设计成能防止因货物、旅客、松散物或水汽凝冻引起的卡滞、摩擦和干扰。

（b）驾驶舱内必须有措施防止外来物进入可能卡住操纵系统的部位。

（c）必须有措施防止钢索、管子拍击其他零件。

（d）钢索系统必须按下列要求设计：

（Ⅰ）钢索、钢索接头、松紧螺套、编结接头盒滑轮必须是可接受的型式；

（Ⅱ）钢索系统的设计，必须在各种使用情况和温度变化下，在整个行程范围内防止钢索张力产生危险变化；

（Ⅲ）在任一主操纵系统中，不得使用直径小于 3. 2 毫米（1/8 英寸）的钢索；

（Ⅳ）滑轮的型式和尺寸必须与所配用的钢索相适用，必须采用经中国民航局认可的标准手册中规定的滑轮-钢索组合和强度数值；

（Ⅴ）滑轮必须有能防止钢索滑脱或缠结的保护装置；

（Ⅵ）滑轮必须足够接近钢索通过的平面，使钢索不致摩擦滑轮的凸缘；

（Ⅶ）安装导引件而引起的钢索方向变化不得超过 3 度；

（Ⅷ）在操纵系统中需受载或活动的 U 形夹销钉，不得仅使用开口销保险；

（Ⅸ）连接到有角运动零件上的松紧螺套的安装必须能确实防止在整个行程范围内发生卡滞；

（Ⅹ）必须有措施能对每个导引件、滑轮、钢索接头和松紧螺套进行目视检查。

（e）对于做角运动的操纵系统接头，用作支承的最软材料的极限支承强度必须有下列特殊系数：

（Ⅰ）对于除了具有滚珠和滚柱轴承的接头外的其他推-拉系数接头取 3.33；

（Ⅱ）对于钢索系统接头取 2.0。

（f）操纵系统接头的硬度不得超过制造厂的滚珠和滚柱轴承的静态非布氏硬度值。

2.2.9.1.2 FAR29.685（Amendment 29-55）

Control system details.

[(a) Each detail of each control system must be designed to prevent jamming, chafing, and interference from cargo, passengers, loose objects, or the freezing of moisture.]

(b) There must be means in the cockpit to prevent the entry of foreign objects into places where they would jam the system.

(c) There must be means to prevent the slapping of cables or tubes against other parts.

(d) Cable systems must be designed as follows:

(Ⅰ) Cables, cable fittings, turnbuckles, splices, and pulleys must be of an acceptable kind.

(Ⅱ) The design of cable systems must prevent any hazardous change in cable tension throughout the range of travel under any operating conditions and temperature variations.

(Ⅲ) No cable smaller than one-eighth inch diameter may be used in any primary control system.

(Ⅳ) Pulley kinds and sizes must correspond to the cables with which they are used. The pulley-cable combinations and strength values specified in MIL-HDBK-5 must be used unless they are inapplicable.

(Ⅴ) Pulleys must have close fitting guards to prevent the cables from being displaced or fouled.

(Ⅵ) Pulleys must lie close enough to the plane passing through the cable to prevent the cable from rubbing against the pulley flange.

(Ⅶ) No fairlead may cause a change in cable direction of more than 3°.

(Ⅷ) No clevis pin subject to load or motion and retained only by cotter pins may be used in the control system.

(Ⅸ) Turnbuckles attached to parts having angular motion must be installed to prevent binding throughout the range of ravel.

(Ⅹ) There must be means for visual inspection at each fairlead, pulley, terminal, and turnbuckle.

(e) Control system joints subject to angular motion must incorporate the following special factors with respect to the ultimate bearing strength of the softest material used as a bearing:

(Ⅰ) 3. 33 for push-pull systems other than ball and roller bearing systems.

(Ⅱ) 2. 0 for cable systems.

(f) For control system joints, the manufacturer's static, non-Brinell rating of ball and roller bearings may not be exceeded.

2. 2. 9. 1. 3 CS29. 685 (Amendment 8)

Control system details

(a) Each detail of each control system must be designed to prevent jamming, chafing, and interference from cargo, passengers, loose objects, or the freezing of moisture.

(b) There must be means in the cockpit to prevent the entry of foreign objects into places where they would jam the system.

(c) There must be means to prevent the slapping of cables or tubes against other parts.

(d) Cable systems must be designed as follows:

(Ⅰ) Cables, cable fittings, turnbuckles, splices, and pulleys must be of an acceptable kind.

(Ⅱ) The design of cable systems must prevent any hazardous change in cable tension throughout the range of travel under any operating conditions and temperature variations.

(Ⅲ) No cable smaller than 3. 2mm (1/8 inch) diameter may be used in any primary control system.

(Ⅳ) Pulley kinds and sizes must correspond to the cables with which they are used.

(Ⅴ) Pulleys must have close fitting guards to prevent the cables from being displaced or fouled.

(Ⅵ) Pulleys must lie close enough to the plane passing through the cable to prevent the cable from rubbing against the pulley flange.

(Ⅶ) No fairlead may cause a change in cable direction of more than 3°.

(Ⅷ) No clevis pin subject to load or motion and retained only by cotter pins may be used in the control system.

(Ⅸ) Turnbuckles attached to parts having angular motion must be installed to prevent binding throughout the range of travel.

(Ⅹ) There must be means for visual inspection at each fairlead, pulley, terminal, and turnbuckle.

(e) Control system joints subject to angular motion must incorporate the following special factors with respect to the ultimate bearing strength of the softest material used as a bearing:

(Ⅰ) 3. 33 for push-pull systems other than ball and roller bearing systems.

(Ⅱ) 2. 0 for cable systems.

(f) For control system joints, the manufacturer's static, non-Brinell rating of ball and roller bearings may not be exceeded.

2.2.9.2 条款背景和历史沿革分析

2.2.9.2.1 FAA相关修正案及背景说明

FAR29.685相关的FAA修正案情况如表2-10所示。经对修正案涉及的NPRM和Final Rule进行分析，情况如下：

表2-10 相关FAA修正案

序号	条款号	标题	修正案	生效日期	现行有效
1	29.685	Control system details.	Original	1965.2.1	
2	29.685	Control system details.	29-12	1977.1.2	与CCAR现行有效条款等效

1965年，FAA根据原有CAR，重新编排制定FAR。以下首先详述CAR期间与操纵系统的细节设计相关的修订说明及结果，之后分析此次FAR制定过程中的修订内容。

FAA于1964年发布NPRM，表示将依据现有CAR重新编排制定FAR。在NPRM64-30（1964年5月20日）中，FAA提出，将原有的CAR7.325修订为FAR29.307。

FRA5084最终法规采纳了NPRM64-30的建议，但将编号由第29.307条改为了第29.685条。

在针对FAR29部进行的第12次修订中，FAA对第29.685条进行了修订。

本次修改是包含在一个为期两年的适航审查计划中的，该计划旨在更新和改进飞机、发动机和螺旋桨认证规定，以及包含适航标准的操作规程。

在NPRM75-10（1975年2月27日）中，FAA提议修改第29.685条（a）款，删去“乘客”之后的“或”，并在“物体”之后加上句号，并在其位置插入逗号，然后加上“或冻结水分”。即将原本的“（a）每个控制系统的每个细节必须设计为防止货物、乘客或松散物体的堵塞、擦伤和干扰。”修改为“（a）每个控制系统的每个细节必须设计为防止货物、乘客、松散物体或湿气冻结造成的堵塞、擦伤和干扰。”

建议的更改将要求控制系统设计考虑冻结水分的影响，冻结水分是造成卡滞的最常见原因之一。本规章之前并未明确涵盖这一点。

一位评论者不同意提议的第29.685条（a）款，因为第29.685条（a）款目前就要求控制系统的设计应防止干扰，因此也必然需要考虑冻结湿气对控制系统的影响。虽然对该提案的解释表明，湿气冻结是控制阻塞的常见原因，但该提案也旨在防止湿气冻结造成的摩擦和干扰，因此，这些建议未做实质性修改就获得通过。

最终法规14324（1976年12月13日）同意了NPRM75-10的提议，对第29.685条做出了修订。

2.2.9.2.2 CS29对应条款背景和历史沿革分析

2003年11月14日，EASA基于JAR-29发布了第一版CS29 Initial，其中包括CS29.685条。

该条内容自第一版发布至今未做修订。

2.2.9.2.3 规章差异分析

（Ⅰ）FAR29与CS29规章差异：CS29.685条与FAR29.685条Amendment 29-12内容

完全一致。

（Ⅱ）CCAR-29-R2 与 FAR29 规章差异：CCAR29. 685 条与 FAR29. 685 条 Amendment 29-12 内容完全一致。

2.2.9.3 条款发展方向

目前国内外旋翼航空器飞行操纵系统大都采用传统机械式操纵，其一般采用硬式拉杆，部分采用电传飞行控制并取消了杆系，还有部分采用推拉钢索的软式操纵，针对一般钢索形式的条款内容后续可能会取消，增加诸如推拉钢索的细节设计要求。

2.2.10 EH.687 弹簧装置

2.2.10.1 条款原文

2. 2. 10. 1. 1 CCAR29. 687 弹簧装置

（a）其损坏会引起颤振或其他不安全特性的每个操纵系统弹簧装置必须是可靠的。

（b）必须用模拟使用条件的试验来表明符合本条（a）款所提出的要求。

2. 2. 10. 1. 2 FAR29. 687（Amendment 29-55）

Spring devices.

（a）Each control system spring device whose failure could cause flutter or other unsafe characteristics must be reliable.

（b）Compliance with paragraph（a）of this section must be shown by tests simulating service conditions.

2. 2. 10. 1. 3 CS29. 687（Amendment 8）

Spring devices

（a）Each control system spring device whose failure could cause flutter or other unsafe characteristics must be reliable.

（b）Compliance with sub-paragraph（a）must be shown by tests simulating service conditions.

2.2.10.2 条款背景和历史沿革分析

2. 2. 10. 2. 1 FAA 相关修正案及背景说明

FAR29. 687 相关的 FAA 修正案情况如表 2-11 所示。经对修正案涉及的 NPRM 和 Final Rule 进行分析，情况如下：

表 2-11 相关 FAA 修正案

条款号	标题	修正案	生效日期	现行有效
29. 687	Spring devices.	Original	1965. 2. 1	与 CCAR 现行有效条款等效

1965 年，FAA 根据原有 CAR，重新编排制定 FAR。以下首先详述 CAR 期间与弹簧装置相关的修订说明及结果，之后分析此次 FAR 制定过程中的修订内容。

FAA 于 1964 年发布 NPRM，表示将依据已有 CAR 重新编排制定 FAR。在 NPRM64-30（1964 年 5 月 20 日）中，FAA 提出，将原有的 CAR7. 326 修订为 FAR29. 309。

FRA5084 最终法规采纳了 NPRM64-30 的建议，但将编号由第 29. 309 条改为了第 29. 687 条。

此后 29. 687 条再也没有修订过。

2. 2. 10. 2. 2　CS29 对应条款背景和历史沿革分析

2003 年 11 月 14 日，EASA 基于 JAR-29 发布了第一版 CS29 Initial，其中包括 CS29. 687 条。

该条内容自第一版发布至今未做修订。

2. 2. 10. 2. 3　规章差异分析

（Ⅰ）FAR29 与 CS29 规章差异：CS29. 687 条与 FAR29. 687 条内容完全一致。

（Ⅱ）CCAR-29-R2 与 FAR29 规章差异：CCAR29. 687 条与 FAR29. 687 条内容完全一致。

2.2.11　EH.691 自转操纵机构

2.2.11.1　条款原文

2. 2. 11. 1. 1　CCAR29. 691 自转操纵机构

每个主旋翼桨距操纵机构，在发动机失效后，必须能迅速进入自转状态。

2. 2. 11. 1. 2　FAR29. 691（Amendment 29-55）

Autorotation control mechanism.

Each main rotor blade pitch control mechanism must allow rapid entry into autorotation after power failure.

2. 2. 11. 1. 3　CS29. 691（Amendment 8）

Autorotation control mechanism

Each main rotor blade pitch control mechanism must allow rapid entry into autorotation after power failure.

2.2.11.2　条款背景和历史沿革分析

2. 2. 11. 2. 1　FAA 相关修正案及背景说明

FAR29. 691 相关的 FAA 修正案情况如表 2-12 所示。经对修正案涉及的 NPRM 和 Final Rule 进行分析，情况如下：

表 2-12　相关 FAA 修正案

条款号	标题	修正案	生效日期	现行有效
29. 691	Autorotation control mechanism.	Original	1965. 2. 1	与 CCAR 现行有效条款等效

1965 年，FAA 根据原有 CAR，重新编排制定 FAR。以下首先详述 CAR 期间与自转操纵机构相关的修订说明及结果，之后分析此次 FAR 制定过程中的修订内容。

FAA 于 1964 年发布 NPRM，表示将依据已有 CAR 重新编排制定 FAR。在 NPRM64-30（1964 年 5 月 20 日）中，FAA 提出，将原有的 CAR7. 327 修订为 FAR29. 311。

FRA5084 最终法规将 CAR7. 327 修订为 FAR29. 691。

此后 FAR29. 691 条一直没有修订。

2. 2. 11. 2. 2　CS29 对应条款背景和历史沿革分析

2003 年 11 月 14 日，EASA 基于 JAR-29 发布了第一版 CS29 Initial，其中包括 CS29. 691 条。

该条内容自第一版发布至今未做修订。

2. 2. 11. 2. 3　规章差异分析

（Ⅰ）FAR29 与 CS29 规章差异：CS29. 691 条与 FAR29. 691 条内容完全一致，且两者后续都未进行修订。

（Ⅱ）CCAR-29-R2 与 FAR29 规章差异：CCAR29. 691 条与 FAR29. 691 条内容完全一致，且两者后续都未进行修订。

2.2.12　EH.695 动力助力和带动力操作的操纵系统

2.2.12.1　条款原文

2. 2. 12. 1. 1　CCAR29. 695 动力助力和带动力操作的操纵系统

（a）如果采用动力助力或带动力操作的操纵系统，在万一发生下列失效时，备用系统必须立即起作用，以保证继续安全飞行和着陆：

（Ⅰ）系统动力部分的任何单一失效；

（Ⅱ）全部发动机失效。

（b）每个备用系统可以是双套动力部分，或是一个人工操纵的机械系统，该动力部分包括动力源（如液压泵）以及阀门、管路和作动筒等。

（c）必须考虑机械部分（如活塞杆和连杆）的损坏及动力缸的卡阻，除非它们极不可能发生。

2. 2. 12. 1. 2　FAR29. 695（Amendment 29-55）

Power boost and power-operated control system.

（a）If a power boost or power-operated control system is used，an alternate system must be immediately available that allows continued safe flight and landing in the event of：

（Ⅰ）Any single failure in the power portion of the system；or

（Ⅱ）The failure of all engines.

（b）Each alternate system may be a duplicate power portion or a manually operated mechanical system. The power portion includes the power source（such as hydraulic pumps），and such items as valves，lines，and actuators.

（c）The failure of mechanical parts（such as piston rods and links），and the jamming of power cylinders，must be considered unless they are extremely improbable.

2. 2. 12. 1. 3　CS29. 695（Amendment 8）

Power boost and power-operated control system

（a）If a power boost or power-operated control system is used，an alternate system must be immediately available that allows continued safe flight and landing in the event of：

（Ⅰ）Any single failure in the power portion of the system；or

（Ⅱ）The failure of all engines.

（b）Each alternate system may be a duplicate power portion or a manually operated mechanical system. The power portion includes the power source（such as hydraulic pumps），and such items as valves，lines，and actuators.

（c）The failure of mechanical parts（such as piston rods and links），and the jamming of power cylinders，must be considered unless they are extremely improbable.

2.2.12.2 条款背景和历史沿革分析

2.2.12.2.1 FAA相关修正案及背景说明

FAR29.695相关的FAA修正案情况如表2-13所示。经对修正案涉及的NPRM和Final Rule进行分析，情况如下：

表2-13 相关FAA修正案

条款号	标题	修正案	生效日期	现行有效
29.695	Power boost and poweroperated control system.	Original	1965.2.1	与CCAR现行有效条款等效

1965年，FAA根据原有CAR，重新编排制定FAR。以下首先详述CAR期间与动力助力和带动力操作的操纵系统相关的修订说明及结果，之后分析此次FAR制定过程中的修订内容。

FAA于1964年发布NPRM，表示将依据已有CAR重新编排制定FAR。在NPRM64-30（1964年5月20日）中，FAA提出，将原有的CAR7.328修订为FAR29.313。后对条款编号进行了统一调整，最终将CAR7.328修订为FAR29.695，在内容上并无实质性变化。

此后FAR29.695条一直没有修订。

2.2.12.2.2 CS29对应条款背景和历史沿革分析

2003年11月14日，EASA基于JAR-29发布了第一版CS29 Initial，其中包括CS29.695条。该条内容自第一版发布至今未做修订。

2.2.12.2.3 规章差异分析

（Ⅰ）FAR29与CS29规章差异：CS29.695条与FAR29.695条内容完全一致。

（Ⅱ）CCAR-29-R2与FAR29规章差异：CCAR29.695条与FAR29.695条内容完全一致。

2.2.12.3 条款发展方向

从欧美条款发布至今都未进行过修订，说明该条款内容已很好地满足了机械操纵系统的适航工作，但是随着电传飞行控制和光传技术的发展和应用，本条款的适应性将有所降低，如动力源中可能采用的电静液作动器（EHA）和机电作动器（EMA）。

2.3 符合性验证思路

2.3.1 EH.671操纵系统-总则

采用说明性文件、地面试验、飞行试验等验证方法。

（a）编制飞行操纵系统的符合性说明文件，阐述操纵器件的机构组成、位置布置、开关形式等，阐明其对于规章条款的符合性情况。

（b）通过地面和试飞试验表明每个操纵器件的操作、安排和标志符合条款要求。

2.3.2 EH.672 增稳系统、自动和带动力的操纵系统

第 672 条“增稳系统、自动和带动力的操纵系统”一般采用说明性文件、安全评估、地面试验、飞行试验等验证方法。

（a）编制符合性说明，该文件中应包括系统的构型、设备组成、设备预期实现的功能、技术参数、工作原理、制造过程和相应的计算方法等，并列出相关的设计图纸清单。

（b）开展系统安全性分析，确保系统能够满足安全性指标要求。

（c）进行设备装机后的地面试验，应在地面试验中验证尽可能多的功能，包括故障模拟等；试验应按照经批准的试验大纲和程序进行，通过地面试验报告表明设备在装机后功能正常。

（d）进行设备装机后的飞行试验，应在飞行试验中的各种飞行条件下验证尽可能多的功能或按照相应的咨询通报（AC）验证特定系统的功能，试验应按照经批准的试验大纲和程序进行，通过飞行试验报告表明设备在装机后功能正常。

2.3.3 EH.673 主飞行操纵系统

第 673 条“主飞行操纵器件”一般采用说明性文件验证。

编制飞行操纵系统的符合性说明文件，阐述主飞行操纵系统的操纵器件组成、功能等，阐明其对于规章条款的符合性情况。

2.3.4 EH.674 交连操纵装置

第 674 条通过编制说明性文件和系统安全性评估表明符合性。

2.3.5 EH.675 止动器

第 675 条“止动器”一般采用说明性文件、分析计算等验证方法。

（a）编制止动器的符合性说明文件，阐述止动器的功能、位置以及限制可动气动面的角度等，阐明对于规章条款的符合性情况。

（b）通过强度分析计算符合条款要求。

2.3.6 EH.679 操纵系统锁

第 679 条“操纵系统锁”一般采用说明性文件、飞行试验等验证方法。

（a）编制操纵系统锁的符合性说明文件，阐述操纵系统锁的机构组成、布置、功能等，阐明其对于规章条款的符合性情况。

（b）通过试飞试验表明采用啮合形式锁住的操纵系统锁符合条款要求。

2.3.7 EH.681 限制载荷静力试验

第 681 条“限制载荷静力试验”一般采用说明性文件、分析/计算、试验室试验等验证方法。

首先对操纵系统进行不同状态下的强度分析，筛选出受载最严重的状态。

在完整的试验机上进行操纵系统的限制载荷静力试验，以考核操纵系统的全部零部件的强度及与其连接的结构件的强度，限制载荷下无永久变形。

操纵系统凡做角运动的接头一般均装有轴承，所以第 23. 681 条（b）款按第 23. 693 条进行分析验证。无轴承的，可按特殊安全系数进行分析验证。

2.3.8 EH.683 操作试验

采用说明性文件、分析/计算以及地面试验等验证方法。

（a）编制飞行操纵系统操作试验的符合性说明文件，阐述飞行操纵系统的组成、布置、功能以及工作原理，阐述飞行操纵系统操作试验内容等，阐明对于规章条款的符合性情况。

（b）通过强度分析计算确定操作试验所采用的载荷。

（c）通过地面试验验证飞行操纵系统对于条款的符合性。

2.3.9 EH.685 操纵系统的细节设计

第 685 条“操纵系统的细节设计”一般采用说明性文件以及地面试验等验证方法。

（a）编制操纵系统的细节设计的符合性说明文件，阐述飞行操纵系统的组成、布置、功能等，比如操纵系统零部件的设计构型、安装、防止钢索和管子拍击其他零部件的设计措施等，阐明其对于规章条款的符合性情况。

（b）通过地面试验表明操纵系统内部及其与其他系统有足够的间隙，能保证不会出现卡阻、摩擦和干扰。

2.3.10 EH.687 弹簧装置

第 687 条“弹簧装置”一般采用说明性文件、分析/计算、安全评估以及地面试验等验证方法。

（a）编制弹簧装置的符合性说明文件，说明所采用的弹簧或弹簧装置的种类、组成、安装位置及作用。

（b）根据弹簧的材料性能，通过计算分析说明弹簧在一定载荷和工作环境下是“非危险的”。

（c）通过安全性评估类文件对操纵系统中所使用的所有弹簧装置进行故障影响分析，说明该弹簧装置失效产生的影响，如颤振、操纵抖动或振动等不会危及航空器的安全使用。

（d）模拟弹簧装置的实际使用条件，进行地面试验验证弹簧装置的可靠性。

2.3.11 EH.691 自转操纵机构

编制说明性文件，包括操纵系统设计说明报告、设计图样及飞行手册，阐述操纵系统的功能、设计组成、原理，采取的防止误装配的设计措施等。

进行操纵系统的安全性分析评估，识别可能会导致操纵系统功能不正常的元件，以便确定需开展防错设计措施的元件范围。

通过地面试验对操纵系统功能进行检查，在飞行前检查操纵器件，对全行程运动范围的设计措施进行确认，并在试验完成后编制试验报告。通过第 29. 683 条的操作试验，检查操作的简便性和平稳性。

通过飞行试验，结合飞行性能、飞行特性试飞任务，在飞行试验任务完成后，驾驶员提供飞行机组评定清单，对操纵系统的操纵情况进行评估。

对于可能会导致操纵系统功能不正常的元件，通过机上检查确认是否采取了防止误装配的设计措施。可结合第 29. 681 条和第 29. 683 条要求的试验，进行上述相关的检查。

2.3.12 EH.695 动力助力和带动力操作的操纵系统

编写说明性文件，包括操纵系统设计说明报告、液压系统设计说明报告，阐明动力助力和带动力操作的操纵系统的原理与构型、备用系统的设计构型。

通过安全评估，对操纵系统、液压系统做出故障模式及影响分析。

完成各零部件的疲劳试验，确定使用寿命，并根据试验结果出具试验报告。

通过飞行试验，结合飞行性能、飞行特性试飞任务，模拟液压系统故障进行试飞，在飞行试验任务完成后，驾驶员提供飞行机组评定清单，对操纵系统的操纵情况进行评估。

2.4 条款解析

2.4.1 EH.671 操纵系统-总则

2.4.1.1 条款安全意图和实质要求分析

2.4.1.1.1 条款安全意图

第 29. 671 条要求飞行操纵系统必须是安全、有效的。

2.4.1.1.2 条款实质要求

本规则要求操纵器件操作简便、平稳，旋翼航空器对操纵输入产生正响应。且每个元件应有防差错措施，飞行操纵系统还应使飞行员能够进行飞行前预检查，以确认完全控制权限。

2.4.1.1.3 条款关键点分析

本总则条款对旋翼航空器的操纵系统提出了通用性要求。

本条（a）款对操纵系统操作质量提出要求，要求操纵系统操作简便、平稳，旋翼航空器对操纵输入产生正响应。

本条（b）款对操纵系统每个元件的设计提出了防差错要求，要求操纵系统每个元件必须具有设计措施防止发生错误装配，以便将操纵系统错误装配的概率降至最低，从而避免发生操纵系统功能、操作反应出错的现象。这可以通过在零件设计时增加不会发生错误装配的设计细节特征或采用醒目的永久性简单标记来实现。

本条（c）款对飞行前操纵系统操纵行程范围的检查提出了要求，要求旋翼航空器必须设计成能在飞行前检查确认主飞行操纵权限的整个行程范围。这是为了确保旋翼航空器在正常飞行以及异常飞行情况下均能进行正常操纵，从而实现继续安全飞行或是着陆。

2.4.1.2 条款关联信息

CCAR-29-R2 中与本条款关联的有第 29.681 条和第 29.683 条。

通过第 29.683 条的操作试验，检查操作的简便性和平稳性。

可结合第 29.681 条和第 29.683 条要求的试验，进行防错措施机上检查。

2.4.2 EH.672 增稳系统、自动和带动力的操纵系统

2.4.2.1 条款安全意图和实质要求分析

2.4.2.1.1 条款安全意图

本条款是对增稳系统、自动和带动力的操纵系统的安全性要求，针对能使驾驶员意识到增稳系统、自动或带动力的操纵系统失效的告警，可采取的初步对策，以及单个故障后的安全影响提出了要求。

2.4.2.1.2 条款实质要求

本条款要求适用于增稳系统以及辅助操纵系统，实质要求是增稳系统、自动和带动力的操纵系统的故障应设置清晰可辨的告警系统，系统的设计应允许驾驶员对系统故障采取超越或断开等初步对策而无需特殊技巧或体力，发生任何单个故障后的安全影响必须是有限的，应仍满足操纵性和机动性要求，配平和稳定性不应影响继续安全分析和着陆。

2.4.2.1.3 条款关键点分析

本条款是对增稳系统、自动和带动力的操纵系统的安全性要求，适用于增稳系统以及辅助操纵系统，不适用于主飞行操纵系统。

如果采用增稳系统或其他自动或带动力的操纵系统来满足本规章 B 分部有关飞行特性的要求，则这些系统必须满足第 29.671 条的要求，以及本条规定。

本条（a）款对于增稳系统、自动和带动力的操纵系统设计中存在的驾驶员未察觉会

导致不安全状态的任何故障：

（Ⅰ）必须设置告警系统来提示驾驶员系统发生了失效或故障，以便驾驶员可以采取纠正措施；

（Ⅱ）告警必须是及时的、清晰可辨的、能够使人警觉的警告信号，以便无需驾驶员注意便可识别；

（Ⅲ）告警系统不能直接驱动飞行操纵系统来改变航空器的姿态，但当航空器正在接近危险的飞行高度或速度时能够及时提供充足的告警信息；

（Ⅳ）应根据系统失效后可能产生的后果设置满足本条款要求的告警系统；

（Ⅴ）规章表面上要求告警系统应独立于旋翼航空器飞行操纵系统，但实则意指增稳系统、自动和带动力系统不能直接驱动操纵系统，目的是使后续的纠正行为完全处于驾驶员的控制中，防止自动系统导致操纵系统发生非预期工作。

本条（b）款要求，针对增稳系统、自动和带动力的操纵系统可能发生的会影响飞行特性要求的各种故障，应制定恢复措施，且该措施应不需要驾驶员特殊的驾驶技巧或体力。驾驶员通常可以采取的对策为切断故障系统或系统失效部分，或以正常移动飞行操纵器件的方式超越系统失效，且该修正装置的位置应该便于驾驶员接近。

本条（c）款要求，对增稳系统、自动和带动力的操纵系统发生单个失效或故障后，旋翼航空器各种飞行特性要求及可接受的降级程度进行了规定：

（Ⅰ）当故障发生在经批准的使用限制内的任何速度和高度上时，旋翼航空器必须仍然可以安全操纵（继续飞行或者是着陆）；

（Ⅱ）若发生故障后引起操纵权限降低，则必须制定此种情况下的可切实使用的飞行包线，并且在该包线内旋翼航空器的操纵性和机动性应满足本规章 B 分部的有关要求。必须在飞行手册中给出这一降级的使用包线。

（Ⅲ）配平和稳定特性可以降级到不满足本规章 B 分部的有关要求，但降级程度应不会危及旋翼航空器的继续安全飞行和着陆，并且应对驾驶员工作负荷进行评估，以确定降级程度确实不会影响继续安全飞行和着陆。

2.4.2.2 条款关联信息

自动飞控系统不得影响第 29. 671 条规定的操纵系统检查的完成。

对于串联舵机失灵可能会降低操纵权限的操纵系统，第 29. 1329 条要求应为驾驶员提供一种确定作动筒调整的设施。

2.4.3 EH.673 主飞行操纵系统

2.4.3.1 条款安全意图和实质要求分析

2.4.3.1.1 条款安全意图

本条款定义了主飞行操纵系统。

2.4.3.1.2 条款实质要求

本条款阐述了旋翼航空器主飞行操纵系统的组成，主飞行操纵系统一般包含旋翼航空器的周期变距操纵系统、总距操纵系统和航向操纵系统。

2.4.3.1.3 条款关键点分析

周期变距操纵系统包括纵向和横向操纵系统，用来控制自动倾斜器的前后、左右倾斜，以控制桨盘的前后、左右倾斜，实现周期变距，改变升力方向，从而达到控制旋翼航空器的纵向（包括俯仰）和横向（包括滚转）运动的目的。

总距操纵系统用来控制自动倾斜器的上下运动，实现总桨距的变化，改变升力大小，从而达到控制旋翼航空器的垂直运动。

航向操纵系统实现尾桨的总桨距变化，改变尾桨的拉力大小，以达到平衡旋翼的反扭矩及控制旋翼航空器偏航，提供旋翼航空器的航向操纵。

2.4.3.2 条款关联信息

第 29.671 条和第 29.1555 条内容中涉及主飞行操纵，本条给出了主飞行操纵系统的含义。

2.4.4 EH.674 交连操纵装置

2.4.4.1 条款安全意图和实质要求分析

2.4.4.1.1 条款安全意图

本条款要求任何与主飞行操纵交连的辅助操纵系统出现故障、失效或者卡滞后，旋翼航空器仍能安全飞行和着陆，并且不影响主飞行操纵的独立操作。

2.4.4.1.2 条款实质要求

本条款的实质要求是与主飞行操纵交连的辅助操纵系统其故障不能影响主飞行操纵系统的使用。

2.4.4.1.3 条款关键点分析

本条款除了对辅助操纵系统进行安全性要求外，还要求其在设计时，一旦出现条款要求的故障、失效或者卡滞后，交连的辅助操纵与主飞行操纵系统必须是可脱开的，或者驾驶员可以随时切断其功能，且需要经过安全性分析以及试验验证保证其条款的符合性。相互交连的主飞行操纵系统不在该条款的考核要求范围内，例如周期变距操纵和总距操纵。

与主飞行操纵系统直接交联的辅助操纵系统可能包括自动驾驶仪、增稳系统、配平装置或发动机操纵器件等。

2.4.4.2 条款关联信息

本条所指的辅助操纵器件的实例可能包括某些自动驾驶仪或增稳装置或配平系统的零部件，在确定自动驾驶仪和增稳装置零部件的故障影响时，可以采用第 29.1309 条的方法。

2.4.5 EH.675 止动器

2.4.5.1 条款安全意图和实质要求分析

2.4.5.1.1 条款安全意图

本条款规定了旋翼航空器操纵系统和旋翼系统止动器的安全要求。

2.4.5.1.2　条款实质要求

本条款的实质要求是对止动器的最基本要求，其中，(a) 款是对操纵系统止动器安装以及功能的要求；(b) 款是对止动器可靠性的要求；(c) 款是对止动器所能承受载荷的要求；(d) 款是对旋翼系统止动器具体设计的要求。

2.4.5.1.3　条款关键点分析

本条款是对旋翼航空器操纵系统和旋翼系统止动器的要求。

本条 (a) 款是对操纵系统止动器的设计要求。操纵系统必须设计带有止动器，并且止动器的布置必须能有效地限制操纵机构的运动范围，防止因干扰或超载而引起驾驶员或自动驾驶仪输入的无限运动。

本条 (b) 款是对操纵系统止动器的设计要求。操纵系统在运动过程中，可能会造成止动器的磨损、松动，在对操纵系统检查和维护时，可能会对止动器进行松紧调节。由于操纵系统的行程范围直接影响旋翼航空器的操纵特性（旋翼操纵面），因此要求止动器的磨损、松动和松紧调节不会明显影响操纵行程范围。

本条 (c) 款是对操纵系统止动器的强度要求。止动器必须能够承受相应于操纵系统设计情况下的载荷，可用任何一个驾驶员的操纵力、气动载荷、液压载荷或其他临界载荷（如果适用）进行强度验证。

本条 (d) 款是对旋翼系统止动器的要求：

（Ⅰ）旋翼桨叶除了绕旋翼轴转动之外，还会伴随着挥舞和摆振运动，因此要求设置合理的止动器来限制桨叶上下挥舞和左右摆振的运动范围，以防桨叶撞击机体结构的任何部位，尤其是在起动和停转期间。

（Ⅱ）应采取相应的措施避免在除旋翼起动和停转过程之外的任何状态下桨叶撞击下止动器。

2.4.5.2　专用术语

止动器：操纵系统中可以限制驾驶员操纵机构运动范围的装置。

2.4.5.3　条款关联信息

止动器可以用第 29.681 条的试验在限制载荷下进行强度验证。

2.4.6　EH.679 操纵系统锁

2.4.6.1　条款安全意图和实质要求分析

2.4.6.1.1　条款安全意图

本条款规定了航空器如果安装有操纵系统锁的安全要求。

2.4.6.1.2　条款实质要求

本条款的实质要求是若申请人根据需要安装有操纵系统锁，须保证操纵系统锁不能限制航空器的安全使用。

2.4.6.1.3　条款关键点分析

本条款是针对旋翼航空器所装的用于在地面上或水面上锁闭操纵系统的装置提出的要求。

本条（a）款要求采取设计措施防止旋翼航空器带着锁紧的锁飞行，或设计措施应在飞行之前限制驾驶员操作。要求当驾驶员以正常方式操作操纵机构时，锁能够自动脱开；或者在驾驶员忘记操作此程序时，操纵系统锁应该在起飞前通过限制操纵器件的运动（比如卡死总距杆）来达到限制旋翼航空器运行的目的，并且给飞行员“不易被误解”的警告提示，提醒飞行员将锁手动打开。

本条（b）款要求在飞行开始后，应采取设计措施防止旋翼航空器在飞行或地面运行状态下操纵系统锁会意外锁闭，影响驾驶员的正常飞行操纵。

2.4.6.2 条款关联信息

第 23.1301 条“功能和安装”对飞机上安装的每一项设备提出了总体要求，其中也包括“控制系统锁”。

第 29.1309 条“设备、系统及安装”对功能设备提出了要求，包括安全要求和性能要求，这是因为旋翼航空器适航标准对这些设备、系统及安装有功能的要求，其中也包括“控制系统锁”。

第 29.1322 条“警告灯、戒备灯和提示灯”是对飞机上所有信号灯的总要求，控制系统锁的警告灯也需满足该条款的要求。

2.4.7 EH.681 限制载荷静力试验

2.4.7.1 条款安全意图和实质要求分析

2.4.7.1.1 条款安全意图

本条款的目的是确保飞行操纵系统能够承受限制载荷，同时确认结构变形不会带来危害。

2.4.7.1.2 条款实质要求

本条款要求对操纵系统进行静力试验，以表明其满足限制载荷要求。规定的试验包括被试验的操纵系统的每个接头、滑轮和支座，还要求对产生运动的操纵系统接头，通过单独试验或由分析表明满足支承系数要求。

2.4.7.1.3 条款关键点分析

本条款要求对操纵系统进行限制载荷静力试验，属于对操纵系统静强度验证的方式或方法提出的适航要求，目的是确保飞行操纵系统能够承受在服役期间可能出现的任何载荷，同时确认结构变形不会带来危害。

本条款中限制载荷主要依据第 29.395 条、第 29.397 条、第 29.399 条中规定的限制载荷大小和方向施加载荷：

（a）第 29.397 条中规定驾驶员限制作用力，其中脚蹬 578N，总距杆 445N，周期杆纵向 445N、横向 298N；

（b）第 29.399 条中规定双主飞行操纵系统应该能承受 0.75 倍第 29.397 条规定的力大小，方向包括相反方向和同一方向。

（c）第 29.395 条（b）款（Ⅲ）项中规定在缺少合理分析的情况下，由 0.6 倍规定的驾驶员限制作用力产生的载荷是可接受的最小载荷。

经过理论分析，第 29. 399 条中双操纵力按相反方向作用时，各操纵力复合后的线系载荷因相互抵消而为零，复合前的线系载荷与双操纵力按相同方向作用时一致，因此双操纵试验时可仅施加同向作用力。

本条（a）款是对限制载荷静力试验中操纵系统受载最严重的情况和操纵系统完整性提出要求：

（Ⅰ）操纵系统受载最严重的情况。一方面是指施加载荷的方向必须沿着驾驶杆或脚蹬运动弧度的切线方向，不会产生力的分解；另一方面是指各操纵杆所处的位置必须使操纵系统所受载荷最大。

（Ⅱ）操纵系统完整性是指试验应包括操纵系统的每个接头、滑轮及将操纵系统连接到主要结构上的支座，其主要目的是考核操纵系统的强度及与之连接结构件的强度。

本条（b）款是对做角运动的操纵系统接头的安全系数的要求。正常结构件的安全系数通常在 1～1. 5 之间，而做转动的操纵系统关节接头的安全系数要求比较高［按第 29. 685 条（e）（f）款的规定，推-拉系统的系数为 3. 33，装有滑动轴承接头的钢索系统的系数为 2. 0，装有滚珠或滚柱轴承的接头系数应采用制造厂商的额定值］。也就是说，正常的操纵系统限制载荷试验无法考核做转动的操纵系统关节接头的承载能力，因此需对做角运动（在一定角度内转动）的操纵系统接头通过单独载荷试验（关节接头组件试验）或强度分析计算的方式来表明其满足特殊系数要求。

2.4.7.2 条款关联信息

第 29. 305 条规定了在静力试验中，施加在结构上的极限载荷至少保持 3 秒。

本条款还要求对产生运动的操纵系统接头，通过单独试验或由分析表明其满足支承系数要求（参见第 29. 623 条）。

第 29. 395 条、第 29. 397 条和第 29. 399 条规定了在限制载荷静力试验中所施加的载荷。这些载荷适用于总距、周期变距、偏航和旋翼叶片操纵系统，以及由设计提供的所有其他飞行操纵系统。

第 29. 685 条（e）款规定了做角运动的操纵系统接头的支承系数。这些系数分别是：推-拉系统的系数为 3. 33，装有滑动轴承接头的钢索系统的系数为 2. 0；装有滚珠或滚柱轴承的接头系数应采用制造厂商的额定值。

2.4.8 EH.683 操作试验

2.4.8.1 条款安全意图和实质要求分析

2. 4. 8. 1. 1 条款安全意图

本条款规定了操纵系统进行操作试验的基本要求。

2. 4. 8. 1. 2 条款实质要求

本条款对操作试验的载荷以及试验结果进行了明确的规定。操纵系统在规定的载荷作用下，在全行程范围内运动时，操纵系统不存在卡阻、过度摩擦以及过度变形。

2. 4. 8. 1. 3 条款关键点分析

本条款要求对操纵系统进行操作试验，把规定的载荷施加在驾驶员操纵器件上，并通过操纵系统传递载荷。可以用旋翼叶片或气动力面来平衡驾驶员通过操纵系统施加的操纵力，也可以用一些夹具代替它们，夹具通常固定在操纵面或操纵面模拟件上，以便于滑轮的布置，为在载荷作用下的运动创造条件。

施加载荷的位置分别是驾驶舱内的周期操纵杆、总距杆和脚蹬。

本条（a）款是对操作试验下操纵系统无卡阻的要求，无卡阻是指施加规定载荷，操纵系统能够在全行程范围内运动，不会被某些零部件阻碍造成卡滞。

本条（b）款是对操作试验下操纵系统无过度摩擦的要求，无过度摩擦是指施加规定载荷，在全行程范围内运动过程中，操纵系统摩擦力无突变、操纵机构运动无不流畅或断断续续的现象。

本条（c）款是对操作试验下操纵系统无过度变形的要求，无过度变形是指施加规定载荷，在全行程范围内运动，操纵系统与其他系统或结构之间无非正常接触（包括不影响驾驶员在座椅上向后的正常操纵）；当操纵系统卸载后，系统不存在过度变形，即卸载后系统能够回到中立状态，卸载后系统所有中立位置插销均可无应力插入，且周期操纵杆、总距杆、脚蹬位置与加载前位置保持一致。

2.4.8.2 条款关联信息

第 29.395 条、第 29.397 条和第 29.399 条规定了在操作试验中所施加的载荷。这些载荷适用于总距、周期变距、偏航和旋翼叶片操纵系统，以及由设计提供的所有其他飞行操纵系统。

2.4.9 EH.685 操纵系统的细节设计

2.4.9.1 条款安全意图和实质要求分析

2.4.9.1.1 条款安全意图

本条款规定了操纵系统的细节设计要求。

2.4.9.1.2 条款实质要求

对旋翼航空器的操纵系统提出了细节性设计要求。本条款要求操纵系统应设计成能防止由货物、旅客、松散物或水汽凝冻引起的摩擦、卡阻和干扰，并对钢索、接头提出了具体设计要求。

2.4.9.1.3 条款关键点分析

本条款对旋翼航空器的操纵系统提出了细节性设计要求。

本条（a）款要求操纵系统的细节设计和安装要避免卡阻，除货物、旅客和松散物引起的卡阻外，应特别考虑零件内部或外部冰冻而造成操纵线路卡阻。操纵系统零件的几何形状以及它们的安装是防止产生摩擦、卡阻和干扰的重要因素。

本条（b）款要求驾驶舱内必须有措施防止外来物进入而卡住操纵系统。通常螺钉、螺栓、螺母等外来物特别容易进入地板下面区域，极容易引起操纵器件卡阻，因此操纵系统的各机构及其安装都应设计成能防止外来物卡死的形式。

本条（c）款是对操纵系统管路和钢索设计提出的要求。操纵系统管路敷设、钢索之间的间隔应符合相关规范要求，钢索通过的线路上应有足够的导向件或导引件，防止钢索下垂拍击其他部件。

本条（d）款是对钢索系统的设计要求：

（Ⅰ）钢索、钢索接头、松紧螺套、编结接头和滑轮必须是按 MIL-HDBK-5 中规定的滑轮-钢索形式；

（Ⅱ）由于受热胀冷缩等因素的影响，钢索的张力值可能会上下波动，因此对于钢索系统的设计，必须综合考虑各种使用情况和温度变化，以防止在整个行程范围内钢索张力产生危险变化；

（Ⅲ）在任一主操纵系统中，不得使用直径小于 3.2 毫米（1/8 英寸）的钢索；

（Ⅳ）滑轮的型式和尺寸必须与所配用的钢索相适应，必须采用经中国民航局认可的标准手册中规定的滑轮-钢索组合和强度数值，可采用 MIL-HDBK-5 中的相关规定；

（Ⅴ）滑轮必须有能防止钢索滑脱或缠结的保护装置；

（Ⅵ）滑轮必须足够接近钢索通过的平面内，使钢索不致摩擦滑轮的凸缘；

（Ⅶ）安装导引件而引起的钢索方向变化不得超过 3 度；

（Ⅷ）在操纵系统中需受载或活动的 U 形夹销钉，不得仅使用开口销保险；

（Ⅸ）连接到有角运动零件上的松紧螺套的安装必须能确实防止在整个行程范围内发生卡滞；

（Ⅹ）必须有措施能对每个导引件、滑轮、钢索接头和松紧螺套进行目视检查。

本条（e）款是对操纵系统接头的设计要求，即对做角运动的操纵系统接头满足下述支承系数要求：推-拉系统为 3.33，钢索系统为 2.0。

本条（f）款是对操纵系统接头的设计要求：接头硬度不应超过滚珠和滚柱轴承制造厂商的静态非布氏硬度值。

2.4.9.2 条款关联信息

在第 29.681 条的限制载荷静力试验和第 29.683 条的操作试验中，在加载条件下检查操纵系统。

2.4.10 EH.687 弹簧装置

2.4.10.1 条款安全意图和实质要求分析

2.4.10.1.1 条款安全意图

本条款对旋翼航空器操纵系统的弹簧装置提出了要求。

2.4.10.1.2 条款实质要求

本条款对操纵系统所安装用于防止颤振、操纵抖动、振动或其他作用的弹簧装置必须安全可靠。

2.4.10.1.3 条款关键点分析

本条款对旋翼航空器的操纵系统的弹簧装置提出了要求。

本条（a）款要求操纵系统中用于防止颤振、操纵抖动、振动或其他作用的弹簧和弹簧装置是可靠的，即其损坏的可能性极小；或者即使在其损坏的情况下也不会危及旋翼航空器。

本条（b）款是针对（a）款中的弹簧装置，需要进行模拟使用条件的试验来表明其符合性。

2.4.10.2 条款关联信息

用于连接液压作动筒活塞阀门的弹簧，需符合第 29.695 条要求。

2.4.11 EH.691 自转操纵机构

2.4.11.1 条款安全意图和实质要求分析

2.4.11.1.1 条款安全意图

本规则要求操纵机构的设计允许在动力装置失效后能迅速进入自转状态，以保证飞行安全。

2.4.11.1.2 条款实质要求

本规则要求操纵系统在失去动力时，总距操纵系统能有效配合飞行员控制飞行器总距，最终安全落地。

2.4.11.1.3 条款关键点分析

旋翼航空器的每片桨叶的运动都由主旋翼桨距操纵机构来控制，当旋翼航空器在可用飞行包线内以任意状态飞行时，发动机突然失效，驾驶员必须能够方便而迅速地操纵主旋翼桨距操纵机构，使旋翼航空器快速进入自转状态。

发动机失效后无法为旋翼旋转继续提供动力，此时，应减小总距，降低旋翼转速并控制在设定范围内。在达到特定的离地高度时，增大总距，减小下降率，控制旋翼航空器进行滑跑着陆。

如果总距操纵设有高距和低距止动器，总距杆可以迅速地从一个极限位置移动到另一个极限位置，这表明满足该款要求。

但如果总距操纵系统中还采用了定位销或中间止动器，则驾驶员必须能够方便而迅速地操控、断开、消除或避开这种装置，以便在超过瞬时低旋翼转速之前能迅速进入自转状态。

2.4.11.2 条款关联信息

关联条款示意如图 2-10 所示。第 29.33 条“主旋翼转速和桨距限制”。

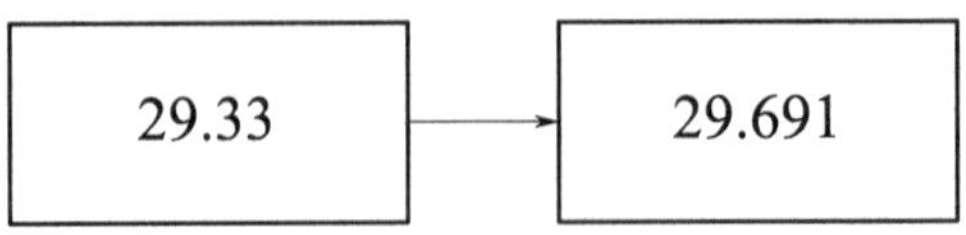

图 2-10 关联条款示意

第 29.33 条包含有关主旋翼转速限制制定和控制的标准，该条款要求进行飞行试验和演示，同时还涉及与主旋翼转速限制控制有关的旋翼航空器设计细节。

2.4.12 EH.695 动力助力和带动力操作的操纵系统

2.4.12.1 条款安全意图和实质要求分析

2.4.12.1.1 条款安全意图

第 29. 695 条规定了操纵系统采用动力助力形式的安全性要求。

2.4.12.1.2 条款实质要求

本条款实质要求是采用动力助力和带动力操作的操纵系统需有备用系统的具体设计和安全要求。同时对于动力助力操纵系统的机械部件（如活塞杆和连杆）的损坏和动力缸的卡阻，要尽可能地降低故障的发生概率或者是证明其极不可能发生。

2.4.12.1.3 条款关键点分析

本条（a）款要求，当采用动力助力或带动力操作的操纵系统时，必须设计有一套备用系统，且当主系统动力部分发生任何单一失效或者发生全部发动机失效时，备用系统必须立即起作用，保证旋翼航空器继续安全飞行或着陆。

本条（b）款对备用操纵系统提出要求，如果动力系统失效，必须能够通过备用系统来进行飞行操纵，备用系统可以采用与主系统动力部分一样的系统动力，也可以采用不需要驾驶员具有特殊飞行技能和工作强度的机械系统。

本条（c）款要求，考虑动力助力操纵系统的机械部件（如活塞杆和连杆）的损坏和动力缸的卡阻，尽可能地降低故障的发生概率或者是证明极不可能发生这种情况。

2.4.12.2 条款关联信息

如图 2-11 所示，各条款之间关系说明如下：

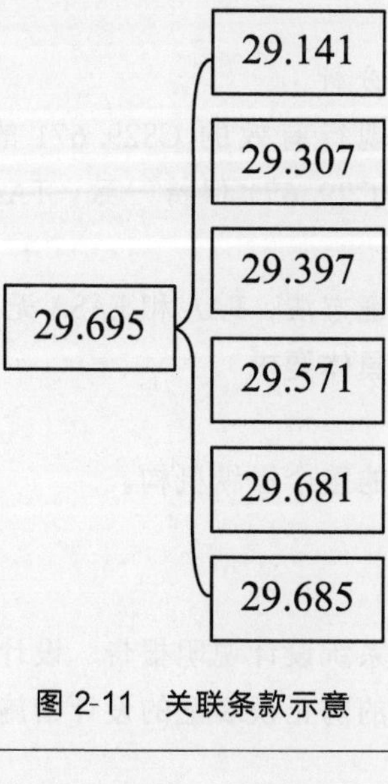

图 2-11 关联条款示意

操纵系统需要按照第 29. 141 条“总则”、第 29. 307 条“结构验证”、第 29. 571 条“金属结构的疲劳容限评定”和第 29. 681 条“限制载荷静力试验”进行相应的试验验证，在进行飞行试验时，第 29. 141 条 “总则” 要求不需要特殊的驾驶技巧、机敏和体力；驾驶员的操纵力需要符合第 29. 397 条 “驾驶员限制作用力和扭矩” 的要求；第 29. 685 条 “操纵系统的细节设计” 对操纵系统中做角运动的轴承接头系统进行了强度要求。

2.5 符合性验证方法和审查要点

2.5.1 EH.671 操纵系统-总则

2.5.1.1 国内外符合性验证方法分析

2. 5. 1. 1. 1 FAAAC 相关分析

FAA 颁布过与 FAR29. 671 相关的咨询通告，如表 2-14 所示。

表 2-14 FAR29. 671 相关咨询通告

咨询通告编号	标题	生效日期	是否有效
AC29-2B	Certification of Transport Category Rotorcraft.	1997. 7. 30	No
AC29-2C	Certification of Transport Category Rotorcraft.	2018. 7. 2	Yes，适用于当前 CCAR 要求

现行有效的 AC29-2C-Chg 8 中的 AC29. 671，是针对 FAR29. 671 第 24 修正案修正之后条款要求所颁布的咨询通告，自 1997 年 AC29-2B 生效以后一直沿用至今，按照 AC29. 671 的规定，AC29. 671 现仍适用于第 24 修正案修订后的第 29. 671 条，因此现行有效的 AC29-2C 的 AC29. 671 是适用于我国当前有效的 CCAR29. 671 条要求的。

AC29-2C-Chg8 中的 AC29. 671 对 FAR29. 671 各条款进行了详细的解释和说明，其中表明了条款符合性验证的着眼点。

2. 5. 1. 1. 2 FAA 和 EASA 差异分析

根据 CS29 book2 的规定，现行有效的 CS29. 671 的 AMC 与 FAAAC29-2C-Change7（日期为 2016 年 2 月 4 日）的 AC29. 671 保持一致，FAAAC29-2C-Change7 与 FAAAC29-2C-Change8 无差异。

针对此条款要求的符合性验证方法，FAA 和 EASA 无差异。

2.5.1.2 符合性验证工作流程及具体要求

2. 5. 1. 2. 1 验证对象

本条款主要验证对象为飞机的整个操纵机构。

2. 5. 1. 2. 2 符合性方法流

(a) MC1 说明性文件。

编制说明性文件，包括操纵系统设计说明报告、设计图样及飞行手册，阐述操纵系统的功能、设计组成、原理，采取的防止误装配的设计措施等。

(b) MC3 安全评估。

进行操纵系统的安全性分析评估，识别可能会导致操纵系统功能不正常的元件，以便确定需开展防错设计措施的元件范围。

（c）MC5 地面试验。

编制地面试验大纲，对操纵系统功能进行检查，在飞行前检查操纵器件，对全行程运动范围的设计措施进行确认，并在试验完成后编制试验报告。通过 29. 683 的操作试验，检查操作的简便性和平稳性。

（d）MC6 飞行试验。

编制飞行试验大纲，结合飞行性能、飞行特性试飞任务，在飞行试验任务完成后，驾驶员提供飞行机组评定清单，对操纵系统的操纵情况进行评估。

（e）MC7 机上检查。

对于可能会导致操纵系统功能不正常的元件，通过机上检查确认是否采取了防止误装配的设计措施。可结合第 29. 681 条和第 29. 683 条要求的试验，进行上述相关的检查。

2.5.1.3 符合性验证资料

申请人在表明对第 29. 671 条进行符合性验证时，应根据审定项目计划的安排，提交以下文件：

（a）操纵系统设计说明文件；

（b）操纵系统设计图纸与飞行手册；

（c）操纵系统地面试验大纲和报告；

（d）操纵系统飞行试验大纲和报告；

（e）条款符合性报告。

2.5.1.4 审定要点

审查中需要关注的一般要素和审查重点如下：

（a）操纵系统构造是否有别于传统的构造型式；

（b）操纵系统的操作是否简便和平稳；

（c）对于可能会导致操纵系统功能不正常的元件的识别工作是否充分；

（d）对于可能会导致操纵系统功能不正常的元件是否均采取了相应的防止误装配的设计措施；

（e）是否提供了能够在飞行前检查主飞行操纵系统全行程运动范围的方法和措施。

2.5.2 EH.672 增稳系统、自动和带动力的操纵系统

2.5.2.1 国内外符合性验证方法分析

2. 5. 2. 1. 1 FAAAC 相关分析

FAA 颁布过与 FAR29. 672 相关的咨询通告，如表 2-15 所示。

表 2-15 FAR29. 672 相关咨询通告

咨询通告编号	标题	生效日期	是否有效
AC29-2B	Certification of Transport Category Rotorcraft.	1997. 7. 30	No
AC29-2C	Certification of Transport Category Rotorcraft.	2018. 7. 2	Yes,适用于当前 CCAR 要求

FAR29 中第 29. 672 条对应的 AC 包括三个版本，即 AC29-2B 中 AC29. 672、AC29-2C 中 AC29. 672 和 AC29-2C Chg2 中 AC29. 672，对应 FAR29. 673Amendment 29-24。

AC29-2 从 B 版更新为 C 版，对于 AC29. 672 条，其内容并未变化。从 AC29-2C 版本在 1999 年 9 月 30 日首次生效，至目前的 AC29-2C-Chg8（2018 年 7 月 2 日生效），对于 AC29. 672 的内容，在 AC29-2C-Chg2 中进行了修订。

AC29-2C-Chg2s 对 AC29. 672 条解释部分的内容进行了修订。增加了使用对象的范围限定，要求适用于增稳和辅助操纵系统，而不适用于主要飞行操纵系统。补充了使用驾驶杆推动装置或抖动装置用作告警装置是不能接受的原因。此外，还补充了对飞行员的工作量进行评估，以表明这些特性没有低于持续安全飞行和着陆所需的特性要求。将“可以继续安全完成任务”更改成“不影响继续安全飞行和着陆”。

按照 AC29. 672 的规定，AC29. 672 现仍适用于第 29. 672 条，因此现行有效的 AC29-2C 的 AC29. 672 是适用于我国当前有效的 CCAR29. 672 条要求的。

AC29-2C-Chg8 中的 AC29. 672 对 FAR29. 672 各款进行了详细的解释和说明，其中表明了条款符合性验证的着眼点。

2. 5. 2. 1. 2　FAA 和 EASA 差异分析

根据 CS29 book2 的规定，现行有效的 CS29. 672 的 AMC 与 FAAAC29-2C-Change7（日期为 2016 年 2 月 4 日）的 AC29. 672 保持一致，FAAAC29-2C-Change7 与 FAAAC29-2C-Change8 无差异。

针对此条款要求的符合性验证方法，FAA 和 EASA 无差异。

2.5.2.2　符合性验证工作流程及具体要求

2. 5. 2. 2. 1　验证对象

本条款主要验证对象为增稳系统、自动和带动力的操纵系统。

2. 5. 2. 2. 2　符合性方法流

该条款主要的符合性验证工作有：

(a) MC1 说明性文件。

（Ⅰ）增稳系统、自动和带动力的操纵系统的设计符合性说明报告，在该报告中应涵盖以下内容：

（ⅰ）系统的组成、功能、原理；

（ⅱ）系统故障告警方式，告警信息与其他系统的交连；

（ⅲ）发生故障后的建议的驾驶员处理措施——超越故障或断开故障系统，并应给出操纵机构的详细设计及布置情况。

（Ⅱ）飞行手册，应包含以下内容：

（ⅰ）系统出现故障时的告警信息及具体的操作应对方法；

（ⅱ）系统出现故障前后的使用包线。

(b) MC3 安全评估。

安全性分析报告：进行增稳系统、自动和带动力操纵系统的安全性分析评估，并通过安全性分析确认控制系统告警信息的完备性，针对不同的故障情况驾驶员提出应采取的不同措施。

（c）MC4 试验室试验。

增稳系统、自动和带动力操纵系统试验室试验大纲、报告：通过对增稳系统、自动和带动力操纵系统各系统故障模拟试验，验证当发生系统故障时能触发对应的告警信息，可以使机组人员根据告警信息了解故障状态，并按照机组操作手册中相应的程序对直升机进行操纵。

通过卡阻试验等试验室试验，验证系统的冗余特性，以表明当发生故障后，驾驶员能够采取措施超越故障，不需要采用特殊的驾驶技巧和体力。

（d）MC5 地面试验。

（Ⅰ）告警系统试验大纲/报告：结合型号整机告警系统机上试验，验证增稳系统、自动和带动力操纵系统的告警功能。

（Ⅱ）增稳系统、自动和带动力操纵系统机上地面试验大纲：故障在出现后确实能够被切断，或可以采取措施超越故障。

（e）MC6 飞行试验。

编制增稳系统、自动和带动力操纵飞行试验大纲，模拟 MC3 分析出的任何系统故障，对告警系统功能、故障具体处理措施、发生故障时的飞行特性进行验证，驾驶员出具试飞评估清单，对操纵情况进行评估。

（f）MC8 模拟器试验。

编制试验大纲，对增稳、自动和带动力操纵系统的系统故障、故障处理、航空器飞行特性等通过模拟器进行验证，根据试验结果编制试验报告。

2.5.2.3 符合性验证资料

申请人在表明对第 29.672 条进行符合性验证时，应根据审定项目计划的安排，提交以下文件：

（a）自转操纵机构符合性说明文件；

（b）安全性分析报告；

（c）实验室、地面、飞行、模拟器试验大纲与报告；

（d）条款符合性报告。

2.5.2.4 审定要点

审查中需要关注的一般要素和审查重点如下：

（a）安全评估确定的故障模式是否完备，不同故障模式的影响分析结果是否准确；

（b）地面试验对于故障状态的模拟和措施处理模拟是否能够保证后续飞行试验的安全性；

（c）如采用模拟器试验替代飞行试验，则模拟器试验是否能够充分地代表正式飞行状态是关注的重点；

（d）飞行试验需对故障时的警告信号可辨别程度进行评估，重点关注飞行试验选取的故障状态是否能够涵盖所有故障状态；

（e）是否需要制定带故障飞行时的实际限制使用包线，此时的飞行特性是否满足 B 分部的有关要求；

（f）是否对具有主动飞行控制功能的系统都已进行了评估。

2.5.3 EH.673 主飞行操纵系统

2.5.3.1 国内外符合性验证方法分析

2.5.3.1.1 FAAAC 相关分析

FAA 颁布过与 FAR29. 673 相关的咨询通告，如表 2-16 所示。

表 2-16 FAR29. 673 相关咨询通告

咨询通告编号	标题	生效日期	是否有效
AC29-2B	Certification of Transport Category Rotorcraft.	1997. 7. 30	No
AC29-2C	Certification of Transport Category Rotorcraft.	2018. 7. 2	Yes，适用于当前 CCAR 要求

现行有效的 AC29-2C-Chg 8 中的 AC29. 673，是针对 FAR29. 673Amendment 29-24 条款要求所颁布的咨询通告，自 1997 年 AC29-2B 生效以后一直沿用至今，按照 AC29. 673 的规定，AC29. 673 现仍适用于第 29. 673 条，因此现行有效的 AC29-2C 的 AC29. 673 是适用于我国当前有效的 CCAR29. 673 条要求的。

AC29-2C-Chg8 中的 AC29. 673 对 FAR29. 673 各条款进行了详细的解释和说明，其中表明了条款符合性验证的着眼点。

2.5.3.1.2 FAA 和 EASA 差异分析

根据 CS29 book2 的规定，现行有效的 CS29. 673 的 AMC 与 FAAAC29-2C-Change7（日期为 2016 年 2 月 4 日）的 AC29. 673 保持一致，FAAAC29-2C-Change7 与 FAAAC29-2C-Change8 无差异。

针对此条款要求的符合性验证方法，FAA 和 EASA 无差异。

2.5.3.2 符合性验证工作流程及具体要求

2.5.3.2.1 验证对象

本条款主要验证对象为主飞行操纵系统。

2.5.3.2.2 符合性方法流

该条款主要的符合性验证工作为：MC1 说明性文件。

编写说明性文件，包括操纵系统设计说明报告、设计图样。明确阐述主飞行操纵系统的组成以及各组成部分的功能。主飞行操纵系统要求包含周期变距操纵系统、总距操纵系统和航向操纵系统，用来控制旋翼航空器实现俯仰、横滚、垂直运动和偏航运动，从而表明对本条款的符合性。

2.5.3.3 符合性验证资料

申请人在表明对第 29. 673 条进行符合性验证时，应根据审定项目计划的安排，提交以下文件：

（a）主飞行操纵系统符合性说明文件；

（b）条款符合性报告。

2.5.3.4 审定要点

审查中需要关注的一般要素和审查重点如下：主要关注系统设计说明报告中是否包含了对操纵旋翼航空器的俯仰、横滚、偏航和垂直运动的系统组成和功能描述。

2.5.4 EH.674 交连操纵装置

2.5.4.1 国内外符合性验证方法分析

2.5.4.1.1 FAAAC 相关分析

FAA 颁布过与 FAR29. 674 相关的咨询通告，如表 2-17 所示。

表 2-17 FAR29. 674 相关咨询通告

咨询通告编号	标题	生效日期	是否有效
AC29-2B	Certification of Transport Category Rotorcraft.	1997. 7. 30	No
AC29-2C	Certification of Transport Category Rotorcraft.	2018. 7. 2	Yes,适用于当前 CCAR 要求

现行有效的 AC29-2C-Chg 8 中的 AC29. 674，是针对 FAR29. 674Amendment 29-30 条款要求所颁布的咨询通告，自 1997 年 AC29-2B 生效以后一直沿用至今，按照 AC29. 674 的规定，AC29. 674 现仍适用于第 29. 674 条，因此现行有效的 AC29-2C 的 AC29. 674 是适用于我国当前有效的 CCAR29. 674 条要求的。

AC29-2C-Chg8 中的 AC29. 674 对 FAR29. 674 各款进行了详细的解释和说明，其中表明了条款符合性验证的着眼点。

2.5.4.1.2 FAA 和 EASA 差异分析

根据 CS29 book2 的规定，现行有效的 CS29. 674 的 AMC 与 FAAAC29-2C-Change7（日期为 2016 年 2 月 4 日）的 AC29. 674 保持一致，FAAAC29-2C-Change7 与 FAAAC29-2C-Change8 无差异。

针对此条款要求的符合性验证方法，FAA 和 EASA 无差异。

2.5.4.2 符合性验证工作流程及具体要求

2.5.4.2.1 验证对象

本条款主要验证对象为交连操纵装置。

2.5.4.2.2 符合性方法流

该条款主要的符合性验证工作有：

(a) MC1 说明性文件。

编制说明性文件，包括主飞行操纵系统设计图样、各个辅助操纵系统设计图样、主飞行操纵系统设计报告、各个辅助操纵系统设计报告，明确与主飞行操纵系统交联的辅助操纵系统和直接交联的部件，其交联方式是何种形式；对于交联的辅助操纵系统或部件在可能出现故障、失效、卡滞时，驾驶员可以采取的防止其影响飞行操纵系统安全操作的设计措施。

（b）MC3 安全评估。

飞行操纵系统功能危险分析文件及各个辅助操纵系统的失效模式和影响分析文件应当明确：辅助操纵系统的失效模式情况说明；以上的失效模式会造成哪些影响，尤其是对主飞行操纵系统的影响。

（c）MC6 飞行试验。

编制飞行试验大纲，结合飞行试验进一步确认辅助系统失效或故障时旋翼航空器的安全飞行特性。在飞行试验任务完成后，驾驶员提供飞行机组评定清单，对操纵系统的操纵情况进行评估。

2.5.4.3 符合性验证资料

申请人在表明对第 29. 674 条进行符合性验证时，应根据审定项目计划的安排，提交以下文件：

（a）交连操纵装置符合性说明文件；

（b）安全性分析报告；

（c）飞行试验大纲与报告；

（d）条款符合性报告。

2.5.4.4 审定要点

审查中需要关注的一般要素和审查重点如下：

（a）与主飞行操纵系统交连的辅助飞行操纵系统的组成及功能，对这些辅助操纵系统所采取的防止其影响飞行操纵的设计措施；

（b）是否对这些辅助飞行操纵系统进行了失效模式和影响分析的安全评估；

（c）是否在切断相应辅助系统的条件下，完成了飞行试验典型失效或故障情况的模拟。

2.5.5 EH.675 止动器

2.5.5.1 国内外符合性验证方法分析

2. 5. 5. 5. 1　FAAAC 相关分析

FAA 颁布过与 FAR29. 675 相关的咨询通告，如表 2-18 所示。

表 2-18　FAR29. 675 相关咨询通告

咨询通告编号	标题	生效日期	是否有效
AC29-2B	Certification of Transport Category Rotorcraft.	1997. 7. 30	No
AC29-2C	Certification of Transport Category Rotorcraft.	2018. 7. 2	Yes,适用于当前 CCAR 要求

现行有效的 AC29-2C-Chg 8 中的 AC29. 675，是针对 FAR29. 675Amendment 29-17 条款要求所颁布的咨询通告，自 1997 年 AC29-2B 生效以后一直沿用至今，按照 AC29. 675 的规定，AC29. 675 现仍适用于第 29. 675 条，因此现行有效的 AC29-2C 的 AC29. 675 是适用于我国当前有效的 CCAR29. 675 要求的。

AC29-2C-Chg8 中的 AC29. 675 对 FAR29. 675 各款进行了详细的解释和说明，其中表明了条款的符合性验证的着眼点。

2. 5. 5. 1. 2　FAA 和 EASA 差异分析

根据 CS29 book2 的规定，现行有效的 CS29. 675 的 AMC 与 FAAAC29-2C-Change7（日期为 2016 年 2 月 4 日）的 AC29. 675 保持一致，FAAAC29-2C-Change7 与 FAAAC29-2C-Change8 无差异。

针对此条款要求的符合性验证方法，FAA 和 EASA 无差异。

2.5.5.2　符合性验证工作流程及具体要求

2. 5. 5. 2. 1　验证对象

本条款主要验证对象为止动器。

2. 5. 5. 2. 2　符合性方法流

针对操纵系统止动器：

(a) MC1 说明性文件。

编写说明性文件，包括操纵系统设计说明报告、设计图样。阐述各操纵杆和脚蹬系统分别采用的止动器设计构型和安装位置，明确限制各个操纵杆和脚蹬的运动范围。阐述限制主旋翼桨叶挥舞和摆振运动所采用的止动器设计构型、安装位置、限制桨叶的运动范围、避免桨叶在旋翼起动和停转过程之外的任何运转期间撞击下止动器的设计措施。

(b) MC2 分析/计算。

计算得出止动器在发生磨损、松动和松紧调节情况时能导致的操纵行程变化的容差范围。针对可能出现的最大操纵行程变化容差值，通过分析计算表明该操纵行程范围的变化不会对操纵特性产生不利影响；对于操纵系统止动器承载条款的验证，要求每一个止动器用临界操纵载荷进行强度分析计算验证，临界载荷可以是驾驶员的操纵力、气动载荷、液压载荷或其他临界载荷中的任何一个。对旋翼系统止动器分析计算验证：在除旋翼启动和停转过程之外的任何状态下桨叶都不会撞击下止动器。

(c) MC5 地面试验。

可以结合第 29. 681 条限制载荷静力试验对其进行强度验证，试验过程中对操纵器件进行有意的误动操作，以确保试验时将止动器在使用中承受的最大限制载荷施加在止动器上。对旋翼系统止动器通过地面试验进行验证：在除了旋翼起动和停转之外的任何运转过程中叶片都不会撞击下止动器。

2.5.5.3　符合性验证资料

申请人在表明对第 29. 675 条进行符合性验证时，应根据审定项目计划的安排，提交以下文件：

(a) 止动器符合性说明文件；

(b) 止动器设计图纸；

(c) 强度分析计算报告

(d) 地面试验大纲与报告；

(e) 条款符合性报告。

2.5.5.4 审定要点

审查中需要关注的一般要素和审查重点如下：

（a）是否每个通道的操纵系统都布置了止动器来限制操纵机构运动范围，是否存在遗漏的问题；

（b）确认每个止动器的布置是否合理，要求止动器能够有效地限制操纵机构运动范围；

（c）是否用临界操纵载荷对操纵系统止动器进行强度分析计算验证或地面试验验证。

针对旋翼系统的止动器，审查中需要关注的一般要素和审查重点如下：

（a）止动器是否能够有效地限制每片桨叶绕其铰链的行程；

（b）是否通过分析计算或地面试验表明止动器不会与桨叶撞击（在旋翼启动和停转过程之外的任何运转期间）。

2.5.6 EH.679 操纵系统锁

2.5.6.1 国内外符合性验证方法分析

2.5.6.1.1 FAAAC 相关分析

FAA 颁布过与 FAR29. 679 相关的咨询通告，如表 2-19 所示。

表 2-19 FAR29. 679 相关咨询通告

咨询通告编号	标题	生效日期	是否有效
AC29-2B	Certification of Transport Category Rotorcraft.	1997. 7. 30	No
AC29-2C	Certification of Transport Category Rotorcraft.	2018. 7. 2	Yes，适用于当前 CCAR 要求

FAR29 中第 29. 679 条对应的 AC 包括三个版本，即 AC29-2B 中 AC29. 679、AC29-2C 中 AC29. 679 和 AC29-2C-Chg3 中 AC29. 679，对应本条款的初始版本。

AC29-2 从 B 版更新为 C 版，对于 AC29. 679 条，其内容并未变化。从 AC29-2C 版本在 1999 年 9 月 30 日首次生效，至目前的 AC29-2C-Chg8（2018 年 7 月 2 日生效），对于 AC29. 679 的内容，在 AC29-2C-Chg3 中进行了修订。

AC29-2C-Chg3 对 AC29. 679 条，在程序章增加了一条，即“（V）旋翼航空器持续适航文件应该包括适用的维护检查和完成影响飞行操纵系统锁的后续更改、维护、校准或调整的程序。”

按照 AC29. 679 的规定，AC29. 679 现仍适用于第 29. 679 条，因此现行有效的 AC29-2C 的 AC29. 679 是适用于我国当前有效的 CCAR29. 679 条要求的。

AC29-2C-Chg8 中的 AC29. 679 对 FAR29. 679 各款进行了详细的解释和说明，其中表明了条款符合性验证的着眼点。

2.5.6.1.2 FAA 和 EASA 差异分析

根据 CS29 book2 的规定，现行有效的 CS29. 679 的 AMC 与 FAAAC29-2C-Change7（日期为 2016 年 2 月 4 日）的 AC29. 679 保持一致，FAAAC29-2C-Change7 与 FAAAC29-

2C-Change8 无差异。

针对此条款要求的符合性验证方法，FAA 和 EASA 无差异。

2.5.6.2 符合性验证工作流程及具体要求

2.5.6.2.1 验证对象

本条款主要验证对象为操纵系统锁。

2.5.6.2.2 符合性方法流

该条款主要的符合性验证工作有：

(a) MC1 说明性文件。

编写说明性文件，包括操纵系统设计说明报告、设计图样。阐明旋翼航空器所采用的操纵系统锁装置，明确所有操纵系统锁的种类及各自的功能，如何实现飞行前操纵锁自动脱开或手动脱开和飞行中操纵锁不会锁闭。

(b) MC3 安全性评估。

进行操纵系统的故障分析，明确飞行中操纵锁卡住的可能方式或可能发生的故障，重点说明针对这些故障采用哪些设计措施来消除，以保证旋翼航空器飞行的安全性。

(c) MC6 飞行试验。

编制飞行试验大纲，结合其他试飞科目一同进行飞行试验，驾驶员提供飞行机组评估，评估在飞行前操纵系统锁紧装置给驾驶员的无误警告是否能使驾驶员清楚地知道锁紧装置处于锁闭状态，并通过正常操作能够将其打开，并且飞行中是否会意外锁闭。

2.5.6.3 符合性验证资料

申请人在表明对第 29. 679 条进行符合性验证时，应根据审定项目计划的安排，提交以下文件：

(a) 操纵系统锁符合性说明文件；

(b) 安全性分析报告；

(c) 飞行试验大纲与报告；

(d) 条款符合性报告。

2.5.6.4 审定要点

审查中需要关注的一般要素和审查重点如下：

(a) 操纵系统锁的型式、特性；

(b) 警告装置的颜色、位置、形状、可达性及标牌；

(c) 自动脱开装置的安全性评估；

(d) 防止操纵系统锁在飞行中锁闭的措施的有效性。

2.5.7 EH.681 限制载荷静力试验

2.5.7.1 国内外符合性验证方法分析

2.5.7.1.1 FAAAC 相关分析

FAA 颁布过与 FAR29. 681 相关的咨询通告，如表 2-20 所示。

表 2-20 FAR29.681 相关咨询通告

咨询通告编号	标题	生效日期	是否有效
AC29-2B	Certification of Transport Category Rotorcraft.	1997.7.30	No
AC29-2C	Certification of Transport Category Rotorcraft.	2018.7.2	Yes,适用于当前 CCAR 要求

现行有效的 AC29-2C-Chg 8 中的 AC29.681，是针对 FAR29.681 初始版本条款要求所颁布的咨询通告，自 1997 年 AC29-2B 生效以后一直沿用至今，按照 AC29.681 的规定，AC29.681 现仍适用于第 29.681 条，因此现行有效的 AC29-2C 的 AC29.681 是适用于我国当前有效的 CCAR29.681 条要求的。

AC29-2C-Chg8 中的 AC29.681 对 FAR29.681 各条款进行了详细的解释和说明，其中表明了条款符合性验证的着眼点。

2.5.7.1.2 FAA 和 EASA 差异分析

根据 CS29 book2 的规定，现行有效的 CS29.681 的 AMC 与 FAAAC29-2C-Change7（日期为 2016 年 2 月 4 日）的 AC29.681 条保持一致，FAAAC29-2C-Change7 与 FAAAC29-2C-Change8 无差异。

针对此条款要求的符合性验证方法，FAA 和 EASA 无差异。

2.5.7.2 符合性验证工作流程及具体要求

2.5.7.2.1 验证对象

本条款主要验证对象为限制载荷静力试验。

2.5.7.2.2 符合性方法流

该条款主要的符合性验证工作有：

(a) MC2 分析/计算。

通过分析计算确定施加固定载荷时能够使操纵系统产生最严酷载荷的驾驶杆位置，即在进行试验室或地面试验时驾驶杆所处的位置。

对做角运动的操纵系统接头进行强度计算，安全系数的选取有特殊要求：推-拉系统的系数为 3.33，装有滑动轴承接头的钢索系统的系数为 2.0，装有滚珠或滚柱轴承的接头系数应采用制造厂商的额定值。

(b) MC4 试验室试验或 MC5 地面试验。

对操纵系统施加限制载荷进行限制载荷静力试验，编制操纵系统限制载荷静力试验相关的大纲和报告，该试验可在试验室进行，若没有试验室条件也可进行地面试验。加载时，采用固定气动力面，在驾驶杆着力点加载，也可使用一些夹具进行替代，并在试验完成后编制试验报告。

2.5.7.3 符合性验证资料

申请人在表明对第 29.681 条进行符合性验证时，应根据审定项目计划的安排，提交以下文件：

(a) 载荷分析计算报告；

(b) 实验室或地面试验大纲与报告；

(c) 条款符合性报告。

2.5.7.4 审定要点

审查中需要关注的一般要素和审查重点如下：

(a) 施加的限制载荷值是否正确；

(b) 各驾驶杆所处的位置及载荷施加方向是否能够使操纵系统中产生最严重的受载情况；

(c) 试验是否包含了所要求的每个接头、滑轮及将操纵系统连接到主要结构上的支座；

(d) 是否单独对做角运动的操纵系统接头进行了特殊系数的验证。

2.5.8 EH.683 操作试验

2.5.8.1 国内外符合性方法分析

2.5.8.1.1 FAAAC 相关分析

FAA 颁布过与 FAR29. 683 相关的咨询通告，如表 2-21 所示。

表 2-21 FAR29. 683 相关咨询通告

咨询通告编号	标题	生效日期	是否有效
AC29-2B	Certification of Transport Category Rotorcraft.	1997. 7. 30	No
AC29-2C	Certification of Transport Category Rotorcraft.	2018. 7. 2	Yes,适用于当前 CCAR 要求

FAR29 中第 29. 683 条对应的 AC 包括三个版本，即 AC29-2B 中 AC29. 683、AC29-2C 中 AC29. 683 和 AC29-2C-Chg2 中 AC29. 683，对应本条款的初始版本。

AC29-2 从 B 版更新为 C 版，对于 AC29. 683 条，其内容并未变化。从 AC29-2C 版本在 1999 年 9 月 30 日首次生效，至目前的 AC29-2C-Chg8（2018 年 7 月 2 日生效），对于 AC29. 683 的内容，在 AC29-2C-Chg2 中进行了修订。

AC29-2C-Chg2 中 AC29. 683 条，对于过度变形的判定准则部分内容进行了修改，将原“受载状态下检查偏转角度是否为系统从中立位置到最大限动行程的大约一半”，修改为“对于这些极限载荷下的部件变形，如果使得任何部件或支承结构存在永久变形则应认为是过度变形。还有，当卸载后导致不正确状态的变形也认为是过度变形，例如，操纵手柄在载荷作用下离开或超过中立位置，并且在卸载后不能返回中立位置则应认为是过度变形。”

按照 AC29. 683 的规定，AC29. 683 现仍适用于第 29. 683 条，因此现行有效的 AC29-2C 的 AC29. 683 是适用于我国当前有效的 CCAR29. 683 要求的。

AC29-2C-Chg8 中的 AC29. 683 对 FAR29. 683 各条款进行了详细的解释和说明，其中表明了条款符合性验证的着眼点。

2.5.8.1.2 FAA 和 EASA 差异分析

根据 CS29 book2 的规定，现行有效的 CS29. 683 的 AMC 与 FAAAC29-2C-Change7（日期为 2016 年 2 月 4 日）的 AC29. 683 保持一致，FAAAC29-2C-Change7 与 FAAAC29-2C-Change8 无差异。

针对此条款要求的符合性验证方法，FAA 和 EASA 无差异。

2.5.8.2 符合性验证工作流程及具体要求

2.5.8.2.1 验证对象

本条款主要验证对象为操作试验。

2.5.8.2.2 符合性方法流

该条款主要的符合性验证工作为：MC4 试验室试验或 MC5 地面试验。

编制试验大纲，明确所有的试验项目、测量数据、检查项目及施加载荷，并在试验完成后，根据试验结果出具试验报告。

试验项目一般包括针对纵向通道、横向通道、总距通道和航向通道分别进行单、双驾驶两个加载状态；

试验施加的载荷应依据第 29.395 条、第 29.397 条、第 29.399 条要求而定；

试验测量数据一般包括间隙值、极限操纵量、摩擦力和变形量；

试验检查项目一般包括操纵线系及结构间的间隙检查；

对系统进行卡阻、过度摩擦和过度变形等方面进行检查与评估，通过杆系的间隙、系统变形和摩擦力数据，判断操纵系统是否满足本条的要求。

2.5.8.3 符合性验证资料

申请人在表明对第 29.683 条进行符合性验证时，应根据审定项目计划的安排，提交以下文件：

(a) 实验室或地面试验大纲与报告；

(b) 条款符合性报告。

2.5.8.4 审定要点

审查中需要关注的一般要素和审查重点如下：

(a) 试验加载的大小是否正确；

(b) 试验过程中是否存在卡阻、过度摩擦和过度变形。

(c) 试验机的机体结构是否存在由于拆卸壁板或检查口盖而被削弱到使得系统偏离其正常位置的情况。

2.5.9 EH.685 操纵系统的细节设计

2.5.9.1 国内外符合性验证方法分析

2.5.9.1.1 FAAAC 相关分析

FAA 颁布过与 FAR29.685 相关的咨询通告，如表 2-22 所示。

表 2-22 FAR29.685 相关咨询通告

咨询通告编号	标题	生效日期	是否有效
AC29-2B	Certification of Transport Category Rotorcraft.	1997.7.30	No
AC29-2C	Certification of Transport Category Rotorcraft.	2018.7.2	Yes，适用于当前 CCAR 要求

现行有效的 AC29-2C-Chg 8 中的 AC29.685，是针对 FAR29.685 Amendment 29-12 条

款要求所颁布的咨询通告，自 1997 年 AC29-2B 生效以后一直沿用至今，按照 AC29. 685 的规定，AC29. 685 现仍适用于第 29. 685 条，因此现行有效的 AC29-2C 的 AC29. 685 是适用于我国当前有效的 CCAR29. 685 要求的。

AC29-2C-Chg8 中的 AC29. 685 对 FAR29. 685 各条款进行了详细的解释和说明，其中表明了条款符合性验证的着眼点。

2.5.9.1.2 FAA 和 EASA 差异分析

根据 CS29 book2 的规定，现行有效的 CS29. 685 的 AMC 与 FAAAC29-2C-Change7（日期为 2016 年 2 月 4 日）的 AC29. 685 保持一致，FAAAC29-2C-Change7 与 FAAAC29-2C-Change8 无差异。

针对此条款要求的符合性验证方法，FAA 和 EASA 无差异。

2.5.9.2 符合性验证工作流程及具体要求

2.5.9.2.1 验证对象

本条款主要验证对象为操纵系统的细节设计。

2.5.9.2.2 符合性方法流

该条款主要的符合性验证工作有：

(a) MC1 说明性文件。

编写说明性文件，包括操纵系统设计说明报告、操纵系统设计图纸。明确操纵系统零件的几何形状以及它们的安装；明确防止外来物进入可能卡住操纵系统的设计措施；明确防止钢索或管子拍击其他部件的设计措施；明确旋翼航空器的钢索、钢索接头等组件均按经中国民航局认可的标准手册中的规范要求设计等。

(b) MC2 分析/计算。

操纵系统强度分析计算文件，明确对做角运动的操纵系统接头满足下述支承系数要求：推-拉系统为 3. 33，钢索系统为 2. 0；接头硬度没有超过滚珠和滚柱轴承制造厂商的额定值。

(c) MC4 试验室试验。

编制试验大纲，结合限制载荷静力试验和操作试验，分别在操作试验未加载和加载两种情况下，从驾驶舱到操纵面对操纵系统进行间隙检查，防止出现摩擦、卡阻和干扰，根据试验结果，出具试验报告。

(d) MC7 航空器检查。

编制检查大纲并实施。检查系统的设计特征是否在机上得到了充分贯彻，同时对以上设计能否防止因货物、旅客、松散物或水汽凝冻、外来物引起的卡阻、摩擦和干扰进行确认，对相关设计能否防止钢索或管子拍击零件进行确认，对滑轮是否有能防止钢索滑脱或缠结的保护装置进行确认。

2.5.9.3 符合性验证资料

申请人在表明对第 29. 685 条进行符合性验证时，应根据审定项目计划的安排，提交以下文件：

(a) 操纵系统的细节设计符合性说明文件；

(b) 强度分析计算报告;

(c) 实验室试验大纲与报告;

(d) 航空器检查报告

(e) 条款符合性报告。

2.5.9.4 审定要点

审查中需要关注的一般要素和审查重点如下:

(a) 操纵系统零件的几何形状以及它们的安装是否能够防止产生摩擦、卡阻和干扰;

(b) 对有可能产生水汽凝聚的操纵系统细节部位,是否采取了设计措施防止水汽凝聚引起卡阻;

(c) 如果操纵系统采用了钢索系统,则钢索系统的设计要求是否满足(d)款;

(d) 操纵系统接头的接头系数和硬度值是否满足要求。

2.5.10 EH.687 弹簧装置

2.5.10.1 国内外符合性验证方法分析

2.5.10.1.1 FAAAC 相关分析

FAA 颁布过与 FAR29.687 相关的咨询通告,如表 2-23 所示。

表 2-23 FAR29.687 相关咨询通告

咨询通告编号	标题	生效日期	是否有效
AC29-2B	Certification of Transport Category Rotorcraft.	1997.7.30	No
AC29-2C	Certification of Transport Category Rotorcraft.	2018.7.2	Yes,适用于当前 CCAR 要求

现行有效的 AC29-2C-Chg8 中的 AC29.687,是针对 FAR29.687 初始版本条款要求所颁布的咨询通告,自 1997 年 AC29-2B 生效以后一直沿用至今,按照 AC29.687 的规定,AC29.687 现仍适用于第 29.687 条,因此现行有效的 AC29-2C 的 AC29.687 是适用于我国当前有效的 CCAR29.687 的要求的。

AC29-2C-Chg8 中的 AC29.687 对 FAR29.687 各条款进行了详细的解释和说明,其中表明了条款的符合性验证的着眼点。

2.5.10.1.2 FAA 和 EASA 差异分析

根据 CS29 book2 的规定,现行有效的 CS29.687 的 AMC 与 FAAAC29-2C-Change7(日期为 2016 年 2 月 4 日)的 AC29.687 保持一致,FAAAC29-2C-Change7 与 FAAAC29-2C-Change8 无差异。

针对此条款要求的符合性验证方法,FAA 和 EASA 无差异。

2.5.10.2 符合性验证工作流程及具体要求

2.5.10.2.1 验证对象

本条款主要验证对象为操纵系统的弹簧装置。

2.5.10.2.2 符合性方法流

该条款主要的符合性验证工作有：

（a）MC1 说明性文件。

编写说明性文件，包括操纵系统设计说明报告、设计图样，说明用于防止颤振、操纵抖动或其他作用的弹簧装置的种类、组成、安装位置及作用。

（b）MC2 分析/计算。

根据弹簧的材料性能，通过设计计算，给出力和位移。

（c）MC3 安全评估。

通过安全性评估文件对弹簧装置进行故障影响分析，说明在其损坏的情况下对旋翼航空器安全产生的影响。

（d）MC4 试验室试验。

编制试验大纲，对于危及使用安全的弹簧进行疲劳验证，根据试验结果出具试验报告。

（e）MC5 地面试验。

编制试验大纲，对不能表明是“非危险的”弹簧，或是危及使用安全的弹簧进行地面试验验证，根据结果出具试验报告。

（f）MC6 飞行试验。

编制试验大纲，对不能表明是“非危险的”弹簧，或是危及使用安全的弹簧进行飞行试验验证，根据试飞结果出具试验报告。

（g）MC9 设备合格性。

供应商设备合格性验证，包括提供资料、图样、产品规范以及试验室试验大纲和报告等，表明满足条款的要求。

2.5.10.3 符合性验证资料

申请人在表明对第 29.687 条进行符合性验证时，应根据审定项目计划的安排，提交以下文件：

（a）弹簧装置符合性说明文件；

（b）弹簧装置材料、强度分析计算报告；

（c）试验室、地面、飞行试验大纲与报告；

（d）安全性分析报告；

（e）设备合格性报告；

（f）条款符合性报告。

2.5.10.4 审定要点

审查中需要关注的一般要素和审查重点如下：

（a）弹簧的分类（扭簧或压簧）、材料性能、安装或与其他部件的间隔，是否出现弹簧装置断裂时会触碰其他部件，造成潜在的危险因素；

（b）是否进行了故障影响分析，确定危险弹簧；

（c）是否表明了弹簧损坏也不会危及旋翼航空器的安全；

（d）是否进行了能够模拟实际使用条件的试验来对弹簧装置的可靠性进行验证。

2.5.11 EH.691 自转操纵机构

2.5.11.1 国内外符合性方法分析

2.5.11.1.1 FAAAC 相关分析

FAA 颁布过 3 项与 FAR29. 691 相关的咨询通告，如表 2-24 所示。

表 2-24 FAR29. 691 相关咨询通告

咨询通告编号	标题	生效日期	是否有效
AC29-2A	Certification of Transport Category Rotorcraft.	1987. 9. 16	No
AC29-2B	Certification of Transport Category Rotorcraft.	1997. 7. 30	No
AC29-2C	Certification of Transport Category Rotorcraft.	2018. 7. 2	Yes，适用于当前 CCAR 要求

现行有效的 AC29-2C-Chg8 中的 AC29. 691，是针对 FAR29. 691 初始版本条款要求所颁布的咨询通告，自 1997 年 AC29-2B 生效以后一直沿用至今，按照 AC29. 691 的规定，AC29. 691 现仍适用于第 29. 691 条，因此现行有效的 AC29-2C 的 AC29. 691 是适用于我国当前有效的 CCAR29. 691 条要求的。

AC29-2C-Chg8 中的 AC29. 691 对 FAR29. 691 各条款进行了详细的解释和说明，其中表明了条款符合性验证的着眼点。

2.5.11.1.2 FAA 和 EASA 差异分析

根据 CS29 book2 的规定，现行有效的 CS29. 691 的 AMC 与 FAAAC29-2B（日期为 1997 年 7 月 30 日）的 AC29. 691 保持一致，FAAAC29-2B 与 FAAAC29-2C-Change8 无差异。

针对此条款要求的符合性验证方法，FAA 和 EASA 无差异。

2.5.11.2 符合性验证工作流程及具体要求

2.5.11.2.1 验证对象

本条款主要验证对象为动力装置失效后能迅速进入自转状态的自转操纵机构。

2.5.11.2.2 符合性方法流

该条款主要的符合性验证工作有：

(a) MC1 说明性文件。

编写说明性文件，包括操纵系统设计说明报告、设计图纸，明确总距操纵系统止动器的构型和总距操纵从一个极限位置能够迅速地到达另一个极限位置的设计措施。

(b) MC6 飞行试验。

结合飞行试验，模拟发动机失效，验证驾驶员是否可以方便、快速地无特殊操纵动作就能使旋翼航空器转入自转状态。进行机组评估。

2.5.11.3 符合性验证资料

申请人在表明对第 29. 691 条进行符合性验证时，应根据审定项目计划的安排，提交以下文件：

(a) 自转操纵机构符合性说明文件；

(b) 自转操纵机构设计图纸；

(c) 飞行试验大纲与报告；

(d) 条款符合性报告。

2.5.11.4 审定要点

审查中需要关注的一般要素和审查重点如下：总距操纵是否能够从一个极限位置迅速地到达另一个极限位置。

2.5.12 EH.695 动力助力和带动力操作的操纵系统

2.5.12.1 国内外符合性验证方法分析

2.5.12.1.1 FAAAC 相关分析

FAA 颁布过 3 项与 FAR29. 695 相关的咨询通告，如表 2-25 所示。

表 2-25 FAR29. 695 相关咨询通告

咨询通告编号	标题	生效日期	是否有效
AC29-2A	Certification of Transport Category Rotorcraft.	1987. 9. 16	No
AC29-2B	Certification of Transport Category Rotorcraft.	1997. 7. 30	No
AC29-2C	Certification of Transport Category Rotorcraft.	2018. 7. 2	Yes,适用于当前 CCAR 要求

现行有效的 AC29-2C-Chg8 中的 AC29. 695，是针对 FAR29. 695 初始版本条款要求所颁布的咨询通告，自 1997 年 AC29-2B 生效以后一直沿用至今，按照 AC29. 695 的规定，AC29. 695 现仍适用于 29. 695 条款，因此现行有效的 AC29-2C 的 AC29. 695 是适用于我国当前有效的 CCAR29. 695 要求的。

AC29-2C-Chg8 中的 AC29. 695 对 FAR29. 695 各条款进行了详细的解释和说明，其中表明了条款符合性验证的着眼点。

2.5.12.1.2 FAA 和 EASA 差异分析

根据 CS29 book2 的规定，现行有效的 CS29. 695 的 AMC 与 FAAAC29-2C-Change7（日期为 2016 年 2 月 4 日）的 AC29. 695 保持一致，FAAAC29-2C-Change7 与 FAAAC29-2C-Change8 无差异。

针对此条款要求的符合性验证方法，FAA 和 EASA 无差异。

2.5.12.2 符合性验证工作流程及具体要求

2.5.12.2.1 验证对象

本条款主要验证对象为动力助力和带动力操作的操纵系统。

2.5.12.2.2 符合性方法流

该条款主要的符合性验证工作有：

(a) MC1 说明性文件。

编写说明性文件，包括操纵系统设计说明报告、液压系统设计说明报告，阐明动力助力和带动力操作的操纵系统的原理与构型、备用系统的设计构型。

（b）MC3 安全评估。

通过安全评估，对操纵系统、液压系统做出故障模式及影响分析。

（c）MC4 试验室试验。

编制试验大纲，完成各零部件的疲劳试验，确定使用寿命，并根据试验结果出具试验报告。

（d）MC6 飞行试验。

编制飞行试验大纲，结合飞行性能、飞行特性试飞任务，模拟液压系统故障进行试飞。在飞行试验任务完成后，驾驶员提供飞行机组评定清单，对操纵系统的操纵情况进行评估。

2.5.12.3 符合性验证资料

申请人在表明对第 29.695 条进行符合性验证时，应根据审定项目计划的安排，提交以下文件：

（a）动力助力和带动力操作的操纵系统符合性说明文件；

（b）安全性分析报告；

（c）实验室、飞行试验大纲与报告；

（d）条款符合性报告。

2.5.12.4 审定要点

审查中需要关注的一般要素和审查重点如下：

（a）系统设计报告中是否有备用系统，是否明确阐述了备用系统的类型、其动力部分的类型；

（b）对备用系统进行功能失效模式及影响分析的分析结果是否全面，飞行试验是否包含典型失效模式；

（c）进行备用系统在正常动力失效时能够立即起作用的验证，操纵力是否满足要求，飞行机组的评定是否具有普遍性；

（d）是否完成系统的零件和操纵作动筒的疲劳试验验证，关键零部件试验载荷是否与实际情况相符，验证是否合理。

第3章

液压系统

3.1 液压系统

3.1.1 液压系统概述

液压系统是直升机的重要组成部分，通过液压泵将机械能（来源于直升机发动机）或电能（来源于机上电源）转换成液压能，液流经过控制方向、流量、压力的液压控制元件成为驱动执行机构的可用介质，再经过液压作动器将液压能重新转换成机械能。

液压系统应用于直升机动力飞行控制系统和通用功能系统。动力飞行控制系统用于旋翼操纵和尾桨操纵，其功能包括周期变距、总距和航向控制。直升机液压通用系统主要用于旋翼刹车、机轮刹车、起落架收放、救生/货物绞车、吊升绞车、着舰鱼叉收放、舱门收放、尾轮锁定、航炮挂架驱动、炮塔驱动和发动机辅助启动等。

相比电力驱动，液压传动具有传动平稳、功率质量比大、体积小、输出力大、响应快等诸多优点。

对于动力飞行控制系统应提供一种安全独立的液压系统，供飞行控制专用。动力飞行控制系统液压源一般需要两套独立的并联系统，以确保万一其中一套失效时，另一套仍能正常工作。影响到飞行安全的通用系统，一定要有应急系统备份，应急系统应是一套完全独立的系统。通用系统的任何故障都不应导致动力飞行控制系统故障。

3.1.2 系统组成

直升机液压系统的基本组成可以分为以下几类：

（ⅰ）工作介质：液压油，如 YH-15、MIL-PRF-83282 等；

（ⅱ）动力元件：主要包括液压泵和电动泵等；

（ⅲ）控制元件：主要包括伺服阀、换向阀、压力阀和单向阀等；

（ⅳ）执行元件：主要包括助力器、马达、作动筒等；

（ⅴ）辅助元件：主要包括油箱、过滤器、蓄压器等；

（ⅵ）管路系统：主要包括导管、接头以及管夹等。

(a) 工作介质。

在液压系统中，液压油是传递动力和信号的工作介质，此外还有润滑、冷却、防锈等功能。液压系统能否可靠、有效地工作，在很大程度上取决于系统中所用液压油的质量和性能。世界各国研制了多种航空液压油，以适应不同种类、不同用途和不同工作环境中的直升机。随着直升机飞行速度、飞行高度、液压系统功率等性能的不断提高，对航空液压油提出的要求也越来越高。

航空液压油是直升机液压系统的重要组成部分，为使液压系统各项性能得以充分发挥，液压油必须具有与液压系统相匹配的使用性能，主要表现在：

（Ⅰ）抗燃性。航空液压油的易燃性或可燃性，不同程度地对液压系统以及直升机的安全构成威胁，因此对液压油的抗燃性提出了要求。评价航空液压油抗燃性的指标有闪点、燃点、自燃点、热表面点火温度、火焰传播速度、喷雾点火温度和燃烧热值等。在规定条件下，加热油液逸出的蒸气和空气形成的混合物，与火苗接触发生瞬间闪火时的最低温度称为闪点；与火焰接触即会着火并持续燃烧 5 秒时的最低温度称为燃点。闪点和燃点单位以℃表示，闪点高的油液难于燃烧。

（Ⅱ）黏度特性。在选择液压油时，黏度是优先考虑的因素之一。这是由于液压系统在工作时，液压能内耗、空蚀、管道的局部阻力、液压油的漏损以及运动部件的磨损等现象，均与黏度有关。具体来说，黏度过高则阻力增大，能耗增加，液压油升温快，不利于液压泵启动；黏度过低则磨损增加，液压泵效率下降，液压油漏失增加，甚至会使液压系统调控失灵。因此，适中的黏度是液压油的基本条件之一，液压油应具有良好的黏温特性、黏压特性和抗剪切特性。

（Ⅲ）安定性。直升机液压系统工作条件复杂，液压油在液压系统循环过程中，不仅要承受温度、压力和剪切力的作用，而且还要承受工作条件高低交替变化带来的影响，以及外来污染的影响。因此，航空液压油在使用和长时间储存条件下，要能保持化学组分的稳定。航空液压油应具有较好的氧化稳定性、热稳定性和低温稳定性等。氧化稳定性是指油液抵抗氧化作用而不至于使油液特性发生永久变化的能力。热稳定性是指油液抵抗由热作用引起的油液性质发生永久变化的能力。低温稳定性：将航空液压油在规定温度下放置一定时间，对其振荡，将其浊度与参考溶液浊度比较，观察其有无凝胶、结晶和凝固现象来判断其稳定性。

（Ⅳ）与材料相容性。在直升机液压系统中，能与液压油直接接触的材料有金属和非金属材料，后者又可分为弹性体、涂层和润滑剂。液压油与这些材料应具有良好的相容性：对金属不产生腐蚀；对橡胶密封材料具有一定的膨胀率，但对力学性能影响小；不破坏涂层；与液压件的润滑剂相容。

（Ⅴ）润滑性能。液压系统有许多零部件精度高，且接触紧密又相互移动，需要液压油给以润滑，因此抗磨性能是液压油的重要参数之一。

（Ⅵ）蒸发损失。液压油在受热时会蒸发，若蒸发度过高，会破坏液压油的组成，还会产生气穴现象。因此，航空液压油应具有较小的蒸发损失。油液含有过多空气会使液压油的可压缩性增大，导致执行元件的动作误差，产生爬行，破坏系统工作的平稳性。在一定温度下，当液压油压力低于某值时，溶解在油液中的过饱和空气会迅速从油液中分离出来，产生大量气泡，该压力称为油液在此温度下的空气分离压；当油液在某温度下的压力低于一定数值时，油液本身迅速汽化，产生大量蒸气气泡，该压力称为油液在该温度下的饱和蒸气压。

（Ⅶ）低密度。航空液压油的密度影响液压系统的重量，低密度可以减轻直升机重量，降低运营成本。

（Ⅷ）低毒性。液压油或其蒸气应不会对人体皮肤、眼睛等产生刺激，或当人吸入/接触时不会产生不良影响。

(b) 动力元件。

每套直升机液压系统都会有一台或多台航空液压泵。航空液压泵的驱动方式主要有发动机驱动、电动机驱动。发动机驱动泵为液压系统主泵，为直升机提供正常工况下主要的液压能源；电动机驱动泵通常提供应急能源，在大流量工况下作为辅助泵启用，在直升机发动机启动前，也可用作地面操作的液压能源。

直升机航空液压泵一般为容积式。容积式液压泵依靠液压泵密封工作容积的大小交替变化来实现吸油和排油，其在吸油侧容积增大，在排油侧容积减小。容积式液压泵又可以分为定量式和变量式，定量式是指泵每个周期排出的液体体积为固定值，而变量式的每个周期排出的液体体积可以按一定规则变化。容积式液压泵主要有齿轮泵、摆线泵、螺杆泵、叶片泵和柱塞泵等。为获得较高的工作压力，通常采用容积式。

(c) 控制元件。

液压系统的控制装置根据其功能可分为方向控制阀、压力控制阀和流量控制阀等三类。

方向控制阀主要功用是控制系统中液体流动的方向。常见的方向控制阀有单向阀、转换阀、换向阀等，单向阀的功用是使液流只能沿一个方向流动而不能反向流动，要求它在流通方向上阻力很小，而在反方向上密封性好，并且要动作灵敏，不产生振动；转换阀的用途是在一套系统出现故障的情况下，由另一套系统通过转换阀对执行机构进行控制；换向阀主要用来改变液压系统中液流的方向或控制液流的通与断，如用于控制执行机构的油路，可实现执行机构的正向或反向运动。

压力控制阀主要功用是调节或限制油液的压力。常见的压力控制阀有安全阀、减压阀、顺序阀和压差控制阀等。安全阀是一种防止超压的安全装置，在系统中一般与被保护装置并联连接，正常情况下处于关闭状态，当压力超过允许的最高压力时，安全阀打开卸载，达到防止系统或设备过载的目的；减压阀是一种将出口压力调节到低于进口压力的压力控制阀，可以使液压系统中某一部分的压力低于液压泵的出口压力；顺序阀是利用液压系统的压力控制油路的通和断的压力控制阀，它可用于实现执行元件的顺序动作，或用来作为回路中的背压阀；压差控制阀是使阀的进出口压力差保持不变的压力控制阀。

流量控制阀的主要功用是调节或改变流量大小。常用的流量控制阀有节流阀、调速阀、定流量阀等。节流是调节流量比较简单实用的方法，直升机上使用较多的是简单节流阀和单向节流阀；调速阀是由定差减压阀和节流阀串联而成的组合阀，定差减压阀在负载变化时，对节流阀进行压力补偿，使节流阀前后的压力差在负载变化时自动保持不变；定流量阀是一种能按负载变化自动调节节流口大小使流量保持恒定的阀。

（d）执行元件。

作动装置是一种能量转换装置，将液压能转换为机械能，实现不同的运动形式（直线运动、旋转运动）。常见的作动装置主要包括液压作动筒、液压助力器、旋转作动器、液压马达等。

（e）辅助元件。

辅助装置一般包括油箱、过滤器、蓄压器等。辅助装置对于保证系统使用功能、改善系统的性能起着重要作用，是不可缺少的组成部分。

油箱是直升机液压系统的重要组成部分，一般具有储油、散热、排气等功能，增压油箱还能为直升机液压泵源提供带有压力的油液，保证直升机液压泵具有良好的自吸性。

直升机液压系统发生的许多故障是由系统污染造成的，污染物会使元件磨损加速、阀芯卡死、过滤器堵塞，降低液压元件及系统的可靠性和使用寿命，因此控制液压系统污染物有着重要意义。

液压系统中的污染物主要包括固体颗粒、水、空气和氯化物等。液压系统的固体颗粒主要有原残留污染物、外部侵入和内部生成的污染物。原残留污染物指液压系统未工作之前就已进入的污染物，包括新液压油内部污染物和系统装配、清洗等过程中的残留污染物；外部侵入的污染物主要是指环境中的污染物（空气、尘埃等），通过缝隙或维护过程装拆不当而进入系统；内部生成的污染物是指由于液压元件运动副间的摩擦、气蚀、疲劳以及各种化学和电化学腐蚀等作用生成的各种污染物。固体颗粒污染物主要分为以下几种类型：磨料颗粒、聚四氟乙烯碎片、铸造型砂、机械加工焊渣、加工表面的毛刺碎屑、腐蚀生成物、淤泥状的磨损微粒和油液氧化生成物等。对直升机液压系统进行污染控制的一个主要措施是保持液压元件污染耐受度与油液污染度之间的适当平衡。通常意义下，油液污染度是指单位体积油液中固体颗粒污染物的含量。对油液的代表性油样进行颗粒尺寸分布分析，就能测定油液污染度。油液污染度水平用一般等级法表示，主要包括 ISO4406 分级法、NAS1638 分级法、AS4059 和 GJB420B 等分级法。

液压元件污染允许度大小取决于其污染敏感度和工作条件：

（Ⅰ）污染敏感度是耐污染性的倒数，它是下述三个设计参数的函数：元件本身的基本结构、元件所采用的加工材料、施加在零部件上的载荷；

（Ⅱ）工作条件包括液体的压力、温度和速度等性能。液体污染度超过元件污染允许度愈多，元件的磨损和性能降低就愈快，使用寿命和可靠性降低也越多。液压过滤器原则上采用绝对过滤精度为 5μm 的过滤器，相应地面支持设备的过滤器绝对过滤精度为 3μm，从而保证机上液压系统污染控制指标可靠。一般而言，直升机液压系统出厂时系统污染度应不劣于 GJB420B 的 7 级，伺服阀前的污染度应不劣于 GJB420B 的 5～6 级。

液压过滤器是将系统油液中固体颗粒及其他有害物质过滤掉的液压元件。液压过滤器是航空液压技术中不可或缺的液压系统附件，对控制油液中微颗粒污染、减少航空液压元件磨损、保证整套液压系统正常运行和直升机安全，起到非常重要的作用。

在航空液压系统中，液压过滤器的选用必须根据液压系统状况，综合考虑污染物浓度、净化总油量，系统最大压力、最大流量，系统高低温度影响，滤材相容性等因素。过滤器一般由壳体、滤芯和阻塞报警器等附件组成。

过滤器的过滤介质对油液中污染物的滤除分为直接阻截和吸附两种作用机制。按照结构和过滤原理不同，过滤介质可分为表面型和深度型两类。

航空液压过滤器有以下性能要求：

（Ⅰ）过滤效率高。

过滤效率决定单次通过过滤器后的流体污染度状况，是液压过滤器最关键的参数。高的过滤效率才能保证液压系统清洁度。

（Ⅱ）纳污量高。

直升机液压过滤器一般为不可重复性过滤器，其纳污量大小直接决定过滤器的使用寿命。纳污量高对于目前直升机系统免维修或视情维修的要求有重要意义。

（Ⅲ）过滤压差低。

过滤器两端压差会造成液压系统功率的浪费，直升机液压系统高压、高功率的特点要求过滤器具有较低的过滤压差。

（Ⅳ）可靠性高。

过滤器需具有高的可靠性，才能保证整个直升机液压系统油液清洁和整个直升机系统的控制性能。

（Ⅴ）重量轻、体积小。

重量和体积是直升机系统相较于其他工业系统须着重考虑的问题。在保证过滤器性能的前提下，尽可能减小过滤器质量和体积。

航空蓄压器广泛应用在直升机液压系统中，主要有以下几个方面的功能：

（Ⅰ）减小压力冲击。

由于直升机液压系统多采用轴向柱塞泵，根据柱塞泵本身的结构特性，其出口处有不可避免的流量脉动，从而导致压力管路有较大的压力脉动。在液压泵出口处安装蓄压器，可吸收液压泵工作时的脉动压力，使系统压力稳定。液压泵的启停、液压阀的开闭、液压缸的换向、负载的变化等均会造成系统的压力冲击，给系统可靠性带来危害，并降低系统的寿命。若将蓄压器安装在压力冲击发生的位置，可有效地减小冲击压力的峰值，保护液压系统。

（Ⅱ）作为辅助动力源。

在某些实现周期性动作的液压系统中，其动作循环的不同阶段所需的流量变化很大，可采用蓄压器作为辅助动力源。在系统不需要大量油液时，把液压泵输出的多余压力油储存在蓄压器内；当系统需要大量油液，而液压泵又不足以提供所需的瞬时大流量时，蓄压器快速释放储存的油液，和液压泵一起向系统输油。这可使系统选用流量较小的液压泵，减小系统中液压泵和电机的功率，使系统能量的利用更加合理，降低能耗。另外，当液压泵或是驱动液压泵的电机发生故障时，蓄压器作为应急动力源向系统输油。此外，在直升机刹车系统中，蓄压器也可作为动力源。

（Ⅲ）维持系统压力。

在需要长时间保压的液压系统中，为了节能，液压泵停止运转或进行卸荷，蓄能器能把储存的压力油供给系统，补偿系统的泄漏，并在一段时间内维持系统的压力；也可用来补偿系统因温度变化引起的油量变化。

（f）管路系统。

管路系统是直升机液压能源传递到各个用户的通道，相当于人体的血管，占据了直升机液压系统大部分体积和重量。直升机管路系统主要由管路、管接头和管路附件组成。其中管路有硬管、软管，管接头有永久式、标准可分离式和非标准可分离式（柱端式）等，管路附件有卡箍和块卡等。直升机液压管路系统遍布机身、飞控系统、发动机、起落架等各个部分，工作环境非常复杂：变形大、振动强、温度多变。由于直升机机身空间非常有限，而管路系统又非常庞大，给管路系统设计带来了很大的挑战。直升机液压管路系统振动是由液压泵压力脉动、发动机传动机匣振动及作动器运动等引起的液固耦合现象，这种振动不仅影响液压系统的工作性能及寿命，还将严重影响直升机的飞行安全。

液压导管是直升机上数量最多的元件之一，其设计应满足直升机液压系统的功能及寿命要求，并遵循以下原则：导管材料、管径和壁厚应与其介质工作压力、流量和流速相适应，既有足够的通流能力和强度，又使重量最轻；导管的选用应与其工作环境相适应，高温区、高振动区、常拆卸以及外露部位应采用不锈钢导管；导管之间的间隔及导管支承形式应与其工作条件相一致；导管须与其相连的接头材料及连接形式相适应，具备良好的密封性、抗振性和耐疲劳性能。

由于软管具有一定的柔性，一般用于有相对运动的作动器和刹车等处，以使不同部件之间运动不会相互影响。在无相对运动的元器件间一般不用软管，除非存在由于压力脉动等原因引起的振动或由制造公差引起的安装困难，如液压泵和管路系统或其他液压元器件的连接。

管接头作为一种最基础的液压附件，用于连接管件与液压泵、液压阀、液压缸、油箱等元件，并提供一定的耐压、密封、耐腐蚀能力。航空管接头一般分为永久式管接头和可分离式管接头两大类。永久式管接头是一类永久连接、不可拆卸式的管接头，具有较高的耐压能力和可靠性，质量和体积均很小，在直升机液压系统中广泛使用，尤其是最近国产直升机上选用了记忆合金管接头，具有良好的密封性的同时体积小、重量轻。可分离式管接头又分为标准可分离式和柱端式。标准可分离式管接头可以拆装维护，具有较好的可维护性，但是质量和体积相对较大，接头零件数多，可靠性一般。柱端式管接头为非标准可分离式管接头，是连接管路与柱端端口的专用管接头，通常位于管路系统的终端，需要较大的机械连接强度。其他类型的可分离管接头一般只针对特定的应用场合，如旋转接头和柔性接头用于元件或管路存在较大旋转、位移或振动的场合，快速接头用于元件需要频繁更换、维护的场合。

3.1.3 系统功能

液压系统采用集中供压方式，能不间断地向飞控系统提供液压动力，一般由发动机驱动的液压泵提供能源。直升机液压系统一般具有故障隔离和重构能力，任意一套系统故障后，另一套系统可保障直升机安全返航。

液压系统向飞控伺服作动器、旋翼刹车、机轮刹车、起落架收放、救生/货物绞车、吊升绞车、着舰鱼叉收放、舱门收放、尾轮锁定、航炮挂架驱动、炮塔驱动和发动机辅助启动提供液压动力或实现操纵控制（图 3-1）。

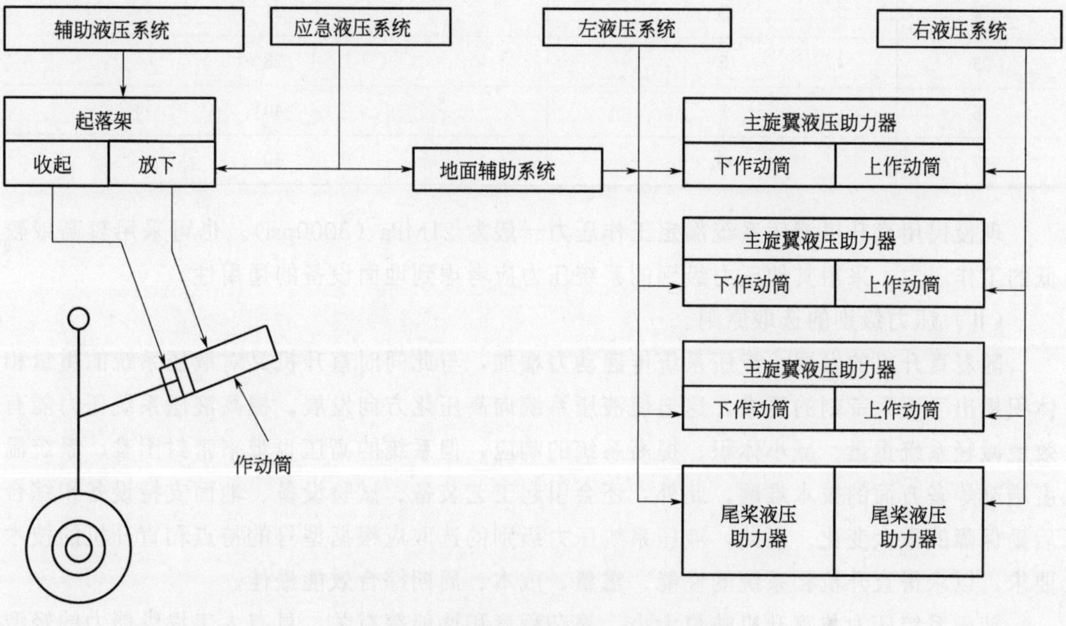

图 3-1　典型直升机液压系统功能框图

直升机液压系统一般具有地面试验接口，通过地面试验接口可与地面保障油源车连接，采用地面保障油源车进行地面维护时，可对全机液压系统进行地面试验和维护检查。

液压系统的监控子系统实现对液压泵、飞控供压管路、液压油箱的压力和温度、系统压力、系统温度、油箱油位的工作状态及油滤污染状态进行监控，并提供告警信息。

3.1.4 主要参数

液压系统的主要参数包括压力、流量和温度。

(a) 压力。

液压系统的压力级别是系统的最基本参数之一，是液压系统和附件设计的重要原始依据。合理地选取液压系统压力级别对系统性能、研制成本、研制周期都有重要意义。

(Ⅰ) 压力级别分类。

直升机液压系统压力级别是指系统主压力控制装置断开压力的公称值。直升机设计手册将液压系统的压力级进行了分类（表 3-1），包括 A、B、C、D、E、F、G 七个级别，但按使用载荷要求直升机液压系统压力级别基本为 A～D 级。

表 3-1 液压系统压力级别

序号	级别	压力/MPa
1	A	4
2	B	10.5
3	C	16
4	D	21
5	E	28
6	F	40
7	G	50

现役民用直升机液压系统额定工作压力一般为 21MPa（3000psi)。也可采用较高或较低的工作压力，采用其他压力级别的系统压力应考虑到地面设备的通用性。

（Ⅱ）压力级别的选取原则。

随着直升机的发展，液压系统传递动力增加，与此同时直升机又对液压系统的重量和体积提出了更为苛刻的要求，这迫使液压系统向高压化方向发展。提高液压系统压力能有效地减轻系统重量、减小体积、提高系统的响应，但系统的高压也带来密封困难、系统温度增高等多方面的技术难题，此外，还会引起工艺装备、试验设备、地面支持设备和综合后勤保障的重大变化。因此，液压系统压力级别的选取应根据型号的特点和直升机的技术要求，以求得直升机和系统的性能、重量、成本、周期综合效能最佳。

液压系统压力与直升机吨位大小、复杂程度和性能等有关。具有人工操纵能力的轻型直升机可以使用较低的工作压力，如 4～6MPa，一般来说，低压系统不需要特别大的重量代价。为了获得系统合理的重量，较大型直升机可以选择 18～21MPa 压力，液压系统压力可以用助力器的最大负载力计算。

（b）流量。

液压系统的流量取决于操纵部位的尺寸和运动速度。总体设计对操纵系统助力器的性能要求是液压系统流量计算的基础。像固定翼直升机就明确给出了操纵部位的角速度要求，而直升机尚没有这样明确的操纵速度概念，再加上直升机操纵动作复杂，使直升机液压系统的流量计算较之固定翼机复杂。

直升机飞行控制系统的最大流量应是总距助力器，纵、横向助力器，尾助力器同时动作所需的最大流量之和。因此，流量计算的基本出发点应是各助力器活塞的有效面积，和各助力器的操纵运动速度及各助力器操纵动作的复合形式。

（c）温度及其型别选取。

液压系统的温度型别是系统又一个最基本参数，是液压系统和元件设计的重要原始依据。合理地选取液压系统的温度型别对于系统的热设计具有重要的意义。

（Ⅰ）温度型别分类。

直升机液压系统温度型别是由工作液的最低温度和最高温度确定的。直升机液压系统采用的温度型别一般为如表 3-2 所示的两个型别。

表 3-2 温度型别表

序号	型别	温度范围/℃
1	Ⅰ	−55～+70
2	Ⅱ	−55～+135

（Ⅱ）温度型别选取原则。

随着直升机性能的提高，以及电液伺服阀等的采用，使液压系统的功率和额定压力呈增高趋势，系统发热量增大也引起系统温度增高。这给液压系统设计带来很大的困难，如加速油液劣化、密封件老化，加剧系统污染，使系统故障增多。因此，温度型别的选取应根据型号特点，在满足直升机和系统要求的情况下，采用简单、可靠、有效的系统散热方案，最大限度地减少系统发热量，提高系统的效率，使系统的温度尽可能降到较低的型别。温度型别的选取应综合权衡下列因素：

（ⅰ）直升机总体对液压系统规定的功能、性能等要求；

（ⅱ）液压系统发热状况，如泵效率、节流损失、伺服作动器的损失等；

（ⅲ）液压系统的散热方案，如采用自然通风散热、强迫通风散热或燃油散热；

（ⅳ）液压系统在直升机上的布局情况，应使液压系统尽量远离高温区；

（ⅴ）液压系统的液压油和密封材料的性能；

（ⅵ）直升机的研制周期和研制经费；

（ⅶ）液压系统的功率和负载特性；

（ⅷ）对液压系统污染控制的影响；

（ⅸ）对液压系统渗漏控制的影响。

（Ⅲ）液压系统温度控制。

液压系统温度控制的思路是不宜采用高温系统。高温系统比高压系统的技术难度更大，高温给液压系统的材料带来全面的更换，给新品研制带来巨大困难。采用合理的散热方式、合理的热交换器等方案实现对液压系统温度的控制。液压系统温度控制应从三个方面着手：降低系统的发热量、避开恶劣的热环境、采用有效的散热方法。液压系统温度控制设计主要考虑如下方面：

（ⅰ）合理的液压泵效率和回油流量；

（ⅱ）减少伺服控制装置的静耗流量（如关闭空中非工作的刹车伺服阀）；

（ⅲ）减少系统的节流损失；

（ⅳ）液压管路穿过燃油箱内部，利用燃油散热；

（ⅴ）液压系统安装避开高温区，减少环境对液压系统的加热，并努力实现环境对液压系统的散热；

（ⅵ）采用高效的热交换器，如燃油-液压油散热器；

（ⅶ）合理的热交换器安装布局，根据系统热状态分析，将其安装于泵壳体回油管路或系统回油管路上，还要根据液压回油压力和流量情况考虑是否设置旁通阀。

3.1.5 典型产品——AH-64A“阿帕奇”直升机液压系统

AH-64A“阿帕奇”直升机安装有主液压系统（图 3-2）和通用液压系统（图 3-3），它们相互独立，其中任一套液压系统的失效不会影响另一套液压系统正常工作，主液压系统和通用液压系统部分功能相似。主液压系统主要为飞控舵机供压，通用液压系统除用于为飞控舵机供压之外，还为旋翼刹车、武器转塔等系统供压。此外，还有独立的机轮刹车液压系统，与主液压系统和通用液压系统均无交联。主液压系统为飞控舵机供压，包括主液

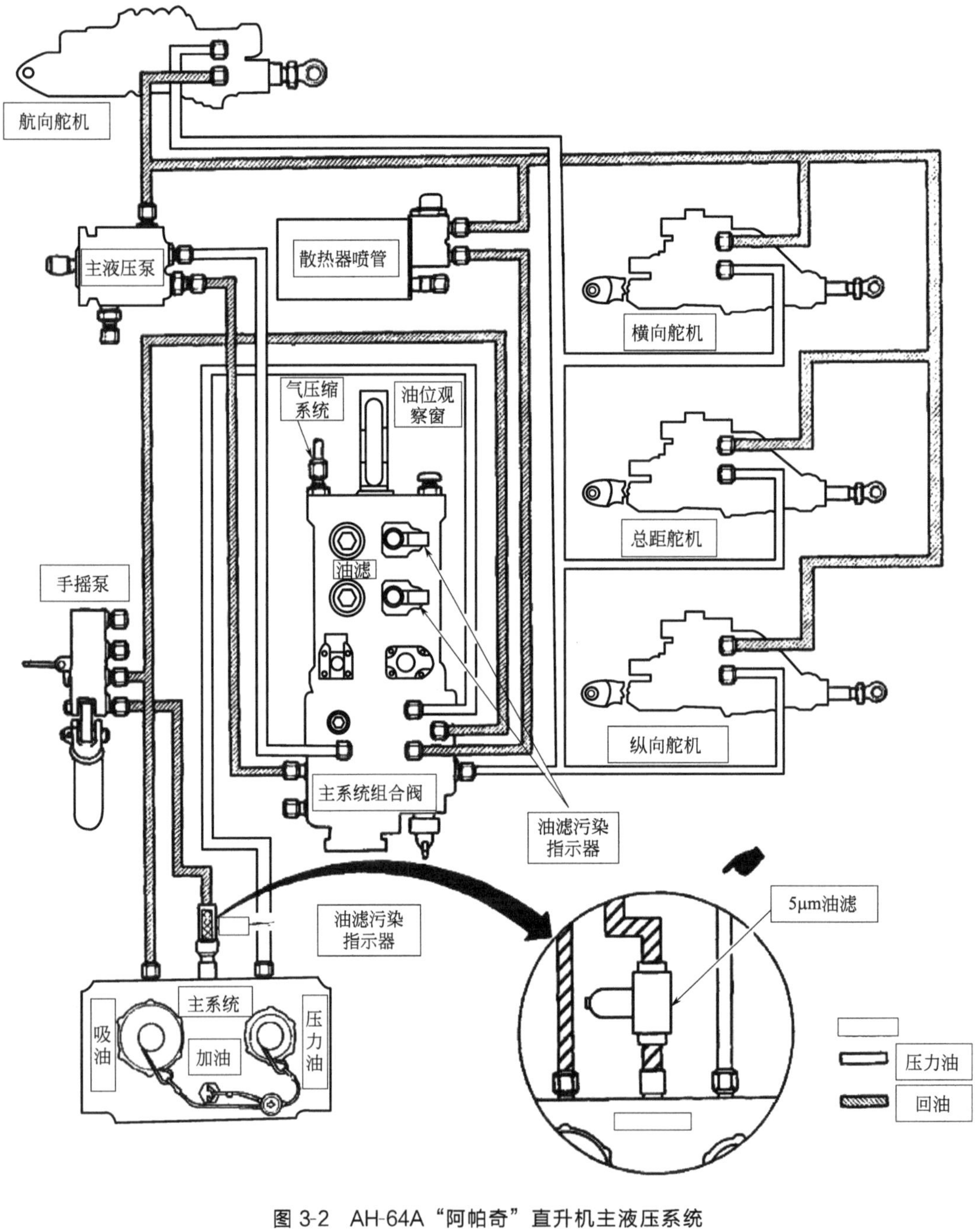

图 3-2　AH-64A“阿帕奇”直升机主液压系统

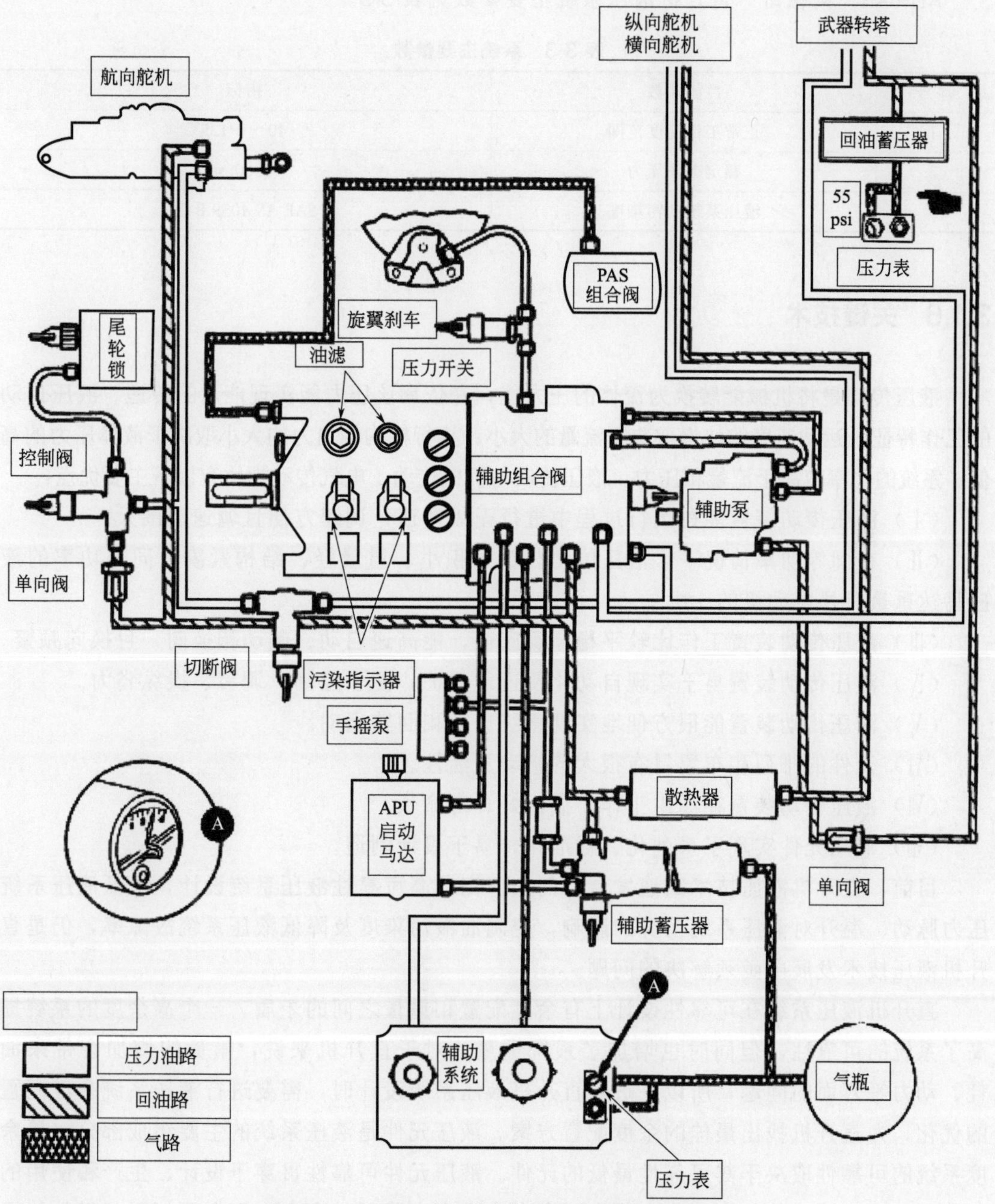

图 3-3 AH-64A“阿帕奇”直升机通用液压系统

压泵、舵机、油箱组合阀。通用液压系统为航向舵机、纵向舵机、横向舵机和总距舵机的通用液压腔供压，同时，通用液压系统还为旋翼刹车、武器转台、尾轮锁、导弹弹射、外吊挂 APU 启动供压，包括通用液压泵、回油蓄压器、通用系统油箱组合阀、通用蓄压器和高压气瓶。手摇泵安装在机身右侧主系统地面液压接口旁。手摇泵摇杆可以旋至三个位置，分别用于为系统蓄压器充压、为主液压系统油箱加油、为通用液压系统油箱加油。

AH-64A“阿帕奇”直升机液压系统主要参数见表3-3。

表3-3 系统主要参数

序号	性能参数	指标
1	正常工作温度范围	−40～+135℃
2	额定工作压力	3000psi
3	液压系统的污染度	SAE AS 4059 8级

3.1.6 关键技术

液压传动是将机械能转换为流体的压力能，并依靠该压力能实现能量的传递。液压传动的工作特征：运动速度的快慢取决于流量的大小；执行机构输出力的大小取决于液体压力的高低；系统的功率取决于流量和压力。液压传动与机械传动、电气传动相比有以下主要优点：

（Ⅰ）液压传动装置能在运行过程中进行无级调速，调速方便且调速范围大。

（Ⅱ）在同等功率情况下，液压传动装置体积小、重量轻、结构紧凑，同等功率的液压马达重量只是电动机的1/6。

（Ⅲ）液压传动装置工作比较平稳，反应快，能高速启动、制动和换向，且换向频繁。

（Ⅳ）液压传动装置易于实现自动化及过载保护，便于控制、调节，操纵省力。

（Ⅴ）液压传动装置能很方便地实现直线运动和回转运动。

（Ⅵ）元件的排列和布置具有很大的机动灵活性。

（Ⅶ）液压传动装置在油中工作，润滑好、寿命长。

（Ⅷ）液压元件实现了系列化、标准化，易于设计制造。

目前，直升机液压技术高速发展，而如何完成高可靠性液压系统设计，降低液压系统压力脉动、温升对液压系统工况的影响，控制油液污染度及降低液压系统故障率，仍是直升机液压技术发展中亟须解决的问题。

直升机液压系统在可靠性设计上有余度配置和重量之间的矛盾，一个高余度的系统提高了系统的可靠性，但同时也增加了系统重量。对于直升机来说，重量的增加会带来油耗、动力等方面的问题，所以在进行直升机液压系统设计时，需要进行液压系统余度配置的优化，为直升机找出最佳的余度配置方案。液压元件是液压系统的主要组成部分，单余度系统的可靠性取决于其可靠性最低的元件。液压元件可靠性贯穿于设计、生产和使用的各个阶段。液压元件长期工作在额定压力之上会大大降低其寿命，更有可能引起元件的爆破。因此在使用液压元件时，要避免液压元件工作在其额定压力之上，从而提高其使用可靠性。目前，我国元件加工精度还较低，设计水平也落后于国外，尤其是民用直升机上的液压元件如液压泵以及集成模块、密封圈等基础产品，主要依赖国外公司的产品。国内直升机液压产品的可靠性也远低于国外水平。

压力脉动通常被认为是液压系统振动和噪声的主要来源，也是液压系统失效的主要原因之一。中大型直升机液压系统中的泵源一般均采用柱塞泵，柱塞的往复运动实现吸油与排油，每个柱塞排油的不连续性会导致泵出口瞬时流量呈周期性变化。由于直升机在不同飞行剖面下，每个助力器的工作状态会发生变化，因此系统流量和压力存在脉动。方向控制阀和执行元件在迅速停止、变速、换向时，管道流速将会改变，但是由于惯性的作用，油液仍保持原有的运动状态，因此会使压力突增，产生大的压力脉动。当流体流经弯曲管路时，液压管路中产生的压力脉动会形成反射波，与入射波之间可能会形成叠加，从而使压力脉动增强，形成共振。因此，消除或减少压力脉动同样是液压系统的关键技术。

3.1.7 发展趋势

自从液压系统在航空器上应用以来，国外航空器液压系统技术在各方面取得了快速的发展，主要包括以下方面：

3.1.7.1 电静液作动技术

电静液作动技术是指为液压提供原动力的部分改为由电气系统替代。液压系统需要管路布置，结构复杂，同时密封性问题给液压驱动直升机伺服助力器带来了较大的隐患。电气系统具有结构简单、可变性强、无泄漏等优点，使得机、电、液结合成为直升机液压系统的发展趋势，主要包括利用电动静液作动器（EHA）和电备份液压作动器（EBHA）等新型电动作动器来取代传统直升机的作动器和液压管路的使用。在国内无人直升机液压系统中，电动静液作动器已经得到了应用。

3.1.7.2 智能泵源技术

随着直升机性能的提升，直升机各系统对液压能源的要求不断提高。目前，直升机液压系统的泵源中多采用恒压变量泵，系统压力根据负载的最大值设定为恒值。而直升机在整个飞行过程中，经常会经历中断、起飞、起飞爬升、复飞等大流量飞行工作剖面，也有巡航、下降等小流量工作需求，并且小流量飞行工作剖面占据直升机完整飞行剖面的80%以上。由于恒压变量泵只能输出一种压力，直升机液压系统大部分时间处于输出压力过大的状态，存在大量的节流功率损失，导致系统出现发热量大、散热困难等问题。智能泵源系统可根据负载工况进行流量、压力双匹配，使输出与输入功率达成最佳匹配，从而减少直升机液压系统无效功耗，降低系统温升。

液压系统泵源根据系统的负载工作状态，输出一定的流量，并建立相应的工作压力。无论控制的输出量是泵源的输出压力、流量还是功率，都是通过调节泵源的排量来实现的。由于系统压力直接反映负载的大小，智能泵源利用负载敏感性原理，反馈系统的工作压力，结合直升机的工作状态对泵源进行调节，根据负载工况调整泵源的工作状态，输出与负载匹配的工作压力，它是适应未来机载液压系统大功率化的一种重要方式，其关键技术主要涉及变压力/变流量技术、负载敏感技术、耐久性试验技术以及智能控制技术等。

3.1.7.3 控制装置

早期的液压控制装置主要完成单一的液压控制功能，如单向阀、节流阀、换向阀等，通过液压阀的结构或电磁铁控制阀的打开或关闭，实现对液压系统压力、流量以及流向进行控制和调节。随着液压技术的不断发展，液压控制阀的功能也不断发展，主要体现在以下几个方面：

（a）控制方式由模拟信号控制向数字信号控制发展。

数字控制阀可以直接接收计算机控制信号，实现对液压阀的控制。数字控制阀的应用提高了液压系统的控制精度和响应速度。

（b）由单一功能向集成化发展。

随着液压技术的发展，阀的控制功能不断集成，在一个阀上可同时实现方向、流量和压力的控制，通过这种设计可以大大降低系统的复杂程度，提高系统的可靠性。

（c）由污染敏感向抗污染能力强发展。

液压元件在污染油液环境下的工作能力一直是液压元件设计人员关注的重要问题，油液污染可以造成元件磨损寿命降低，也可以引起元件堵塞而失效。以往电液伺服控制系统中采用的伺服阀是液压控制阀中最复杂的控制阀，在系统中起着电液转换和功率放大的作用，但是由于电液伺服阀节流孔孔径以及喷嘴挡板之间的间隙小，对油液污染比较敏感，容易造成堵塞。最新发展的直接驱动阀采用马达直接驱动阀芯运动，具有结构简单、内漏小、抗污染能力强的特点。

3.1.7.4 状态监控与故障诊断技术

早期直升机采用机械传动控制，随着电力电子和计算机技术的发展，复杂的逻辑控制方法引入液压系统备用泵的启停控制中，有效地降低了飞行员的操作负荷，提高了飞行的安全性。同时，随着传感器技术的发展，对系统状态参数和健康情况的监视也不断完善，有助于飞行员做出反应，还能够作为系统自动控制和故障重构的输入条件。另外，随着信息技术的发展，以可靠性为中心的维修技术得以发展和完善。该种维修归根到底就是视情维修，即应用信息技术及实时监测掌握系统元件的工作状态，在直升机系统元件发生故障或将要发生故障时提供警告信号或提供维修提示。状态监控与故障诊断设备以计算机为中心，包括状态信号的采集、数字信号的处理、系统元件状态特征量的提取以及故障诊断专家系统等。目前，直升机液压系统的运行状态监测和实时故障诊断已走向实用化，并将不断发展。

3.1.7.5 集成化设计技术

随着时代的发展，对直升机的性能要求逐渐趋于多样化，这就需要液压系统能够适应直升机性能的要求，功能多样化，体积小，重量轻，故障率低。这就需要在设计液压系统时采用集成化的思想，集成化的设计使系统的部件相对集中，减少了占用的空间和位置，缩短并减少了连接管路，有效地减轻了系统的重量，提高了系统的可靠性和维护性。集成化液压系统技术研究，符合直升机对液压系统的要求，顺应了液压系统及附件的发展趋势，国内外的主流直升机的液压系统均采用了集成化的设计。

集成化的设计并不是将附件简单地组合在一起，其附件的匹配性、稳定性，集成块的工艺性和最优设计以及集成块内的能量损失等均需进一步研究。在液压系统的集成化设计中，需要解决以下问题：

（a）空间规划和路径设计是集成化设计的主要内容。

液压集成块空间规划和路径设计是相辅相成的，应相互兼顾。如果集成块空间规划得好，集合尺寸恰当，在进行路径设计时，孔道连通方便，工艺孔数目少。否则工艺孔数目多，并且孔道间很容易发生干涉，就要反复进行路径设计。甚至多次修改也无法保证设计结果正确，此时必须修改集成块的空间规划方案。因此集成块的空间规划不能盲目进行，要依据所要设计的液压系统原理图中孔道的连通关系，作为路径设计的依据，经过反复优化，设计出符合原理图的要求，工艺孔尽量少、体积小，并兼顾到集成块与液压附件相连的可行性，油面高度、地面试验接头应满足地面维修人员观察、维护等要求的方案。

(b)温升和散热。

液压系统集成化设计的散热问题是技术的关键问题。在高压高速的液压系统中，采用集成化设计的结构形式，就要首先估算系统的发热，并尽力采取可行的散热措施，保持系统的热稳定，确保液压系统的各项功能得以实现。

(c)污染控制。

液压系统集成化设计由于体积和布局较以前的系统小巧和集中，污染源也相对集中，因此污染控制仍然放在油滤的选择上，并加装污染报警螺塞。由于油滤过于精细，曾出现过污染报警器频繁报警的情况，因此，油滤精度的选择，也是一个综合考虑、全面权衡的结果。

3.2 重要条款概述

3.2.1 EH.863 可燃液体的防火

3.2.1.1 条款原文

3.2.1.1.1 CCAR29.863 可燃液体的防火

(a) 凡可燃液体或蒸气能因液体系统渗漏而逸出的区域，必须有措施尽量减少液体或蒸气点燃的概率以及万一点燃后的危险后果。

(b) 必须用分析或试验的方法表明符合本条（a）款的要求，同时必须考虑下列因素：

(Ⅰ) 液体渗漏的可能漏源和途径，以及探测渗漏的方法；

(Ⅱ) 液体的可燃特性，包括任何可燃材料或吸液材料的影响；

(Ⅲ) 可能的引燃火源，包括电气故障、设备过热和防护装置失效；

(Ⅳ) 可用于抑制燃烧或灭火的手段，例如截止液体流动、关断设备、采用防火包容物或使用灭火剂；

(Ⅴ) 对于飞行安全是关键性的各种旋翼航空器部件的耐火、耐热能力。

(c) 如果要求飞行机组采取行动（例如关闭设备或启动灭火瓶）来预防或处置液体着火，则必须备有迅速动作的向机组报警的装置。

(d) 凡可燃液体或蒸气有可能因液体系统渗漏而逸出的区域，必须确定其部位和范围。

3.2.1.1.2 FAR29.863 (Amendment 29-55)

Flammable fluid fire protection.

(a) In each area where flammable fluids or vapors might escape by leakage of a fluid system, there must be means to minimize the probability of ignition of the fluids and vapors, and the resultant hazards if ignition does occur.

(b) Compliance with paragraph (a) of this section must be shown by analysis or tests, and the following factors must be considered:

(Ⅰ) Possible sources and paths of fluid leakage, and means of detecting leakage.

(Ⅱ) Flammability characteristics of fluids, including effects of any combustible or absorbing materials.

(Ⅲ) Possible ignition sources, including electrical faults, overheating of equipment, and malfunctioning of protective devices.

(Ⅳ) Means available for controlling or extinguishing a fire, such as stopping flow of fluids, shutting down equipment, fireproof containment, or use of extinguishing agents.

(Ⅴ) Ability of rotorcraft components that are critical to safety of flight to withstand fire and heat.

(c) If action by the flight crew is required to prevent or counteract a fluid fire (e. g. equipment shutdown or actuation of a fire extinguisher), quick acting means must be provided to alert the crew.

(d) Each area where flammable fluids or vapors might escape by leakage of a fluid system must be identified and defined.

3. 2. 1. 1. 3 CS29. 863 (Amendment 8)

Flammable fluid fire protection

(a) In each area where flammable fluids or vapours might escape by leakage of a fluid system, there must be means to minimise the probability of ignition of the fluids and vapours, and the resultant hazards if ignition does occur.

(b) Compliance with subparagraph (a) must be shown by analysis or tests, and the following factors must be considered:

(Ⅰ) Possible sources and paths of fluid leakage, and means of detecting leakage.

(Ⅱ) Flammability characteristics of fluids, including effects of any combustible or absorbing materials.

(Ⅲ) Possible ignition sources, including electrical faults, overheating of equipment, and malfunctioning of protective devices.

(Ⅳ) Means available for controlling or extinguishing a fire, such as stopping flow of fluids, shutting down equipment, fireproof containment, or use of extinguishing agents.

(Ⅴ) Ability of rotorcraft components that are critical to safety of flight to withstand fire and heat.

(c) If action by the flight crew is required to prevent or counteract a fluid fire (e. g. equipment shutdown or actuation of a fire extinguisher), quick acting means must be provided to alert the crew.

(d) Each area where flammable fluids or vapours might escape by leakage of a fluid system must be identified and defined.

3.2.1.2 条款背景和历史沿革分析

3.2.1.2.1 FAA 相关修正案及背景说明

由于我国的 CCAR29 部适航规章主要是参照美国 FAR29 部转化而来，为了能够对适航条款制定的背景和技术依据有充分的了解，有必要对美国 FAA 对 FAR29 相关规章条款制修订的过程和背景进行研究。因此，本节主要是对美国 FAA 对相应条款的制修订过程和背景进行溯源梳理，包含“规章制定建议通知 NPRM”和相关修正案中的相关内容。

这里主要针对 FAR29. 863“可燃液体的防火”历次修订的背景和内容进行分析，以此明确该条款多年来演变发展的历史和原因，为深刻理解条款的技术要求和详细技术定义提供支撑。

本条款 FAR 已历经 1 次修订，现行有效版本是 FAR29-17（表 3-4）。

表 3-4 相关 FAA 修正案

序号	条款号	标题	修正案	生效日期	现行有效
1	29. 863	Flammable fluid fire protection.	29-0	1965. 2. 1	
2	29. 863	Flammable fluid fire protection.	29-17	1978. 12. 1	与 CCAR 现行有效条款等效

(a) 1965 年，FAA 根据原有 CAR，重新编排制定 FAR。

FAA 于 1965 年 2 月 1 日正式颁布了 FAR29. 863 的最初版本。该版本适航条款规定了对于可燃液体或者蒸气的泄漏，一定要有措施防止任何其他设备点燃这些液体或蒸气；要能够控制由于这些液体或蒸气引发的任何火情。

FAA 颁布该项条款，其目的是防止因可燃液体或蒸气泄漏而引起的事故/事故征候。

修订背景：美国最初的关于运输类旋翼机的适航标准是由美国民用航空当局（Civil Aeronautics Authority）下属的民用航空委员会（Civil Aeronautics Board）于 1956 年编制的 CARPart 7《运输类旋翼航空器适航》，发布后直到 1962 年的 6 年时间里进行了 5 次小的修订，CAR7 历次修订均不涉及本条款。

1958 年美国民用航空当局（Civil Aeronautics Authority）下属的另一机构民用航空管理局（Civil Aeronautics Administration）正式独立出来成为联邦航空当局［Federal Aviation Agency，后于 1967 年归入美国交通部，更名为 Federal Aviation Administration，也就是现在的 FAA（联邦航空管理局）］，负责民用航空器的安全监管，包括法规编制。于是，FAA 开始着手编制新的联邦航空法规，各种 FAR 规章也应运而生。其中，FAR29 部由 1964 年 FAA 发布的第 29-0 号修正案产生，是由 CARPart 7《运输类旋翼航空器适航》转化而来，并对条款编排逻辑顺序按新的 A～G 分部的划分重新进行大幅调整，CAR7. 385 转化为 FAR29. 863“可燃液体的防火”初始条款。

(b) 1978 年 12 月 1 日，FAA 在修正案 29-17 中，对 FAR29. 863 做了第 1 次修订。

FAA 于 1978 年 12 月 1 日对 FAR29. 863 做了第 1 次修订。此次修订增加了必须用分析或试验的方法表明符合本条（a）款的要求同时必须考虑的因素；如果要求飞行机组采取行动（例如关闭设备或启动灭火瓶）来预防或处置液体着火，则必须备有迅速动作的向机组报警的装置；凡可燃液体或蒸气有可能因液体系统渗漏而逸出的区域，必须确定其部位和范围。

修订背景：1974 年，FAA 召开首届适航规章评审年会（First Biennial Airworthiness Review Program），会后按议题陆续发布了 NPRM75-10、75-19、75-20、75-23、75-25、75-26 和 75-31，建议修订 FAR 多部法规的适航条款。基于五项 NPRM：NPRM75-10、NPRM75-19、NPRM75-23、NPRM75-26、NPRM75-31，FAA 于 1978 年 12 月 1 日发布了 Final Rule，是对首届适航规章评审年会问题的第 7 次整理。该 Final Rule 更新和改进了 FAR23、25、27、29、121 中机体结构和适坠性方面的适航标准，其中包括修正案 29-17。

有建议认为 FAA 应对（d）款的符合性方法进行解释。FAA 认为可能通过液压系统的泄漏溢出可燃液体或蒸气的区域必须被标记出，并定义为申请人提交的用于型号审定的型号设计数据的一部分。

当时的 FAR29. 863 条款，仅仅包括对可燃液体或蒸气防火的要求，未规定如何去验证在各个因素下飞机如何满足防火要求，例如可能着火的区域、可能引燃的火源；而且原条款没有规定可靠地向机组人员报警的装置，这就可能导致火情发现得晚从而错过了扑灭着火的最佳时机。

因此 FAA 为了能够更好地防止可燃液体着火，又在原来规定的基础上增加了以下内容：

必须用分析或试验的方法表明符合本条（a）款的要求，同时必须考虑下列因素：

（Ⅰ）液体渗漏的可能漏源和途径，以及探测渗漏的方法；

（Ⅱ）液体的可燃特性，包括任何可燃材料或吸液材料的影响；

（Ⅲ）可能的引燃火源，包括电气故障、设备过热和防护装置失效；

（Ⅳ）可用于抑制燃烧或灭火的手段，例如截止液体流动、关断设备、采用防火包容物或使用灭火剂；

（Ⅴ）对于飞行安全具有关键性作用的各种旋翼航空器部件的耐火、耐热能力。

如果要求飞行机组采取行动（例如关闭设备或启动灭火瓶）来预防或处置液体着火，则必须备有迅速动作的向机组报警的装置。

凡可燃液体或蒸气有可能因液体系统渗漏而逸出的区域，必须确定其部位和范围。

3.2.1.2.2 EASA 相关修正案及背景说明

CS29. 863 相关的 EASA 修正案情况如表 3-5 所示。经对修正案涉及的 NPA 和 ED Decision 进行分析，情况如下：

表 3-5 相关 EASA 修正案

条款号	标题	修正案	生效日期	现行有效
29. 863	Flammable fluid fire protection.	Initial issue	2003. 11. 14	与 CCAR 现行有效条款等效

2003 年 11 月 14 日，EASA 通过 ED Decision 2003/016/RM 正式颁布了 CS29. 863 的最初版本。

EASA 颁布的 CS29 的最初版本是基于 2002 年 4 月 1 日发布的 JAR-29“大型旋翼航空器”第 3 修正案。NPAs 29-18“HUMS 咨询材料”已经在 JAA 系统中采用，而且 29-25“ACJ 材料适用于 JAR-29 的通告”已经成熟到可以纳入 CS29。

3.2.1.2.3 规章差异分析

针对旋翼航空器“可燃液体的防火”的条款，欧美相应规章的技术要求思路是一致的，其要求也是相同的。

三部规章之间无实质性差异。

3.2.2 EH.1435 液压系统

3.2.2.1 条款原文

3.2.2.1.1 CCAR29.1435 液压系统

(a) 设计液压系统必须按下列要求进行：

(Ⅰ) 液压系统的每个元件必须设计成能承受与最大液压工作载荷同时产生的任何结构载荷，并无有害的永久变形。

(Ⅱ) 液压系统的每个元件必须设计成能承受比本条 (b) 款规定更大的压力，以表明此系统在服役状态下不会破裂。

(Ⅲ) 在各主液压系统中必须有指示压力的装置。

(Ⅳ) 必须有措施保证系统的任何部分的压力不超过系统最大工作压力的安全极限，也必须有措施防止由于在管路中任何油液的体积变化而引起过大的压力。这种油液体积变化多半是由于关闭时间过长而发生的。当工作时，必须考虑到出现有害的瞬间（波动）压力的可能性。

(Ⅴ) 各液压管路、接头和附件的安装和支承，必须能防止过度的振动并能承受惯性载荷。安装的各元件必须能防止磨损、腐蚀和机械损伤。

(Ⅵ) 在有相对运动或处在不同振动状态的液压管路连接点之间，必须用柔性连接。

(b) 试验系统的每一个部件都必须试验到部件在正常工作中承受的最大工作压力的 1.5 倍。系统任何部分不应产生损坏、失灵及有害变形。

(c) 防火使用可燃液压油的各液压系统必须满足第 29.861 条、第 29.1183 条、第 29.1185 条和第 29.1189 条的有关要求。

3.2.2.1.2 FAR29.1435 (Amendment 29-55)

Hydraulic systems.

(a) Design. Each hydraulic system must be designed as follows:

(Ⅰ) Each element of the hydraulic system must be designed to withstand, without detrimental, permanent deformation any structural loads that may be imposed simultaneously with the maximum operating hydraulic loads.

(Ⅱ) Each element of the hydraulic system must be designed to withstand pressures sufficiently greater than those prescribed in paragraph (b) of this section to show that the system will not rupture under service conditions.

(Ⅲ) There must be means to indicate the pressure in each main hydraulic power system.

(Ⅳ) There must be means to ensure that no pressure in any part of the system will exceed a safe limit above the maximum operating pressure of the system, and to prevent excessive pressures resulting from any fluid volumetric change in lines likely to remain closed long enough for such a change to take place. The possibility of detrimental transient (surge) pressures during operation must be considered.

(Ⅴ) Each hydraulic line, fitting, and component must be installed and supported to prevent excessive vibration and to withstand inertia loads. Each element of the installation must be protected from abrasion, corrosion, and mechanical damage.

(Ⅵ) Means for providing flexibility must be used to connect points, in a hydraulic fluid line, between which relative motion or differential vibration exists.

(b) Tests. Each element of the system must be tested to a proof pressure of 1. 5 times the maximum pressure to which that element will be subjected in normal operation, without failure, malfunction, or detrimental deformation of any part of the system.

(c) Fire protection. Each hydraulic system using flammable hydraulic fluid must meet the applicable requirements of Secs. 29. 861, 29. 1183, 29. 1185, and 29. 1189.

3. 2. 2. 1. 3 CS29. 1435 (Amendment 8)

Hydraulic systems

(a) Design. Each hydraulic system must be designed as follows:

(Ⅰ) Each element of the hydraulic system must be designed to withstand, without detrimental, permanent deformation, anystructural loads that may be imposed simultaneously with the maximum operating hydraulic loads.

(Ⅱ) Each element of the hydraulic system must be designed to withstand pressures sufficiently greater than those prescribed in subparagraph (b) to show that the system will not rupture under service conditions.

(Ⅲ) There must be means to indicate the pressure in each main hydraulic power system.

(Ⅳ) There must be means to ensure that no pressure in any part of the system will exceed a safe limit above the maximum operating pressure of the system, and to prevent excessive pressures resulting from any fluid volumetric change in lines likely to remain closed long enough for such a change to take place. The possibility of detrimental transient (surge) pressures during operation must be considered.

(Ⅴ) Each hydraulic line, fitting, and component must be installed and supported to prevent excessive vibration and to withstand inertia loads. Each element of the installation must be protected from abrasion, corrosion, and mechanical damage.

(Ⅵ) Means for providing flexibility must be used to connect points, in a hydraulic fluid line, between which relative motion or differential vibration exists.

(b) Tests. Each element of the system must be tested to a proof pressure of 1. 5 times the maximum pressure to which that element will be subjected in normal operation, without failure, malfunction, or detrimental deformation of any part of the system.

(c) Fire protection. Each hydraulic system using flammable hydraulic fluid must meet the applicable requirements of CS29. 861, 29. 1183, 29. 1185, and 29. 1189.

3.2.2.2 条款背景和历史沿革分析

3.2.2.2.1 FAA 相关修正案及背景说明

FAR29. 1435 相关的 FAA 修正案情况如表 3-6 所示。经对修正案涉及的 NPRM 和 Final Rule 进行分析，情况如下：

表 3-6 相关 FAA 修正案

条款号	标题	修正案	生效日期	现行有效
29. 1435	Hydraulic systems.	Original	1965. 2. 1	与 CCAR 现行有效条款等效

1965 年，FAA 根据原有 CAR，重新编排制定 FAR。以下首先详述 CAR 期间与液压系统相关的修订说明及结果，之后分析此次 FAR 制定过程中的修订内容。

FAA 于 1964 年发布 NPRM，表示将依据现有 CAR 重新编排制定 FAR。在 NPRM64-30（1964 年 5 月 20 日）中，FAA 提出，将原有的 CAR7. 650 修订为 FAR29. 781、CAR7. 651 修订为 FAR29. 783、CAR7. 652 修订为 FAR29. 785。

FRA5084 最终法规采纳了 NPRM64-30 的建议，但将这三个条款合并，将编号改为 29. 1435，并且修改了一些修饰性文字，修改详情如表 3-7 所示。

表 3-7 NPRM64-30 29. 783、785 与 FRA5084 29. 1435 对比

序号	条款号	NPRM64-30	FRA5084 29. 1435
1	29. 783(c)	exceed the maximum safe operating pressure.	exceed a safe limit above the maximum operating pressure
2	29. 783(c)	resulting from fluid volumetric changes.	resulting from any fluid volumetric change
3	29. 783(c)	changes in all lines likely to.	change in lines likely to
4	29. 783(c)	such changes to take place.	such a change to take place
5	29. 783(c)	detrimental pressures(transient or surge) during operation.	detrimental transient(surge) pressures during operation
6	29. 785	must conform with the applicable provisions of.	must meet the applicable requirements of

此后 FAR29. 1435 条一直没有修订。

3.2.2.2.2 CS29 对应条款背景和历史沿革分析

CS29 修正案不涉及第 29. 1435 条。

3.2.2.2.3 规章差异分析

（Ⅰ）FAR29 与 CS29 规章差异：CS29. 1435 条与 FAR29. 1435 条内容完全一致，且两者后续都未进行修订。

（Ⅱ）CCAR-29-R2 与 FAR29 规章差异：CCAR29. 1435 条与 FAR29. 1435 条内容完全一致，且两者后续都未进行修订。

（Ⅲ）CCAR 与 FAR、CS 条款及修正案等效对照见表 3-8。

表 3-8 CCAR 与 FAR、CS 条款及修正案等效对照

关系	CCAR	FAR	CS
等效	29. 1415 R0(1988)	29. 1415 Original(1965)	29. 1415 Original(2003)

注：同一行的条款互为等效。

3.2.2.3 条款发展方向

旋翼航空器液压系统未来的主流设计趋势是高集成度、多电、电静液作动器等，因此条款应对系统的运行状态（如指示、告警），系统的能源裕度、余度设计提出更高、更具体的要求。

3.3 符合性验证思路

3.3.1 EH.863 可燃液体的防火

第 863 条“可燃液体的防火”一般采用说明性文件、安全性评估、试验室试验、地面试验、飞行试验和设备合格性验证等方法。

(a) 通过系统设计说明和设计图样，阐述可燃液体或蒸气可能因液体系统渗漏而逸出的区域的范围大小、特性和位置；说明将可燃液体和蒸气被点燃的概率减至最小的方法和有效性；说明万一着火后将危险减至最小的方法和有效性。

(b) 进行可燃液体区域发生渗漏引起火灾的安全性评估，通过考虑可燃液体周围的环境、系统可能的故障情况等，确认可燃液体或蒸气可能逸出的途径、区域，从而确定可能的引燃火源，如电气系统的电缆、电气设备、电子设备等；以及是否会因为电气设备故障、过热等原因而被点燃，如果是，则应指明采取的措施；如果保护措施不够充分，还应进一步分析一旦着火后的危害，确定补充的措施是否能够控制危害的范围和影响程度，如可能着火区域的部件设计考虑具有耐火耐热的能力，阀门、管路等采取的耐火防火措施，最终使点燃的概率和点燃后的危险减至最小。

(c) 对采用不同防护措施，进行相应电气线缆、结构件、系统部件、接头、导管等的阻燃、耐火、防火试验；

(d) 进行飞机可燃液体排放试验，证明排放系统的设计足以排放可燃液体，以及排出的可燃液体不会重新进入航空器，引起着火危险。

(e) 如果采取的措施中有需要机组采取行动的，则按照本条 (c) 款设置机组报警装置，并在系统设计说明报告中进行描述。同时对该装置进行设备合格鉴定，遵守与适航当局确定的设备合格鉴定原则，除考虑设备级的验证要求外，还应综合考虑装机后的验证要求，如通过模拟实际环境飞行试验进行验证。

3.3.2 EH.1435 液压系统

第 1435 条“液压系统”一般采用说明性文件、分析/计算、试验室试验、地面试验、飞行试验、航空器检查和设备合格性验证等方法。

(a) 编制液压系统的符合性说明文件，描述液压系统的组成、布置、工作原理、主要技术参数等，阐明其对于规章条款的符合性情况；

(b) 对液压系统及主要零部件（如液压油箱、集成模块等）的安装进行载荷分析或强度计算，表明液压系统可以满足所承受载荷的最严酷组合情况；

(c) 进行液压系统试验，包括地面试验和飞行试验，验证液压系统功能、耐压能力等满足条款要求；

(d) 进行航空器检查，检查液压系统的压力指示装置是否可以满足条款要求；

(e) 提供设备合格性资料，证明液压系统设备可以满足条款要求。

3.4 条款解析

3.4.1 EH.863 可燃液体的防火

3.4.1.1 条款安全意图和实质要求分析

3.4.1.1.1 条款安全意图

本条款要求了可燃液体的防火，以确保在使用时的安全性和可靠性。

3.4.1.1.2 条款实质要求

本条款要求，含有潜在点火源的区域和可能会有可燃液体或蒸气泄漏的系统，必须有措施将该区域着火的可能性降到最低，或者在万一发生着火时有措施来最小化所引起的危险。如果得出的结论是可燃液体或蒸气不能进入包含潜在点火源的区域，或者所涉及的液体为非可燃，那么本条将不适用于该区域。

本条 (a) 款要求，当液体系统渗漏可能会导致其中的可燃液体或蒸气逸出时，必须有措施尽量减少渗漏液体或蒸气被点燃的概率；或者如果不能保证可燃液体不会被点燃，则应采取措施将万一被点燃后的危险减至最小。该要求适用于所有可能会有可燃液体渗漏的区域。

应将所要求的实际保护措施与具体环境联系起来，考虑可燃液体的数量和可燃特性、保护区域的着火容限及机组能够采取的措施。

(Ⅰ) 将可燃液体和蒸气被点燃的概率减至最小的方法包括：

(ⅰ) 针对可燃液体系统、接头等设置排放系统，排放系统的设计应使系统能顺利排放出可燃液体，直至所剩液体的残留量可以忽略不计；

(ⅱ) 针对可燃液体系统提供有效的隔离、通风或过热切断装置；

(ⅲ) 确保潜在的着火源以及受可燃液体和蒸气影响的电气设备是严格密封的、掩蔽的、绝缘的或适当通风的；

(ⅳ) 在通往仪表和传感器的液压管路中设置限流孔；

(ⅴ) 在正常工作时容易受到磨损的位置不设置可燃液体输送管路和排放管路。

(Ⅱ) 将万一着火后减至最小的方法包括：

(ⅰ) 关键结构、设备和人员区域提供防火设计、防火隔离（如吸附材料制成的隔离层）或其他等效措施，如采用的结构材料、电缆材料具备阻燃或防火耐火要求，此时应考虑可能发生的着火种类和着火持续时间；

(ⅱ) 提供火警探测、灭火、关闭阀门等措施。

本条（b）款规定了在用分析或试验的方法表明符合本条（a）款的要求时应考虑的因素，包括：

（Ⅰ）液体渗漏的可能渗漏源（如油箱、管路、阀门等连接部位）和渗漏途径（如导管破裂、密封性变差），以及如何探测渗漏的方法；

（Ⅱ）液体的可燃特性包括任何可燃材料或吸液材料的影响，可燃特性考虑包括液体的闪点、燃点等；

（Ⅲ）可能的引火源，包括电气设备工作温度、设备电弧、设备过热、防护装置失效、摩擦生热等；

（Ⅳ）可用于抑制燃烧或灭火的方法，比如阻止液体流动、切断设备、具备防火包容能力或者使用灭火剂；

（Ⅴ）飞行安全-关键零部件的耐火耐热能力。

本条（c）款要求如果采用“飞行机组执行一些动作（如关闭阀门、启动灭火措施等）来预防着火，或将万一着火后的危险减至最小”这种方法，则必须备有在着火后向机组迅速报警的装置（如火警报警器），以便机组迅速识别故障状态，从而采取相应的措施。

本条（d）款规定必须确定航空器上可能会有可燃液体或蒸气逸出的区域及其范围。

3.4.1.1.3 条款关键点分析

本条款是可燃液体的防火要求，根据条款要求，判断以下关键点：

（a）确定的区域是否合理；

（b）可燃液体的区域安全性分析，是否分析和涵盖了所有可能的可燃液体和蒸气泄漏源，是否充分考虑了可燃液体周围环境中的可能引燃火源，给出的设计措施是否足以使可燃液体或蒸气点燃的概率降至最低；

（c）所有过热的部件或火警探测系统（如果适用）应至少是耐火的。

3.4.1.2 条款关联信息

第 29.1185 条“可燃液体”；

第 29.1309 条“设备、系统及安装”。

3.4.2 EH.1435 液压系统

3.4.2.1 条款安全意图和实质要求分析

3.4.2.1.1 条款安全意图

第 29.1435 条规定了液压系统的设计、安装、防火和试验要求。规定了液压系统零部件设计和安装不应受到执行机构的运动、航空器飞行包线内的载荷及系统自身载荷的影响；系统的设计应能指示系统运行状态；系统应进行防火设计。

3.4.2.1.2 条款实质要求

本条款的实质要求是对液压系统的最基本的要求，其中，（a）款是设计方面的考虑，对系统内零部件的设计强度及安装强度提出了要求，对系统的抗压、抗体积变化、抗振动提出了要求；对系统的运行状态监控提出了要求；（b）款要求必须进行相关试验，且系统任何部分不应产生损坏、失灵及有害变形，试验中部件必须试验到正常工作中承受的最大工作压力的 1.5 倍；(c) 款是对液压系统防火的相关要求。

3.4.2.1.3　条款关键点分析

(a) 款是设计方面的考虑：

(Ⅰ) 要求管路和部件在经受与最大液压工作载荷同时产生的任何结构载荷情况下，不发生有害的永久变形或运行故障；

(Ⅱ) 管路和部件至少在 1.5 倍最大工作压力下不会破裂；

(Ⅲ) 各主液压系统中应有压力指示装置，能使机组觉察到压力变化的趋向，与该款相关联的条款有第 29.1322 条"警告灯、戒备灯和提示灯"，该条对告示器的颜色进行了规定，必要时应用来作为本款的补充要求；

(Ⅳ) 应有措施保证系统的任何部分的压力不超出最大工作压力的安全极限，以及由于在管路中任何油液体积变化而引起过大的压力，并考虑到有害的瞬间（波动）压力；

(Ⅴ) 液压管路、接头和附件的安装和支承，必须能够防止过度振动和承受惯性载荷，各元件必须能够防止被磨损、腐蚀和机械损伤；

(Ⅵ) 在有相对运动或处在不同振动状态的液压管路连接点之间，必须用柔性连接。

上述条款还涉及第 29.695 条"动力助力和带动力操作的操纵系统"和第 29.1309 条"设备、系统及安装"相关要求，为满足上述两条要求，应采用双套独立的液压系统［如果本条 (b) 款的开头假设"应假定液压系统是要用来操作旋翼航空器的主操纵系统的，并且没有液压系统，旋翼航空器就不能安全运行"不适用，并且驾驶员在液压系统失效后仍能操纵旋翼航空器而无过度疲劳，则单套液压系统也是可接受的］，包括油箱、液压泵、调节器、连接导管以及通到各作动筒的软管在内；凡含有液体的部件均不得共用；一个系统中有一处损坏不应导致其余系统的液压丧失；两台液压泵应尽可能隔离得远一些，硬管和软管也应在结构上尽可能隔离敷设；双腔作动筒必须设计成能确保任何单个故障都不会引起整个液压系统的功能丧失；应格外小心的是，必须保证与作动筒的伺服控制阀机械连接的操纵输入力不得超过其预定值并应考虑零件制造和操纵系统装配带来的最大不利容差。验证数据应包括失效分析，其中应考虑每一种可能的系统部件故障，如（但不限于）导管破裂、泵故障、调节器故障、密封件损坏、油滤堵塞、伺服控制阀连接件断裂等，且验证文件必须包括分析或分析与试验组合的数据，以表明符合本条 (a) 款 (Ⅰ)(Ⅱ)(Ⅳ) 项的规定；验证数据应表明，液压零部件在其遭受最不利的持续和短暂环境条件时都能可靠地完成其预定的功能；这些环境变量包括（但不限于）温度、湿度、振动、高度和冲击，AC29.1309 (b)(Ⅱ)(ⅰ) 中介绍了一种温度修正方法，可覆盖进行合格审定的整个工作温度包线。系统部件的强度必须足以使其材料的疲劳寿命超过液压泵的脉动压力所作用的循环次数。

(b) 款要求必须进行相关试验，且系统任何部分不应产生损坏、失灵及有害变形，试验中部件必须试验到正常工作中承受的最大工作压力的 1.5 倍。为满足上述要求，进行的试验应包括：

(Ⅰ) 应通过销售商或主制造厂商的试验室试验报告对各部件核实，这些试验应确定性能额定值，如压力、流速、环境适应能力等，以供批准。

（Ⅱ）整个系统安装后应进行地面试验，以保证预定的系统性能，并保证每一部件都能在其设计额定值内正常工作。

（Ⅲ）如果整个系统的设计允许每一组合的独立动力源和作动筒都能通过切断阀、发动机停车等来切断，那么就应能切断其中任一组合，而余下的组合则证明可完成必需的操纵功能。这项试验应反复进行，即让正在工作的组合切断和让已切断的组合工作；而且这些试验应先在地面进行，然后在飞行中重做。

（Ⅳ）系统临界点的温度和压力应采用仪器来测试，以满足上述（Ⅱ）项中的规定。对热天条件下的温度测试结果应进行修正［AC29.1309（b）（Ⅱ）（ⅰ）中给出了推荐程序］。

（Ⅴ）在执行上述（Ⅱ）项中规定时，所有操纵器件应在其整个行程范围内循环。

（Ⅵ）应在液压泵的驱动源（旋翼、发动机等）各自在其整个经批准的工作范围内变化时验证液压系统具有满意的性能。

（Ⅶ）飞行试验应在所有高度、各种机动，以及系统按上述（Ⅱ）（Ⅳ）项中测试的整个操纵范围内进行，以确定没有超出其部件额定值。

（c）款是对液压系统防火的相关要求，可通过下列安装预防措施和防火措施满足：

（Ⅰ）所有通过火区的部件和所敷设的导管可设计成符合第29.1183条、第29.1185条和第29.1189条的防火要求。作为一种备选方案，可以在应加保护的部件周围使用防火罩，对部件的保护应足以确保不会发生液体泄漏和燃油漏入火区。

（Ⅱ）所有的液压导管均应与发动机、放气管、环境控制组件、滑油冷却器或其他热源充分隔离，以确保预期的导管寿命。

（Ⅲ）如果液压系统采用可燃液体，则所有液压部件都应与火源隔离，以保证任何液压部件故障都不会引起着火或爆炸。在电点火源靠近液压部件的情况下，电气设备应加以密封，否则，就应作为一个非点火源来验证［见AC29.1309（b）（Ⅰ）（ⅰ）］。

（Ⅳ）应彻底审查安装细节，包括管路卡箍是否合适、锐边是否清除等；在液压导管与电缆之间应在结构上尽可能隔离。

（Ⅴ）应在操纵系统从一止动器到另一止动器移动时进行观察，以确定软管挠曲和硬管弯曲是否极小。

3.4.2.2 条款关联信息

如图3-4所示，各条款之间关系说明如下：

第29.695条“动力助力和带动力操作的操纵系统”；

第29.861条“结构、操纵机构和其他部件的防火”；

第29.863条“可燃液体的防火”；

第29.1183条“导管、接头和组件”；

第29.1185条“可燃液体”；

第29.1189条“切断措施”；

第29.1301条“功能和安装”；

第29.1309条“设备、系统及安装”；

第29.1322条“警告灯、戒备灯和提示灯”。

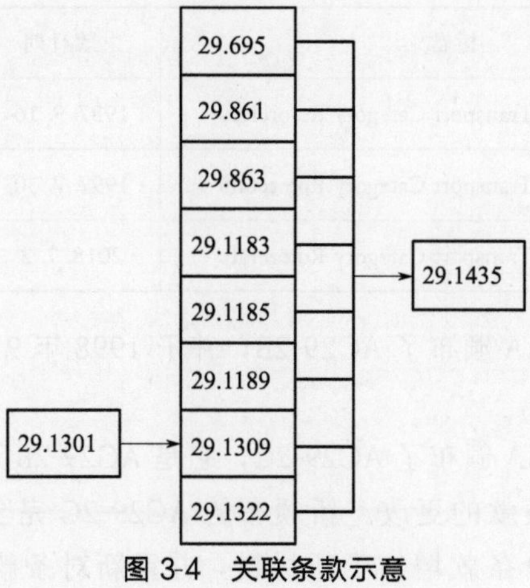

图 3-4 关联条款示意

第 29 部的上述各条，既可以合并到第 29. 1435 条的条文中，也可以另行用于液压系统的设计：

第 29. 1309 条（a）（b）款规定在任何可预见的工作条件下都应可靠地工作，并能防止发生任何失灵或故障后引起危险。

为满足第 29. 1309 条（a）（b）款的要求，应采用双套独立的液压系统，包括油箱、液压泵、调节器、连接导管以及通到各作动筒的软管在内；凡含有液体的部件均不得共用；一个系统中有一处损坏不应导致其余系统的液体丧失。

对于第 29. 1435 条（a）款（Ⅲ）项所要求的压力指示系统，无论采用转盘式、垂直刻度式或数字式的指示器，均可以满足要求，但指示器应能使机组觉察到压力变化的趋向。

第 29. 1322 条论及了关于指示器的正确颜色，必要时应用来作为指示系统的补充要求。

验证数据应表明，液压零部件在其遭受最不利的持续和短暂环境条件时都能可靠地完成其预定的功能；这些环境变量包括（但不限于）温度、湿度、振动、高度和冲击。AC29. 1309（b）（Ⅱ）（ⅰ）中介绍了一种温度修正方法，可覆盖进行合格审定的整个工作温度包线。

所有通过火区的部件和所敷设的导管可设计成符合第 29. 1183 条、第 29. 1185 条和第 29. 1189 条的防火要求。

3.5 符合性验证方法和审查要点

3.5.1 EH.863 可燃液体的防火

3.5.1.1 国内外符合性验证方法分析

3. 5. 1. 1. 1 FAAAC 相关分析

FAA 颁布过 3 项与 FAR29. 863 相关的咨询通告（AC），详见表 3-9。

表 3-9　FAA 颁布的与条款相关的咨询通告（AC）

咨询通告编号	标题	生效日期	是否有效
AC29-2A	Certification of Transport Category Rotorcraft.	1987. 9. 16	No
AC29-2B	Certification of Transport Category Rotorcraft.	1997. 7. 30	No
AC29-2C	Certification of Transport Category Rotorcraft.	2018. 7. 2	Yes，适用于当前 CCAR 要求

1997 年 7 月 30 日，FAA 颁布了 AC29-2B，并于 1998 年 9 月 30 日对其进行了第一次更改。

1999 年 9 月 30 日，FAA 颁布了 AC29-2C，它是 AC29-2B 及其第一次更改的合并，并包括新增加材料和对已有条款的更改。新颁布的 AC29-2C 完全取代 AC29-2B。它修订了 12 个条款的现有材料，2 个条款增加了新材料，并重新对条款进行编号，以符合联邦航空法规（FAR）的编号规则。

截至 2020 年底，FAA 对 AC29-2C 进行了 8 次修订，均未涉及第 29. 863 条。

3. 5. 1. 1. 2　FAA 和 EASA 差异分析

EASA AMC 包含了 2016 年 2 月 4 日的 FAAAC29-2C-Change7 的要求，EASA 并未对其进行更改和修订。

FAAAC29-2C-Change7 与 FAAAC29-2C-Change8 无差异。

针对此条款推荐的符合性方法，FAA 和 EASA 无差异。

3.5.1.2　符合性验证工作流程及具体要求

在相关系统设计说明报告中阐明各系统的具体管路布置情况、可燃液体或蒸气可能逸出的区域，并进一步描述型号设计时为符合本条（a）（b）款要求所采取的可燃液体防火设计措施。通常情况要考虑燃油系统、液压系统、滑油系统包含的可燃液体。

根据系统设计，进行可燃液体区域安全性分析，通过考虑可燃液体周围的环境、系统可能的故障情况等，确认可燃液体或蒸气可能逸出的途径、区域，从而确定可能的引燃火源，如电气系统的电缆、电气设备、电子设备等，以及是否会因为电气设备故障、过热等原因而被点燃。如果是，则应指明采取的措施；如果保护措施不够充分，还应进一步分析一旦着火后的危害，确定补充的措施是否能够控制危害的范围和影响程度，如可能着火区域的部件设计考虑具有耐火耐热的能力，以及阀门、管路等采取的耐火防火措施。最终使点燃的概率和点燃后的危险减至最小。

针对所采用的不同措施，视情进行电气线缆、结构件等的阻燃、耐火、防火试验，证明零部件设计具有一定的燃烧性能和具有包容性。

进行航空器排放试验，证明排放系统的设计足以排放可燃液体，以及排出的可燃液体不会重新进入航空器。

如果采取的措施中有需要机组采取行动的，则按照本条（c）款设置机组报警装置，并在系统设计说明报告中进行描述。同时对该装置进行设备合格鉴定，遵守与适航当局确定的设备合格鉴定原则，除考虑设备级的验证要求外，还应综合考虑装机后的验证要求，如通过模拟实际环境飞行试验进行验证。

3.5.1.3 符合性验证资料

表明本条款符合性通常应提交的资料如下（表 3-10）：

(a) MC1 说明性文件。

编制说明性文件，主要包括燃油系统、液压系统、滑油系统等系统设计说明报告，描述系统组成、原理和安装位置、管路设计等设计构型，以及可燃液体的工作介质特性，说明可燃液体或蒸气可能逸出的具体区域以及所采取的具体防护措施等。

(b) MC3 安全评估。

编制安全评估报告，描述相关系统、部件的机上安装设计、安装位置，分析渗漏源、渗漏导致的危险。

(c) MC4 试验室试验。

编制试验大纲，针对涉及的结构件、电气线缆等的燃烧性能进行验证，根据试验结果出具试验报告。

(d) MC5 地面试验。

编制机上地面试验大纲，验证排放系统设计足以排放所有可燃液体，残留的可燃液体量可以忽略不计，对关键区域、部位的排放结果进行检查，根据试验结果出具试验报告。

(e) MC6 飞行试验（可选）。

编制试飞大纲，对火警探测装置的功能进行验证，通过模拟实际可能的着火环境来证明探测系统的功能，根据试验结果出具试验报告。

(f) MC9 设备合格性。

根据适航当局确定的设备合格鉴定原则，应提供设备级的构型文件、验证试验大纲、报告。

表 3-10 第 29.863 条的符合性验证方法

适航条款号	符合性验证方法										备注
	MC0	MC1	MC2	MC3	MC4	MC5	MC6	MC7	MC8	MC9	
29.863(a)		√		√	√	√					
29.863(b)		√		√							
29.863(c)		√					√			√	
29.863(d)		√		√							

3.5.1.4 审定要点

审查中需要关注的一般要素和审查重点如下：

(a) 确定的区域是否合理；

(b) 可燃液体的区域安全性分析，是否分析和涵盖了所有可能的可燃液体和蒸气泄漏源，是否充分考虑了可燃液体周围环境中的可能引燃火源，给出的设计措施是否足以使可燃液体或蒸气点燃的概率降至最低；

(c) 所有过热的部件或火警探测系统（如果适用）应至少是耐火的。

3.5.2 EH.1435 液压系统

3.5.2.1 国内外符合性验证方法分析

3.5.2.1.1 FAAAC 相关分析

FAA 颁布过 3 项与 FAR29.1435 相关的咨询通告，如表 3-11 所示。

表 3-11 FAR29.1435 相关咨询通告

咨询通告编号	标题	生效日期	是否有效
AC29-2A	Certification of Transport Category Rotorcraft.	1987.9.16	No
AC29-2B	Certification of Transport Category Rotorcraft.	1997.7.30	No
AC29-2C	Certification of Transport Category Rotorcraft.	2018.7.2	Yes,适用于当前 CCAR 要求

现行有效的 AC29-2C-Chg8 中的 AC29.1435，是针对 FAR29.1435 初始版本条款要求所颁布的咨询通告，自 1997 年 AC29-2B 生效以后一直沿用至今，按照 AC29.1435 的规定，AC29.1435 现仍适用于第 29.1435 条，因此现行有效的 AC29-2C 的 AC29.1435 是适用于我国当前有效的 CCAR29.1435 要求的。

AC29-2C-Chg8 中的 AC29.1435 对 FAR29.1435 各款进行了详细的解释和说明，其中表明了条款符合性验证的着眼点。

3.5.2.1.2 FAA 和 EASA 差异分析

根据 CS29 book2 的规定，现行有效的 CS29.1435 的 AMC 与 FAAAC29-2C-Change7（日期为 2016 年 2 月 4 日）的 AC29.1435 保持一致，FAAAC29-2C-Change7 与 FAAAC29-2C-Change8 无差异。

针对此条款要求的符合性验证方法，FAA 和 EASA 无差异。

3.5.2.2 符合性验证工作流程及具体要求

3.5.2.2.1 验证对象

本条款主要验证对象为液压系统。

3.5.2.2.2 符合性方法流

该条款主要的符合性验证工作有：

(a) MC1 说明性文件。

本条款说明性文件包括液压系统设计说明、技术规范、设计图样等，应阐明如下内容：

（Ⅰ）系统组成、工作原理、各系统部件和管路的工作参数（包括工作压力、流量、油箱容量）、用途等要求。

（Ⅱ）系统的独立性。对于双套系统，每套液压系统的所有组成部件和管路相互独立，没有共用件。一套液压系统一处损坏，其液压油丧失不会导致另一套系统的液压油丧失。如果有备份液压系统，还应说明其与主液压系统的关系以及独立性。

（Ⅲ）液压系统的压力指示装置，采用转盘式、垂直刻度式或数字式的指示器均可以满足要求，并通过颜色来表明液压系统压力变化趋势，颜色还必须满足第 29.1322 条的规定。当液压系统出现故障时，将向告警系统发出信号，点亮警告信号，提醒驾驶员采取措施。

（Ⅳ）防止系统任何部位压力超过最大工作压力的安全极限措施，例如，在主液压系统和辅助系统中都设计有安全阀，当系统压力超过安全阀设定压力时，系统油液经安全阀直接流回油箱。考虑到可能出现有害的瞬间（波动）压力，液压泵的吸油管路和供压管路采用软管连接形式，同时也起吸收压力脉动作用。

（Ⅴ）防止过度的振动、磨损、腐蚀和机械损伤的措施，例如液压导管采用管夹、卡箍等形式进行固定支承，液压导管固定支承点之间距离设置按照标准要求，使导管的固有频率远离实际结构处的激振频带，而处于防振的有利状态；系统在有相对运动或在不同振动状态的连接点采用氟塑料软管进行柔性连接。

（b）MC2 分析/计算。

可以通过计算分析的方法，表明液压系统中的元件可以承受液压系统工作时所产生的最大极限液压载荷，比如液压作动器、蓄压器、液压油箱和管路元件等。

（c）MC3 安全评估。

在整机功能危险分析（FHA）分析结果基础上，开展系统级的安全性分析工作，包括 FHA、失效模式及影响分析（FMEA）、故障树分析（FTA），以及系统安全性分析（SSA），表明系统故障不会危及飞机安全。在安全性分析工程中，注意考虑：

（Ⅰ）每一种可能的系统部件故障，如（但不限于）导管破裂、泵故障、调节器故障、密封件损坏、油滤堵塞、伺服控制阀连接件断裂等；

（Ⅱ）双腔作动筒的任何单个故障（如筒壳破裂、互连的输入或输出拉杆损坏）都不会引起整个液压系统的功能丧失。

（d）MC4 试验室试验。

试验室试验包括但不限于：

（Ⅰ）系统密封性和功能试验；

（Ⅱ）1.5 倍额定压力试验；

（Ⅲ）环境试验。

（e）MC5 地面试验。

试验项目取决于旋翼航空器的构型，下面是部分试验科目：

（ⅰ）液压泵特许试验；

（ⅱ）液压系统功能试验；

（ⅲ）机轮刹车系统试验；

（ⅳ）旋翼刹车系统试验；

（ⅴ）故障告警试验；

（ⅵ）油箱油位高度试验；

（ⅶ）辅助系统应急启动试验；

（ⅷ）故障状态模拟试验；

（ⅸ）压力测量试验；

（ⅹ）温度测量试验等。

（f）MC6 飞行试验。

编制飞行试验大纲，模拟液压系统故障，进行飞行试验，提供飞行试验报告及分析报告和驾驶员评估报告，表明在预期的故障状态下，有措施提醒驾驶员液压系统故障，便于驾驶员采取措施，不会危及旋翼航空器的安全。

（g）MC7 航空器检查。

包括系统密封性、功能和安装等，具体如下：

（Ⅰ）在最大液压工作载荷同时产生的任何结构载荷下，液压系统元器件无有害的永久变形。

（Ⅱ）安装细节符合要求，包括管路卡箍是否合适、锐边是否清除等。

（Ⅲ）隔离符合要求，例如，两台液压泵装在旋翼主传动装置相对的两侧，或装在隔离的发动机上，或一台泵装在发动机上，另一台装在旋翼主传动装置上。硬管和软管也应在结构上尽可能隔离敷设；液压导管与电缆之间应在结构上尽可能隔离。

（Ⅳ）在预期的使用过程中，不存在过度的振动，各元件没有磨损、腐蚀和机械损伤。

（Ⅴ）在有相对运动或处在不同振动状态的液压管路连接点之间，已经用柔性连接。

（Ⅵ）安装有液压压力指示装置，且颜色指示符合第 29.1322 条的规定。

（h）MC9 设备合格性。

由供应商提供元器件的合格证明材料，包括：

（Ⅰ）系统部件进行了环境和功能试验，部件环境变量包括但不限于振动、冲击、磨损和腐蚀，以及大于 1.5 倍最大工作压力；

（Ⅱ）系统部件的强度足以使其材料的疲劳寿命超过液压泵的脉动压力所作用的循环次数；

（Ⅲ）安装在火区的零部件的耐火证明。

3.5.2.3 符合性验证资料

申请人在表明对第 29.1435 条进行符合性验证时，应根据审定项目计划的安排，提交以下文件：

（a）液压系统符合性说明文件；

（b）液压系统载荷计算报告；

（c）液压系统安全性分析报告；

（d）实验室、地面、飞行试验大纲与报告；

（e）航空器检查合格报告；

（f）设备合格性报告；

（g）条款符合性报告。

3.5.2.4 审定要点

审查中需要关注的一般要素和审查重点如下：

(a) 液压系统每个元件的设计是否能承受的结构载荷、压力；

(b) 各主液压系统中是否有指示压力的装置且颜色是否符合规定；

(c) 是否有措施保证系统任何部分的压力不会超过系统最大工作压力的安全极限；

(d) 是否有措施防止由于在管路中任何油液的体积变化而引起过大的压力；

(e) 有相对运动或处在不同振动状态的液压管路的连接是否为柔性连接；

(f) 液压系统部件在最大工作压力的 1.5 倍时是否损坏、失灵及有害变形。

第4章

起落架系统

4.1 起落架系统

4.1.1 起落架介绍

起落装置是航空器下部用于地面（或水面）起飞降落，或地面（或水面）滑行时支撑航空器并用于移动的装置，又称“起落架”（landing gear）。起落架用于支撑航空器，因此它是航空器不可或缺的一部分。没有它，航空器便不能在地面（或水面）移动。

起落架分为轮式起落架、船体、浮筒/浮子式起落架、雪橇式起落架、滑橇式起落架、轨道式起落架等，如图 4-1 所示。

(a) 轮式起落架　(b) 雪橇式　(c) 浮筒式

(d) 滑橇式　(e) 轨道式

图 4-1　起落架形式

起落架的结构有桁架式（构架式）、梁式和混合式三种形式，当前以梁式和混合式结构为主。

4.1.2 起落架功能

起落架主要用于支撑航空器和提供着陆减振功能，同时根据起落架的不同形式具备额外的附加功能，如轮式起落架附加有地面滑跑、转弯、减摆、刹车减速和空中收放等功能；船体、浮筒/浮子起落架具有着水和水上起飞功能；雪橇式起落架具有雪地起降功能；滑橇式起落架主要配套于直升机，用于简易道面的起降；轨道式起落架当前仍处于研究阶段，实现复杂道面的航空器漂浮型，满足道面压力要求。

多数航空器采用轮式起落架，其主要功用包括：

(a) 承受航空器在地面停放、滑行、起飞着陆滑跑时的重力；

(b) 吸收、消耗、存储航空器在垂直方向上的能量，包括越过小丘时的颠簸能量、软硬着陆时的冲击能量和坠毁撞击能量；

(c) 具有滚动滑行特性，操纵并控制航空器地面移动和前进方向；

(d) 具有刹车制动特性，吸收航空器水平运动能量，实现刹车减速、差动刹车转弯等功能。

根据起落架的安装位置，起落架可分为前起落架、主起落架、尾起落架等。

4.1.3 起落架和机轮布置

起落架的布置形式是指飞机起落架支柱（支点）的数目和其相对于飞机重心的分布位置。目前飞机上通常采用四种起落架形式：前三点式、后三点式、自行车式及多支点式，如图 4-2 所示。

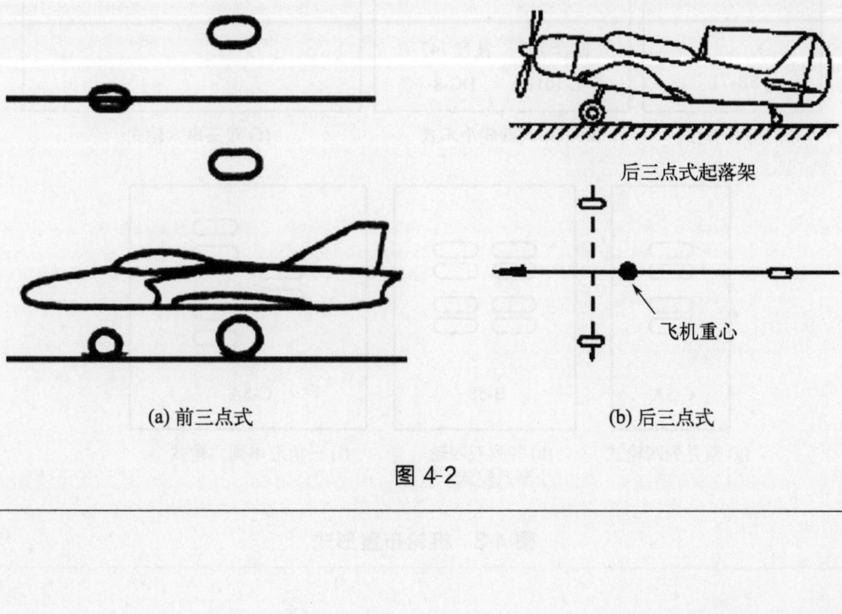

(a) 前三点式　　(b) 后三点式

图 4-2

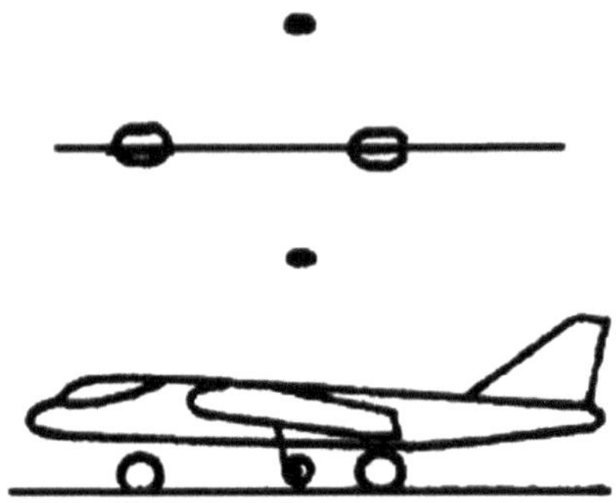

(c) 自行车式

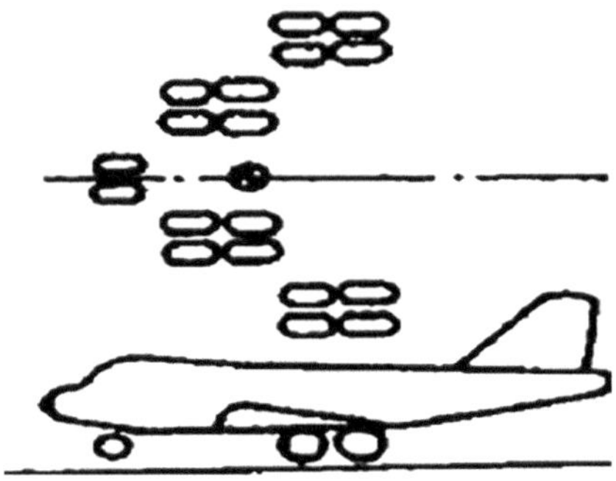

(d) 多支点(车架)式

图 4-2　起落架形式

机轮布置形式有单轮、单串列双轮、并列双轮、并列三轮、双串列四轮小车、双三串六轮、双并列四轮、并列双四轮小车八轮、三角形串列六轮等。

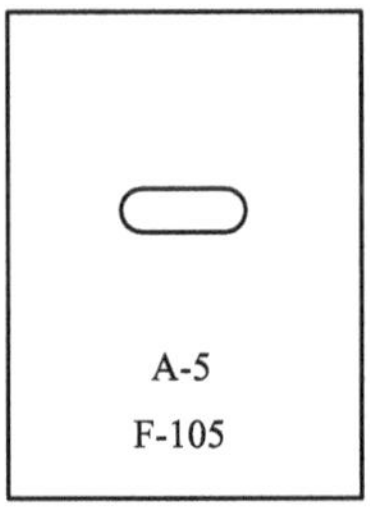

(a) 单轮式

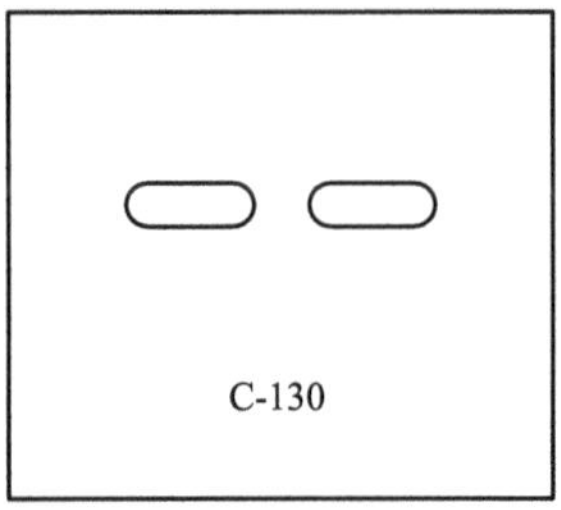

(b) 单串列双轮式

(c) 并列双轮式

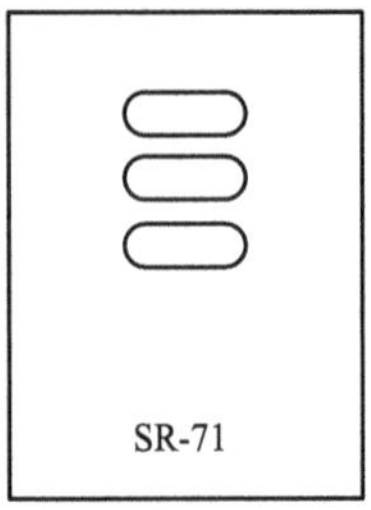

(d) 并列三轮式

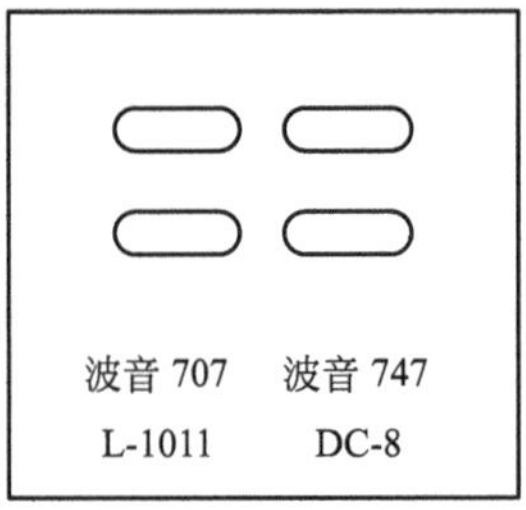

(e) 双串列四轮小车式

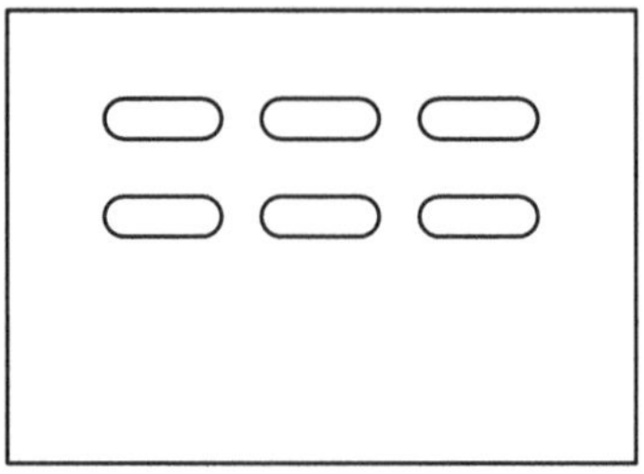

(f) 双三串六轮式

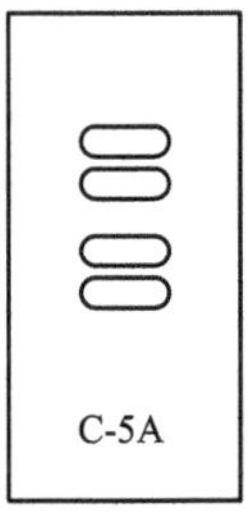

(g) 双并列四轮式

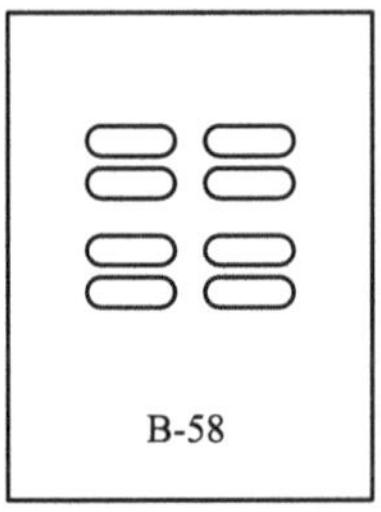

(h) 并列双四轮小车八轮式

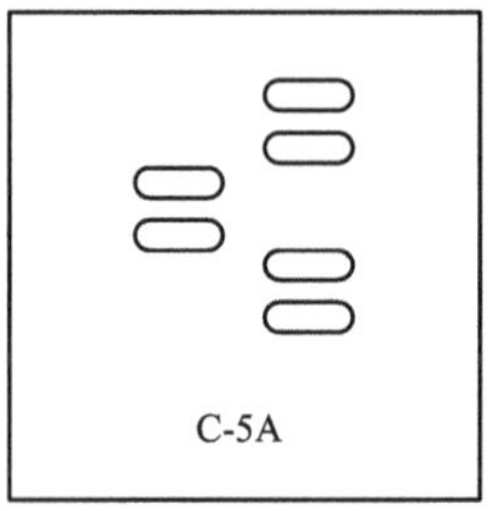

(i) 三角形串列六轮式

图 4-3　机轮布置形式

4.1.4 起落架结构

起落架结构形式有桁架式、梁式和混合式等几类经典架构，其中桁架式起落架，又叫构架式起落架（图 4-4），是通过空间杆系组成的桁架结构将机轮和机体有效连接的一种结构形式；梁式起落架通常由受力支柱、减振器、扭力臂、支撑杆系、机轮和刹车系统等组成，其主要承力构件是梁（支柱或减振支柱），根据支柱梁的支撑形式不同，可分为支柱式、（全、半）摇臂式和外伸式等多种形式；混合式起落架，综合了桁架式和梁式起落架的优点，由支柱与斜撑杆等构件组成，撑杆铰接在机体结构上，是桁架式和梁式起落架的混合体。

图 4-4　桁架式起落架

4.1.5 起落架缓冲系统

起落架缓冲系统主要由缓冲器和航空轮胎组成，其功用是吸收和耗散航空器着陆和滑行期间的动能，使机身加速度/法向过载减少到许用的水平，其中缓冲器承担主要的缓冲功能，吸收能量不小于 70%，最优的设计可吸收总冲击能量的 90%；航空轮胎扮演着次要角色，吸收/存储的能量不超过总冲击能量的 25% ～40% 。

从力学角度看，缓冲装置主要由两种元件构成，即弹簧和阻尼器。构成弹簧和阻尼器的元件有：钢、橡胶、复合材料等固体；空气、氮气等气体；流经小孔或缝隙的液压油等液体。如图 4-5 所示是一种摇臂式起落架缓冲器，其一端与支柱或机体相连，另一端与摇臂相连。该种缓冲器的安装特征为活塞杆在上，外筒在下。该缓冲器主要由活塞杆、外筒、支承环和活门组件等组成，其工作原理如下。

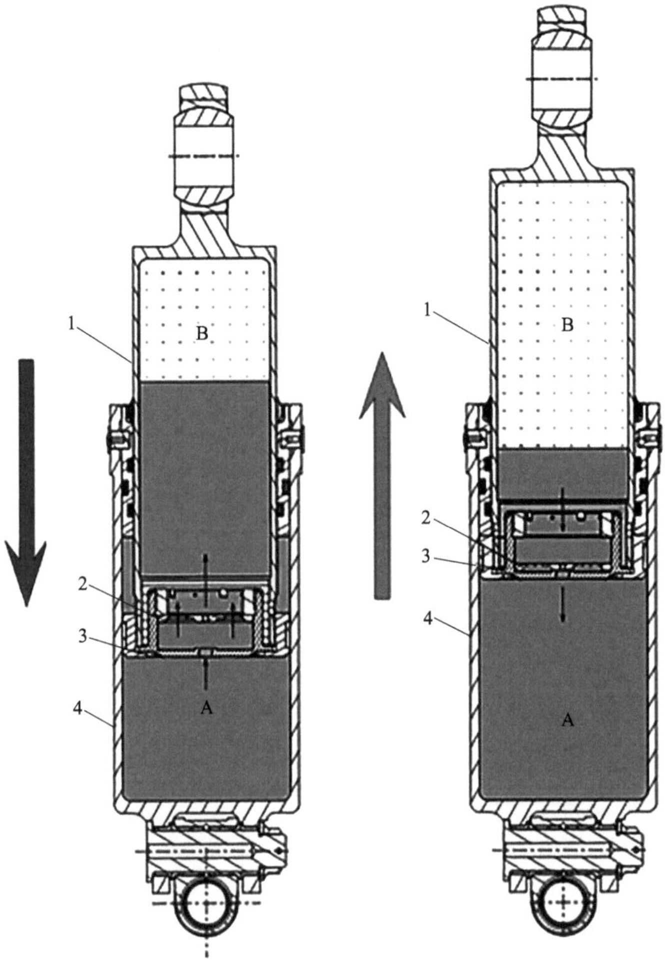

图 4-5 缓冲器工作原理

1—活塞杆；2—活门；3—阻尼板；4—外筒；A—油腔；B—气腔

(a) 压缩过程。

当航空器着陆时，机轮载荷传递至缓冲器外筒 4，外筒向上运动，活门 2 在油液推力的作用下与阻尼板 3 分离，油腔 A 中的油液高速流经阻尼板 3 上的小孔进入气腔 B 中，压缩氮气，将动能转化为油液热能和压缩能。在压缩过程中，阻尼板 3 上的小孔为油液流过的最小截面，因此该小孔为正向阻尼孔。

(b) 伸长过程。

当氮气压力高于外在载荷时，活门 2 在重力和液体压力的共同作用下推靠到阻尼板 3 上，活门上端的油液在气体压力的作用下高速流经活门 2 上的小孔进入油腔 A 中，使缓冲器外筒缓慢地向下伸出。在伸长过程中，活门 2 上的小孔截面积远远小于阻尼板 3 上的小孔截面积，为油液流过的最小截面，因此活门 2 上的小孔为反向阻尼孔。在缓冲器伸长过程中，油液高速流经反向阻尼孔，将部分压缩能转化为油液热能，最终通过外筒、活塞杆等金属部件耗散到外界环境中。

4.1.6 起落架运动

起落架是一个集成了多种复杂动作于一体的运动部件，用于满足飞机的各种功能和空间应用限制要求。起落架的基本动作包括：缓冲器（支柱）的伸长和缩短；防扭臂的折叠和伸张；前轮沿转向轴的方向偏转和复位；摇臂式起落架，机轮绕摇臂转动点的抬起和放下、机轮绕轮轴的转动；起落架的收起和放下等。

可收放式起落架，需在飞机起飞后，起落架顺利收起并锁定，减少气动阻力；在着陆前，起落架正常放下并锁定，确保着陆安全。收起和放下位置设置有锁机构，将起落架和舱门锁定在收起或放下位置，具有上锁和开锁功能。

4.1.7 航空机轮和轮胎

航空机轮分为刹车机轮和无刹车机轮两种，其中刹车机轮一般由轮毂、刹车装置组成；无刹车机轮的主要部件为轮毂。航空机轮与航空轮胎配套使用，安装在航空器起落架的轮轴上，实现航空器在地面的支承、滑跑。刹车装置用于吸收飞机水平动能，使飞机减速或刹停。

机轮结构有单辐板、双辐板、对开式和组合式四种，如图 4-6 所示。盘式刹车装置见图 4-7。

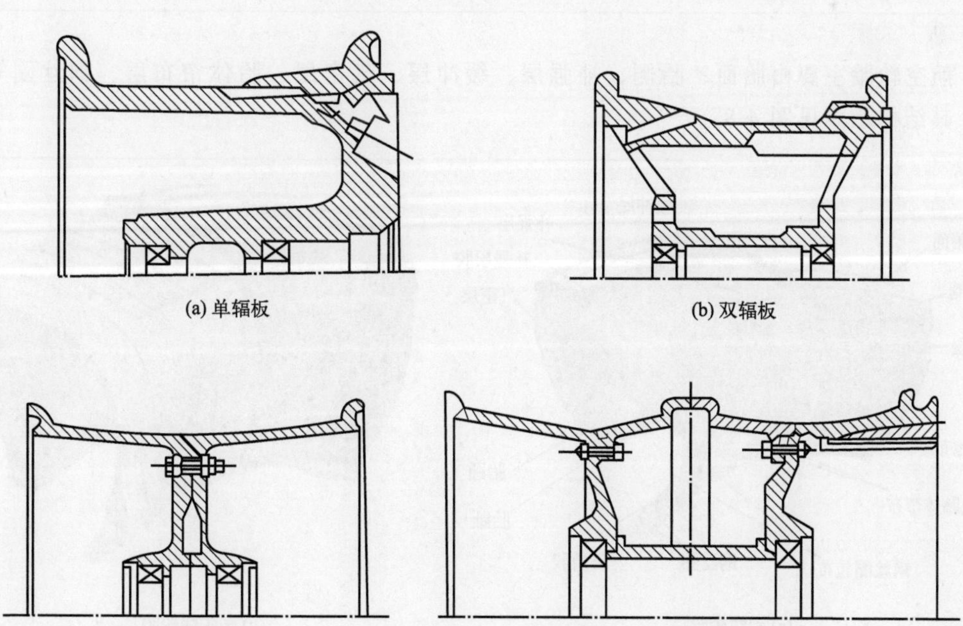

(a) 单辐板　(b) 双辐板　(c) 对开式　(d) 组合式

图 4-6　机轮结构形式

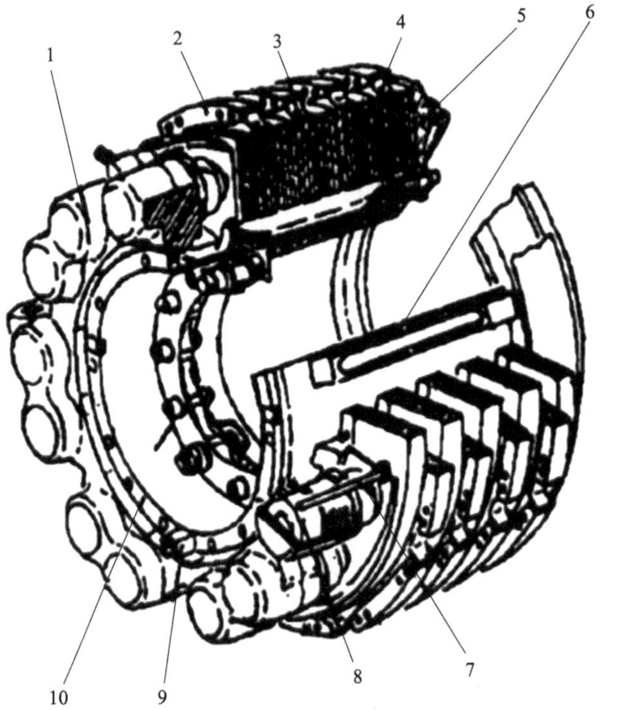

图 4-7　盘式刹车装置

1—刹车缸；2—金属夹子；3—动盘；4—静盘；5—承压盘；6—壳体；
7—磨损指示杆；8—活塞自动调隙组件；9—温度传感器；10—法兰盘

航空轮胎主要由胎面、胎侧、补强层、缓冲层、气密层、胎体帘布层、钢丝圈等组成，其结构示意见图 4-8。

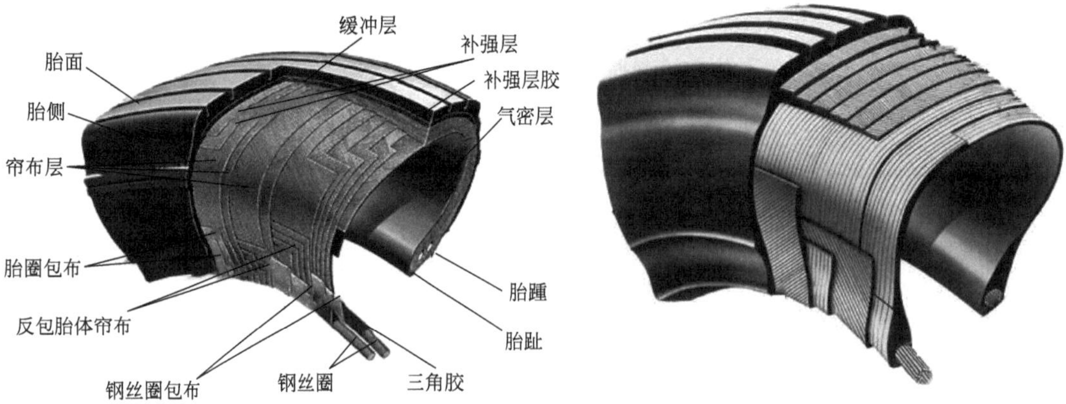

(a) 斜纹轮胎　　(b) 子午线轮胎

图 4-8　航空轮胎结构示意图

4.2 重要条款概述

4.2.1 EH.723 减振试验

4.2.1.1 条款原文

4.2.1.1.1 CCAR29.723 减振试验

起落架的着陆惯性载荷系数及储备能量吸收能力，必须分别用第 29.725 条和第 29.727 条规定的试验来验证。这些试验必须用完整的旋翼航空器或用由机轮、轮胎和缓冲器按它们原有关系构成的组合件来进行。

4.2.1.1.2 FAR29.723（Amendment 29-55）

Shock absorption tests.

The landing inertia load factor and the reserve energy absorption capacity of the landing gear must be substantiated by the tests prescribed in Secs. 29.725 and 29.727，respectively. These tests must be conducted on the complete rotorcraft or on units consisting of wheel，tire，and shock absorber in their proper relation.

4.2.1.1.3 CS29.723（Amendment 8）

Shock absorption tests

The landing inertia load factor and the reserve energy absorption capacity of the landing gear must be substantiated by the tests prescribed in CS29.725 and 29.727，respectively. These tests must be conducted on the complete rotorcraft or on units consisting of wheel，tyre，and shock absorber in their proper relation.

4.2.1.2 条款背景和历史沿革分析

4.2.1.2.1 FAA 相关修正案及背景说明

由于我国的 CCAR29 部适航规章主要是参照美国 FAR29 部转化而来，为了能够对适航条款制定的背景和技术依据有充分的了解，有必要对美国 FAA 对 FAR29 相关规章条款制修订的过程和背景进行研究。因此，本节主要是对美国 FAA 对相应条款的制修订过程和背景进行溯源梳理，包含“规章制定建议通知 NPRM”和相关修正案中的相关内容。

这里主要针对 FAR25.723“减振试验”历次修订的背景和内容进行分析，以此明确该条款多年来演变发展的历史和原因，为深刻理解条款的技术要求和详细技术释义提供支撑。

本条款自首次颁布以来未进行过修订，现行有效版本是 FAR29-0（表 4-1）。

表 4-1 FAR29.723 修订汇总

修正案	Final Rule 名称	生效日期	NPRM	CCAR29 版本
29-0	Transport Category Rotorcraft [New].	1965.2.1	64-30	R0

修正案 FAR29-0：1964 年，FAA 发布 NPRM64-30，考虑将 1956 年颁布的 CAR7 的条

款要求重新编制成FAR29。FAA于1965年2月1日正式颁布了FAR29作为运输类旋翼航空器适航审定标准。FAR29对原规章中的语言进行了简化，使得表述更加清楚，并删除了过时或冗余的条款。同时，对条款号进行了重新编排，使得FAR29与FAR23（新）、FAR25（新）、FAR27（新）中的类似要求具有相同的编号，有助于各部规章修订时相互参考。1965年2月1日，FAR29部正式颁布时，将减振试验由第7.332条部分内容正式编制成第29.723条，并修正了一些明显的书写错误。

该版本适航条款规定了：进行试验验证起落架的着陆惯性载荷系数及储备能量吸收能力时，必须将按组件原有关系构成的组合件按照规章要求来进行。

FAA颁布该项条款，其目的是保证起落架减振试验的准确性。

修订背景：美国最初的关于运输类旋翼机的适航标准是由美国民用航空当局（Civil Aeronautics Authority）下属的民用航空委员会（Civil Aeronautics Board）于1956年编制的CARPart 7《运输类旋翼航空器适航》。发布后直到1962年的6年时间里进行了5次小的修订，历次修订均不涉及本款。

1958年美国民用航空当局（Civil Aeronautics Authority）下属的另一机构民用航空管理局［Civil Aeronautics Administration）正式独立出来成为联邦航空当局（Federal Aviation Agency，后于1967年归入美国交通部，更名为Federal Aviation Administration，也就是现在的FAA（联邦航空管理局）］，负责民用航空器的安全监管，包括法规编制。于是，FAA开始着手编制新的联邦航空法规，各种FAR规章也应运而生。其中，FAR29部由1964年FAA发布的第29-0号修正案产生，是由CARPart 7《运输类旋翼航空器适航》转化而来，并对条款编排逻辑顺序按新的A～G分部的划分重新进行大幅调整。其中的CAR7.332转化为FAR29.723初始条款。

修订结果如下。

> 第29.723条“减振试验”：
>
> 起落架的着陆惯性载荷系数及储备能量吸收能力，必须分别用第29.725条和第29.727条规定的试验来验证。这些试验必须用完整的旋翼航空器或用由机轮、轮胎和缓冲器按它们原有关系构成的组合件来进行。

4.2.1.2.2　EASA相关修正案及背景说明

2003年11月CS29首次发布的第29.723条内容与FAR第0修正案相同。

4.2.1.2.3　规章差异分析

针对减振试验，中国与欧美相应规章的技术要求思路基本一致，无差异。

4.2.2　EH.725 限制落振试验

4.2.2.1　条款原文

4.2.2.1.1　CCAR29.725 限制落振试验

限制落振试验必须按下列规定进行：

(a) 落振高度必须至少为203毫米（8英寸）；

(b) 如果考虑升力，则第 29. 473 条（a）款中所规定的旋翼升力，必须通过适当的能量吸收装置或采用有效质量引入落振试验；

(c) 每个起落架必须模拟从其吸收能量的观点来看是最严重的着陆情况的姿态进行试验；

(d) 当采用有效质量来表明满足本条（b）款的规定时，可采用下面的公式取代更合理的计算：

$$W_e = W\frac{h+(1-L)d}{h+d}$$

$$n = n_j\frac{W_e}{W}+L$$

式中：

W_e 为落振试验中使用的有效质量，千克或磅；

$W=W_M$，用于主起落架，千克或磅，等于旋翼航空器处于最危险姿态时，作用在该起落架上的静反作用力，当把主机轮反作用力与旋翼航空器重心之间的力臂考虑进去时，可采用合理的方法计算主起落架的静反作用力；

$W=W_N$，用于前起落架，千克或磅，等于假定旋翼航空器的质量集中在重心上，并产生 1. 0g 的向下力和 0. 25g 的向前力时作用在前轮上的静反作用力的垂直分量；

$W=W_T$，用于尾轮，千克或磅，等于下列情况中的较大值：

（Ⅰ）当旋翼航空器支撑在所有机轮上时，尾轮所受的静重量；

（Ⅱ）当旋翼航空器以最大抬头姿态着陆，假定其质量集中在重心上并产生 1. 0g 的向下力时，尾轮所受的地面反作用力的垂直分量；

h 为规定的自由落振高度，毫米或英寸；

L 为假定的旋翼升力与旋翼航空器重力之比；

d 为轮胎（充以规定的压力）受撞击时的压缩量加上轮轴相对于落振质量位移的垂直分量，毫米或英寸；

n 为限制惯性载荷系数；

n_j 为落振试验中所用的质量受撞击时达到的 g（即落振试验中所记录到的用 g 表示的加速度 dv/dt 加 1. 0）。

4. 2. 2. 1. 2　FAR29. 725（Amendment 29-55）

Limit drop test.

The limit drop test must be conducted as follows:

(a) The drop height must be at least 8 inches.

(b) If considered, the rotor lift specified in 29. 473 (a) must be introduced into the drop test by appropriate energy absorbing devices or by the use of an effective mass.

(c) Each landing gear unit must be tested in the attitude simulating the landing condition that is most critical from the standpoint of the energy to be absorbed by it.

(d) When an effective mass is used in showing compliance with paragraph (b) of this section, the following formulae may be used instead of more rational computations.

where:

$$W_e = W \times \frac{h+(1-L)d}{h+d}; \text{and}$$

$$n = n_j \frac{W_e}{W} + L$$

W_e = the effective weight to be used in the drop test (lbs.).

$W = W_M$ for main gear units (lbs.), equal to the static reaction on the particular unit with the rotorcraft in the most critical attitude. A rational method may be used in computing a main gear static reaction, taking into consideration the moment arm between the main wheel reaction and the rotorcraft center of gravity.

$W = W_N$ for nose gear units (lbs.), equal to the vertical component of the static reaction that would exist at the nose wheel, assuming that the mass of the rotorcraft acts at the center of gravity and exerts a force of 1.0g downward and 0.25g forward.

$W = W_T$ for tailwheel units (lbs.) equal to whichever of the following is critical:

(Ⅰ) The static weight on the tailwheel with the rotorcraft resting on all wheels; or

(Ⅱ) The vertical component of the ground reaction that would occur at the tailwheel assuming that the mass of the rotorcraft acts at the center of gravity and exerts a force of 1g downward with the rotorcraft in the maximum nose-up attitude considered in the nose-up landing conditions.

h = specified free drop height (inches).

L = ratio of assumed rotor lift to the rotorcraft weight.

d = deflection under impact of the tire (at the proper inflation pressure) plus the vertical component of the axle travel (inches) relative to the drop mass.

n = limit inertia load factor.

n_j = the load factor developed, during impact, on the mass used in the drop test (i.e., the acceleration dv/dt in g's recorded in the drop test plus 1.0).

4.2.2.1.3 CS29.725 (Amendment 8)

Limit drop test

The limit drop test must be conducted as follows:

(a) The drop height must be at least 20 cm (8 inches).

(b) If considered, the rotor lift specified in CS29.473 (a) must be introduced into the drop test by appropriate energy absorbing devices or by the use of an effective mass.

(c) Each landing gear unit must be tested in the attitude simulating the landing condition that is most critical from the standpoint of the energy to be absorbed by it.

(d) When an effective mass is used in showing compliance with sub-paragraph (b), the following formulae may be used instead of more rational computations:

where:

$$W_e = W \times \frac{h+(1-L)d}{h+d}; \text{and}$$

$$n = n_j \frac{W_e}{W} + L$$

W_e = the effective weight to be used in the drop test (N (lb)).

$W = W_M$ for main gear units (N(lb)), equal to the static reaction on the particular unit with the rotorcraft in the most critical attitude. A rational method may be used in computing a main gear static reaction, taking into consideration the moment arm between the main wheel reaction and the rotorcraft center of gravity.

$W = W_N$ for nose gear units (N(lb)), equal to the vertical component of the static reaction that would exist at the nose wheel, assuming that the mass of the rotorcraft acts at the center of gravity and exerts a force of l. 0g downward and 0. 25g forward.

$W = W_T$ for tailwheel units (N(lb)) equal to whichever of the following is critical:

(Ⅰ) The static weight on the tailwheel with the rotorcraft resting on all wheels; or

(Ⅱ) The vertical component of the ground reaction that would occur at the tailwheel assuming that the mass of the rotorcraft acts at the center of gravity and exerts a force of lg downward with the rotorcraft in the maximum nose-up attitude considered in the nose-up landing conditions.

h = specified free drop height (m (inches)).

L = ratio of assumed rotor lift to the rotorcraft weight.

d = deflection under impact of the tire (at the proper inflation pressure) plus the vertical component of the axle travel (m (inches)) relative to the drop mass.

n = limit inertia load factor.

n_j = the load factor developed, during impact, on the mass used in the drop test (i. e., the acceleration dv/dt in g recorded in the drop test plus 1. 0).

4.2.2.2 条款背景和历史沿革分析

4. 2. 2. 2. 1 FAA 相关修正案及背景说明

由于我国的 CCAR29 部适航规章主要是参照美国 FAR29 部转化而来，为了能够对适航条款制定的背景和技术依据有充分的了解，有必要对美国 FAA 对 FAR29 相关规章条款制修订的过程和背景进行研究。因此，本节主要是对美国 FAA 对相应条款的制修订过程和背景进行溯源梳理，包含“规章制定建议通知 NPRM”和相关修正案中的相关内容。

这里主要针对 FAR25. 725“限制落振试验”历次修订的背景和内容进行分析，以此明确该条款多年来演变发展的历史和原因，为深刻理解条款的技术要求和详细技术释义提供支撑。

本条款自首次颁布以来进行过一次修订，现行有效版本是 FAR29-3（表 4-2）。

表 4-2 FAR29. 725 修订汇总

序号	条款号	Final Rule 名称	NPRM	生效日期	CCAR29 版本
1	29-0	Transport Category Rotorcraft [New].	64-30	1965. 2. 1	
2	29-3	Transport Category Rotorcraft [New].	65-42	1968. 2. 25	R2

(a) **FAR29-0 号修正案**：

1964 年，FAA 发布 NPRM64-30，考虑将 1956 年颁布的 CAR7 的条款要求重新编制成 FAR29。FAA 于 1965 年 2 月 1 日正式颁布了 FAR29 作为运输类旋翼航空器适航审定标准。FAR29 对原规章中的语言进行了简化，使得表述更加清楚，并删除了过时或冗余的条款。同时，对条款号进行了重新编排，使得 FAR29 与 FAR23（新）、FAR25（新）、FAR27（新）中的类似要求具有相同的编号，有助于各部规章修订时相互参考。1965 年 2 月 1 日，FAR29 部正式颁布时，将限制落振试验由第 7. 382 条部分内容正式编制成第 29. 725 条，并修正了一些明显的书写错误。

该版本适航条款规定了：进行试验验证起落架的着陆惯性载荷系数及储备能量吸收能力时，必须将组件原有关系构成的组合件按照规章要求来进行。

FAA 颁布该项条款，其目的是保证起落架限制落振试验的准确性。

修订背景：美国最初的关于运输类旋翼机的适航标准是由美国民用航空当局（Civil Aeronautics Authority）下属的民用航空委员会（Civil Aeronautics Board）于 1956 年编制的 CARPart 7《运输类旋翼航空器适航》。发布后直到 1962 年的 6 年时间里进行了 5 次小的修订，历次修订均不涉及本款。

1958 年美国民用航空当局（Civil Aeronautics Authority）下属的另一机构民用航空管理局（Civil Aeronautics Administration）正式独立出来成为联邦航空当局［Federal Aviation Agency，后于 1967 年归入美国交通部，更名为 Federal Aviation Administration，也就是现在的 FAA（联邦航空管理局）］，负责民用航空器的安全监管，包括法规编制。于是，FAA 开始着手编制新的联邦航空法规，各种 FAR 规章也应运而生。其中，FAR29 部由 1964 年 FAA 发布的第 29-0 号修正案产生，是由 CARPart 7《运输类旋翼航空器适航》转化而来，并对条款编排逻辑顺序按新的 A～G 分部的划分重新进行大幅调整。其中的 CAR7. 332 转化为 FAR29. 725 初始条款。

修订结果如下。

第 29. 725 条“限制落振试验”：

限制落振试验必须按以下步骤进行：

（Ⅰ）落振高度必须至少为：

（ⅰ）起落架最低点离地 13 英寸；或

（ⅱ）任何较小的高度，不小于 8 英寸，导致落振接触速度等于正常断电着陆时地面接触处可能出现的最大下沉速度。

（Ⅱ）如有考虑，第 29. 473 条（a）款中规定的旋翼升力必须通过适当的能量吸收装置或使用有效质量引入落振试验。

（Ⅲ）每个起落架装置必须在模拟着陆条件的姿态下进行测试，从其吸收能量的角度来看，着陆条件是最严重的。

（Ⅳ）当使用有效质量表示符合（b）款的要求时，可使用以下公式代替更合理的计算。

$$W_e = W\frac{h+(1-L)d}{h+d}$$

$$n=n_j\frac{W_e}{W}+L$$

式中：

W_e 为落振试验中使用的有效质量，磅；

$W=W_M$ 用于主起落架，等于旋翼机处于临界姿态时特定装置上的静态反作用力，在计算主齿轮静反力时，可采用合理的方法，考虑主齿轮反力与旋翼机重心之间的力臂；

$W=W_N$ 用于前起落架，磅，等于前起落架静反作用力的垂直分量，假设旋翼机的质量作用于重心，向下施加 1.0g 的力，向前施加 0.25g 的力；

$W=W_T$ 用于后轮，磅，等于以下任何一个临界值：

（ⅰ）旋翼机支撑在所有轮子上时，尾轮上的静质量；

（ⅱ）假设旋翼机的质量作用于重心，并在旋翼机处于机头朝上着陆条件下考虑的最大机头朝上姿态时向下施加 1g 的力，将在尾轮处产生地面反作用力的垂直分量；

h 为规定的自由落振高度，英寸；

L 为假定旋翼升力与旋翼机重力之比；

d 为轮胎冲击下的挠度（在适当的充气压力下）加上车轴行程相对于下降质量的垂直分量，英寸；

n 为极限惯性负载系数；

n_j 为冲击期间，在落振试验中使用的质量上产生的载荷系数（即落振试验中记录的用 g 表示的加速度 dv/dt 加 1.0）。

(b) FAR29-3 号修正案：

在 1968 年的 FAR29-3 号修正案中，考虑到对于单发动机飞机落地接触速度不小于断电着陆时可能出现的值即可很好地满足适航要求；对于多发动机飞机，完全断电的可能性很小。而对于两种飞机而言，8 英寸的落振高度便可以满足试验要求，故将原条款中的“落振高度必须至少为：（Ⅰ）起落架最低点离地 13 英寸；或（Ⅱ）任何较小的高度，不小于 8 英寸，导致落振接触速度等于正常断电着陆时地面接触处可能出现的最大下沉速度”修改为“落振高度必须至少为 8 英寸”。

修正案原文：第 29.725 条（a）款现在允许落振高度为 8 英寸，前提是由此产生的落振接触速度不小于断电着陆时可能出现的值。单发动机运输旋翼机已被证明能够毫不费力地满足这一前提。对于多发动机旋翼机，由于完全断电的可能性很小，因此断电着陆的参考是不必要的。这些因素也使得 13 英寸的选择不再必要。基于这些原因，第 29.725 条(a) 款将被修改为只要求 8 英寸的落振高度，没有落振接触速度的条件。

修订结果如下。

限制落振试验必须按以下步骤进行：

（Ⅰ）落振高度必须至少为 8 英寸。

（Ⅱ）如有考虑，第 29.473 条（a）款中规定的旋翼升力必须通过适当的能量吸收装置或使用有效质量引入落振试验。

（Ⅲ）每个起落架装置必须在模拟着陆条件的姿态下进行测试，从其吸收能量的角度来看，着陆条件是最严重的。

（Ⅳ）当使用有效质量表示符合条（b）款的要求时，可使用以下公式代替更合理的计算。

$$W_e = W\frac{h+(1-L)d}{h+d}$$

$$n = n_j\frac{W_e}{W}+L$$

式中：

W_e＝落振试验中使用的有效质量，磅；

$W=W_M$ 用于主起落架，磅，等于旋翼机处于最临界姿态时特定装置上的静态反作用力，在计算主齿轮静反力时，可采用合理的方法，考虑主齿轮反力与旋翼机重心之间的力臂；

$W=W_N$ 用于前起落架，磅，等于前起落架静反作用力的垂直分量，假设旋翼机的质量作用于重心，向下施加 1.0g 的力，向前施加 0.25g 的力；

$W=W_t$ 用于后轮，磅，等于以下任何一个临界值：

（ⅰ）旋翼机支撑在所有轮子上时，尾轮上的静质量；

（ⅱ）假设旋翼机的质量作用于重心，并在旋翼机处于机头朝上着陆条件下考虑的最大机头朝上姿态时向下施加 1g 的力，将在尾轮处产生地面反作用力的垂直分量；

h＝规定的自由落振高度，英寸；

L＝假定旋翼升力与旋翼机重力之比；

d＝轮胎冲击下的挠度（在适当的充气压力下）加上车轴行程相对于下降质量的垂直分量，英寸；

n＝极限惯性负载系数；

n_j＝冲击期间，在落振试验中使用的质量上产生的载荷系数（即落振试验中记录的用 g 表示的加速度 dv/dt 加 1.0）。

4.2.2.2.2 EASA 相关修正案及背景说明

2003 年 11 月 CS29 首次发布的第 29.725 条内容与 FAR 第 3 修正案相同。

4.2.2.2.3 规章差异分析

针对限制落振试验，欧美相应规章的技术要求思路基本一致，都对投放高度、模拟旋翼升力、落振姿态、有效质量计算方法四个方面给出了要求。FAA 在早期的修改中对投放高度进行了一次调整，而中欧的条款与美国修订后的版本基本一致且未进行修改。

4.2.3 EH.727 储备能量吸收落振试验

4.2.3.1 条款原文

4.2.3.1.1 CCAR29.727 储备能量吸收落振试验

储备能量吸收落振试验必须按下列规定进行：

（a）落振高度必须是第 29. 725 条（a）款所规定值的 1. 5 倍；

（b）旋翼升力，其考虑方式类似于第 29. 725 条（b）款的规定，不得超过该条允许的升力的 1. 5 倍；

（c）起落架必须经受此项试验而不会破坏。前起落架、尾轮或主起落架的构件不能将旋翼航空器支撑在正常姿态，或者除起落架和外部附件以外的旋翼航空器结构撞击着陆地面，即视为起落架发生破坏。

4. 2. 3. 1. 2　FAR29. 727（Amendment 29-55）

Reserve energy absorption drop test.

The reserve energy absorption drop test must be conducted as follows：

（a）The drop height must be 1. 5 times that specified in Sec. 29. 725(a).

（b）Rotor lift，where considered in a manner similar to that prescribed in Sec. 29. 725（b），may not exceed 1. 5 times the lift allowed under that paragraph.

（c）The landing gear must withstand this test without collapsing. Collapse of the landing gear occurs when a member of the nose，tail，or main gear will not support the rotorcraft in the proper attitude or allows the rotorcraft structure，other than landing gear and external accessories，to impact the landing surface.

4. 2. 3. 1. 3　CS29. 727（Amendment 8）

Reserve energy absorption drop test

The reserve energy absorption drop test must be conducted as follows：

（a）The drop height must be 1. 5 times that specified in CS29. 725（a）.

（b）Rotor lift，where considered in a manner similar to that prescribed in CS29. 725（b），may not exceed 1. 5 times the lift allowed under that paragraph.

（c）The landing gear must withstand this test without collapsing. Collapse of the landing gear occurs when a member of the nose，tail，or main gear will not support the rotorcraft in the proper attitude or allows the rotorcraft structure，other than landing gear and external accessories，to impact the landing surface.

4.2.3.2　条款背景和历史沿革分析

4. 2. 3. 2. 1　FAA 相关修正案及背景说明

由于我国的 CCAR29 部适航规章主要是参照美国 FAR29 部转化而来，为了能够对适航条款制定的背景和技术依据有充分的了解，有必要对美国 FAA 对 FAR29 相关规章条款制修订的过程和背景进行研究。因此，本节主要是对美国 FAA 对相应条款的制修订过程和背景进行溯源梳理，包含“规章制定建议通知 NPRM”和相关修正案中的相关内容。

这里主要针对 FAR25. 727“储备能量吸收落振”历次修订的背景和内容进行分析，以此明确该条款多年来演变发展的历史和原因，为深刻理解条款的技术要求和详细技术释义提供支撑。

本条款自首次颁布以来进行过一次修订，现行有效版本是 FAR29-30（表 4-3）。

表 4-3 FAR29.727 修订汇总

序号	条款号	Final Rule 名称	生效日期	NPRM	CCAR29 版本
1	29-0	Transport Category Rotorcraft [New].	1965.2.1	64-30	
2	29-30	Transport Category Rotorcraft [New].	1990.4.5	88-7	R2

(a) FAR29-0 号修正案：

1964 年，FAA 发布 NPRM64-30，考虑将 1956 年颁布的 CAR7 的条款要求重新编制成 FAR29。FAA 于 1965 年 2 月 1 日正式颁布了 FAR29 作为运输类旋翼航空器适航审定标准。FAR29 对原规章中的语言进行了简化，使得表述更加清楚，并删除了过时或冗余的条款。同时，对条款号进行了重新编排，使得 FAR29 与 FAR23（新）、FAR25（新）、FAR27（新）中的类似要求具有相同的编号，有助于各部规章修订时相互参考。1965 年 2 月 1 日，FAR29 部正式颁布时，将限制落振试验由 7.382 条部分内容正式编制成第 29.727 条，并修正了一些明显的书写错误。

该版本适航条款规定了进行试验验证飞行器的落振高度和旋翼升力。

FAA 颁布该项条款，其目的是保证起落架储备能量吸收落振试验的准确性。

修订背景：美国最初的关于运输类旋翼机的适航标准是由美国民用航空当局（Civil Aeronautics Authority）下属的民用航空委员会（Civil Aeronautics Board）于 1956 年编制的 CARPart 7《运输类旋翼航空器适航》。发布后直到 1962 年的 6 年时间里进行了 5 次小的修订，历次修订均不涉及本款。

1958 年美国民用航空当局（Civil Aeronautics Authority）下属的另一机构民用航空管理局（Civil Aeronautics Administration）正式独立出来成为联邦航空当局 [Federal Aviation Agency，后于 1967 年归入美国交通部，更名为 Federal Aviation Administration，也就是现在的 FAA（联邦航空管理局）]，负责民用航空器的安全监管，包括法规编制。于是，FAA 开始着手编制新的联邦航空法规，各种 FAR 规章也应运而生。其中，FAR29 部由 1964 年 FAA 发布的第 29-0 号修正案产生，是由 CARPart 7《运输类旋翼航空器适航》转化而来，并对条款编排逻辑顺序按新的 A～G 分部的划分重新进行大幅调整。其中的 CAR7.332 转化为 FAR29.727 初始条款。

修订结果如下。

第 29.727 条“储备能量吸收落振试验”：

储备能量吸收落振试验必须按以下步骤进行：

（Ⅰ）落振高度必须是第 29.725 条（a）款规定值的 1.5 倍；

（Ⅱ）旋翼升力，以第 29.725 条（b）款的规定为基础，不得超过该条所允许的升力的 1.5 倍；

（Ⅲ）起落架必须能经受住这次试验而不破坏。

(b) FAR29-30 号修正案：

在 1968 年的 FAR29-30 号修正案中，考虑到对于滑橇起落架的破坏的定义与其他形式的起落架有差异，因此对第 29.727 条（c）款进行了修订，明确了破坏的定义。

修正案原文：起落架必须能经受住这次试验而不破坏。当机头、机尾或主起落架的一个部件不能以正确的姿态支撑旋翼机或允许旋翼机结构（除起落架和外部附件外）撞击着陆面时，就视为发生起落架破坏。

说明：按照大会的要求，将对起落架破坏给出定义。会议的一位与会者希望联邦航空局明确定义滑橇起落架的“破坏”，滑橇起落架使用在极限载荷下屈服的弹性弹簧构件。第 27. 501 条（a）款（Ⅱ）项允许弹性弹簧构件在极限载荷下屈服。因此，第 27. 501 条（a）款（Ⅱ）项反映并接受铝制滑橇起落架的弹性/塑性和能量吸收特性。钢弹簧齿轮和其他类型的典型飞机起落架通常设计为避免在极限载荷下屈服。

在储存能量落振试验中，典型铝橇起落架会发生明显的屈服或塑性变形。目前的标准要求起落架在不破坏的情况下进行储备能量落振试验。将增加任何类型起落架破坏的定义，包括滑橇起落架弹性弹簧构件。每一个起落架装置都可以按照第 27. 725 条（c）款的规定进行单独的测试。本书中所述的外部附件是指灯具、探照灯、外部扬声器和后视镜等部件，其存在不会显著改变试验期间起落架的能量吸收能力或特性。这些附件应与易碎配件和装置一起安装。在这种情况下，燃油箱不被视为附件。

另一位与会者也提议对第 27. 501 条（a）款（Ⅱ）项进行类似的修改来定义起落架破坏。然而，修订第 27. 501 条的强度和载荷标准可能会引起混淆，也不会有好处。第 27. 501 条论述了滑橇起落架的强度和载荷，并允许弹性弹簧构件特性的例外情况。一般来说，应通过分析方法完成对第 27. 501 条的强度方面的符合性要求。

使用屈服弹性构件的滑橇起落架的静态或动态试验是很困难的，需要几套起落架来测试或证明第 27. 501 条中规定的所有临界载荷条件。在极限载荷下屈服，在静态试验中很难达到或维持极限载荷。因此，第 27. 727 条储备能量吸收落振试验标准应包含所有起落架设计的失效标准。第 29. 727 条也提出了类似的修正案。

修订结果如下。

> 储备能量吸收落振试验必须按以下步骤进行：
>
> （Ⅰ）落振高度必须是第 29. 725 条（a）款规定值的 1. 5 倍。
>
> （Ⅱ）旋翼升力，以第 29. 725 条（b）款的规定为基础，不得超过该条所允许的升力的 1. 5 倍。
>
> （Ⅲ）起落架必须经受住该试验而不破坏。当机头、机尾或主起落架的一个部件不能以正确的姿态支撑旋翼机或使除起落架和外部附件以外的旋翼机结构撞击着陆面时，就视为发生起落架的破坏。

4.2.3.2.2　EASA 相关修正案及背景说明

2003 年 11 月 CS29 首次发布的 29. 727 内容与 FAR 第 30 修正案相同。

4.2.3.2.3　规章差异分析

针对储备能量吸收落振试验，欧美相应规章的技术要求思路基本一致，都对投放高度、模拟旋翼升力、试验判据三个方面给出了要求。FAA 在早期的修改中对破坏进行了一次重新定义，而中欧的条款与美国修订后的版本基本一致且未进行修改。

4.2.4 EH.729 电动收放机构

4.2.4.1 条款原文

4.2.4.1.1 CCAR29.729 收放机构

对于装有可收放起落架的旋翼航空器，应符合下列规定：

(a) 载荷。起落架收放机构、起落架舱门和支承结构，必须按下列载荷设计：

(Ⅰ) 起落架在收上位置时，在任一机动情况下出现的载荷；

(Ⅱ) 直到起落架收放最大设计空速的任何空速下，起落架收放过程中出现的摩擦载荷、惯性载荷和空气载荷的组合；

(Ⅲ) 直到起落架处于伸展时最大设计空速的任何空速下，起落架在放下位置时出现的飞行载荷，包括偏航飞行载荷。

(b) 起落架锁必须具有可靠措施将起落架保持在放下位置。

(c) 应急操作除了用手操作以外，还必须有应急措施，以保证在万一发生下列情况之一时能放下起落架：

(Ⅰ) 正常收放系统中任何合理且可能的失效；

(Ⅱ) 任何单个液压源、电源或等效能源的失效。

(d) 操作试验。必须通过操作试验来验证收放机构的功能正常。

(e) 位置指示器。当起落架锁在极限位置时，必须有位置指示器通知驾驶员。

(f) 操纵。收放操纵机构的布置和操作必须满足第 29.777 条和第 29.779 条的要求。

(g) 起落架警告装置。旋翼航空器必须具有音响或等效的警告装置，当旋翼航空器处于正常着陆状态而起落架没有完全放下和锁住时，它将连续警告。警告装置必须具有人工切断功能，并且当旋翼航空器不再处于着陆状态时，警告系统必须能自动复位。

4.2.4.1.2 FAR29.729 (Amendment 29-55)

Retracting mechanism.

For rotorcraft with retractable landing gear, the following apply:

(a) Loads. The landing gear, retracting mechanism, wheel well doors, and supporting structure must be designed for:

(Ⅰ) The loads occurring in any maneuvering condition with the gear retracted;

(Ⅱ) The combined friction, inertia, and air loads occurring during retraction and extension at any airspeed up to the design maximum landing gear operating speed; and

(Ⅲ) The flight loads, including those in yawed flight, occurring with the gear extended at any airspeed up to the design maximum landing gear extended speed.

(b) Landing gear lock. A positive means must be provided to keep the gear extended.

(c) Emergency operation. When other than manual power is used to operate the gear, emergency means must be provided for extending the gear in the event of:

(Ⅰ) Any reasonably probable failure in the normal retraction system; or

(Ⅱ) The failure of any single source of hydraulic, electric, or equivalent energy.

(d) Operation tests. The proper functioning of the retracting mechanism must be shown by operation tests.

(e) Position indicator. There must be means to indicate to the pilot when the gear is secured in the extreme positions.

(f) Control. The location and operation of the retraction control must meet the requirements of Secs. 29. 777 and 29. 779.

(g) Landing gear warning. An aural or equally effective landing gear warning device must be provided that functions continuously when the rotorcraft is in a normal landing mode and the landing gear is not fully extended and locked. A manual shutoff capability must be provided for the warning device and the warning system must automatically reset when the rotorcraft is no longer in the landing mode.

4. 2. 4. 1. 3 CS29. 729 (Amendment 8)

Retracting mechanism

For rotorcraft with retractable landing gear, the following apply:

(a) Loads. The landing gear, retracting mechanism, wheel well doors, and supporting structure must be designed for:

(Ⅰ) The loads occurring in any maneuvering condition with the gear retracted;

(Ⅱ) The combined friction, inertia, and air loads occurring during retraction and extension at any airspeed up to the design maximum landing gear operating speed; and

(Ⅲ) The flight loads, including those in yawed flight, occurring with the gear extended at any airspeed up to the design maximum landing gear extended speed.

(b) Landing gear lock. A positive means must be provided to keep the gear extended.

(c) Emergency operation. When other than manual power is used to operate the gear, emergency means must be provided for extending the gear in the event of:

(Ⅰ) Any reasonably probable failure in the normal retraction system; or

(Ⅱ) The failure of any single source of hydraulic, electric, or equivalent energy.

(d) Operation tests. The proper functioning of the retracting mechanism must be shown by operation tests.

(e) Position indicator. There must be means to indicate to the pilot when the gear is secured in the extreme positions.

(f) Control. The location and operation of the retraction control must meet the requirements of CS29. 777 and 29. 779.

(g) Landing gear warning. An aural or equally effective landing gear warning device must be provided that functions continuously when the rotorcraft is in a normal landing mode and the landing gear is not fully extended and locked. A manual shutoff capability must be provided for the warning device and the warning system must automatically reset when the rotorcraft is no longer in the landing mode.

4.2.4.2 条款背景和历史沿革分析

4.2.4.2.1 FAA相关修正案及背景说明

由于我国的CCAR29部适航规章主要是参照美国FAR29部转化而来，为了能够对适航条款制定的背景和技术依据有充分的了解，有必要对美国FAA对FAR29相关规章条款制修订的过程和背景进行研究。因此，本节主要是对美国FAA对相应条款的制修订过程和背景进行溯源梳理，包含“规章制定建议通知NPRM”和相关修正案中的相关内容。

这里主要针对FAR29.729“收放机构”历次修订的背景和内容进行分析，以此明确该条款多年来演变发展的历史和原因，为深刻理解条款的技术要求和详细技术释义提供支撑。

本条款FAR已历经2次修订，现行有效版本是FAR29-24（表4-4）。

表4-4 FAR29.729修订汇总

序号	条款号	标题	修正案	生效日期	现行有效
1	29.729	Transport Category Rotorcraft [New].	Original	1964.5.20	
2	29.729	Rotorcraft Regulatory Review Program; Amendment No. 2.	29-24	1984.12.6	与CCAR现行有效条款等效

（a）FAR29-0修正案：

1964年，FAA发布NPRM64-30，考虑将1956年颁布的CAR7的条款要求重新编制成FAR29。FAA于1965年2月1日正式颁布了FAR29作为运输类旋翼航空器适航审定标准。FAR29对原规章中的语言进行了简化，使得表述更加清楚，并删除了过时或冗余的条款。同时，对条款号进行了重新编排，使得FAR29与FAR23（新）、FAR25（新）、FAR27（新）中的类似要求具有相同的编号，有助于各部规章修订时相互参考。1965年2月1日，FAR29部正式颁布时，由第7.334条部分内容正式编制成第29.729条，并修正了一些明显的书写错误。

FAA颁布该项条款，其目的是保证飞行中的飞机不发生由于收放机构而引起的事故/事故征候。

修订背景：美国最初的关于运输类旋翼机的适航标准是由美国民用航空当局（Civil Aeronautics Authority）下属的民用航空委员会（Civil Aeronautics Board）于1956年编制的CARPart 7《运输类旋翼航空器适航》。发布后直到1962年的6年时间里进行了5次小的修订，CAR7历次修订均不涉及本条款。

1958年美国民用航空当局（Civil Aeronautics Authority）下属的另一机构民用航空管理局（Civil Aeronautics Administration）正式独立出来成为联邦航空当局［Federal Aviation Agency，后于1967年归入美国交通部，更名为Federal Aviation Administration，也就是现在的FAA（联邦航空管理局）］，负责民用航空器的安全监管，包括法规编制。于是，FAA开始着手编制新的联邦航空法规，各种FAR规章也应运而生。其中，FAR29部由1964年FAA发布的第29-0号修正案产生，是由CARPart 7《运输类旋翼航空器适航》转化而来，并对条款编排逻辑顺序按新的A～G分部的划分重新进行大幅调整。其中的CAR7.334转化为FAR29.729初始条款。

修订结果如下。

（Ⅰ）起落架收放机构、起落架舱门和支承结构，必须按下列载荷设计：

（ⅰ）起落架在收上位置时，在任一机动情况下出现的载荷；

（ⅱ）直到起落架收放最大设计空速的任何空速下，起落架收放过程中出现的摩擦载荷、惯性载荷和空气载荷的组合；

（ⅲ）直到起落架处于伸展时最大设计空速的任何空速下，起落架在放下位置时出现的飞行载荷，包括偏航飞行载荷。

（Ⅱ）起落架锁必须具有可靠措施将起落架保持在放下位置。

（Ⅲ）应急操作除了用手操作以外，还必须有应急措施，以保证在万一发生下列情况之一时能放下起落架：

（ⅰ）正常收放系统中任何合理可能的失效；

（ⅱ）任何单个液压源、电源或等效能源的失效。

（Ⅳ）操作试验。必须通过操作试验来验证收放机构的功能正常。

（Ⅴ）位置指示器。当起落架锁在极限位置时，必须有位置指示器通知驾驶员。

（b）FAR 第 29-24 号修正案：

FAA 于 1984 年 12 月 6 日对 FAR29.729 做了第 1 次修订。此次修订增加了“（f）操纵机构收放操纵机构的布置和操作必须符合第 29.777 条和第 29.779 条的要求。（g）起落架告警必须具有起落架音响或等效的警告装置，当旋翼航空器处于正常着陆状态而起落架没有完全放下和锁住时，它将连续警告。警告装置必须具有人工切断功能，并且当旋翼航空器不再处于着陆状态时，警告系统必须能自动复位。”

此修正案基于 1982 年 8 月 26 日发布于《联邦注册报》（47 FR 37806）上的、建议的规章制定通告而制定。基于所接收到的评论以及 FAA 所做的进一步评审，针对所提议的条例进行了大量的实质性更改以及一些编辑和澄清性质的更改。除了小的编辑和澄清性更改以及下面讨论的实质性更改外，此修正案及其被采纳的原因与第 82-12 号通告中的一样，并且，除非另有说明，通告中所包含的提议不做修改予以采纳。

一位评论者同意提议中新增关于起落架收放机构的第 27.729 条，并指出对于现有系统，其“起落架未放下警告”仅以空速为基础，当在低速条件下以 B 类外部负载运行，且起落架收起时，会存在持续告警的问题。提议中要求具有手动切断能力，以使机组能让听觉告警装置保持安静，并继续这种带有 B 类外部负载的运行。有几架旋翼航空器具有空速驱动系统，FAA 已经发现这些提议是可行的。此修正案按照所提议的予以采纳。

修订结果：新增一段介绍性文字；将（a）款中的“General”替换为“Loads”；修订（f）款；新增（g）款。

修订结果如下：

第 29.729 条“收放机构”：

对于装有可收放起落架的旋翼航空器，应符合下列规定：

（a）载荷。

……

（f）操纵收放操纵机构的布置和操作必须满足第 29.777 条和第 29.779 条的要求。

(g) 起落架警告装置必须具有音响或等效的警告装置，当旋翼航空器处于正常着陆状态而起落架没有完全放下和锁住时，它将连续警告。警告装置必须具有人工切断功能，并且当旋翼航空器不再处于着陆状态时，警告系统必须能自动复位。

4.2.4.2.2 EASA 相关修正案及背景说明

2003 年 11 月 CS29 首次发布的第 29.729 条内容与 FAR 第 24 修正案相同。

4.2.5 EH.731 机轮

4.2.5.1 条款原文

4.2.5.1.1 CCAR29.731 机轮

(a) 每个起落架的机轮必须经过批准；

(b) 每个机轮的最大静载荷额定值，不得小于如下情况对应的地面静反作用力：

(Ⅰ) 最大质量；

(Ⅱ) 临界重心位置。

(c) 每个机轮的最大限制载荷额定值，必须不小于按本规章适用的地面载荷要求确定的最大径向限制载荷。

4.2.5.1.2 FAR29.731 (Amendment 29-55)

Wheels.

(a) Each landing gear wheel must be approved.

(b) The maximum static load rating of each wheel may not be less than the corresponding static ground reaction with:

(Ⅰ) Maximum weight; and

(Ⅱ) Critical center of gravity.

(c) The maximum limit load rating of each wheel must equal or exceed the maximum radial limit load determined under the applicable ground load requirements of this part.

4.2.5.1.3 CS29.731 (Amendment 8)

Wheels

(a) Each landing gear wheel must be approved.

(b) The maximum static load rating of each wheel may not be less than the corresponding static ground reaction with:

(Ⅰ) Maximum weight; and

(Ⅱ) Critical centre of gravity.

(c) The maximum limit load rating of each wheel must equal or exceed the maximum radial limit load determined under the applicable ground load requirementsof CS-29.

4.2.5.2 条款背景和历史沿革分析

4.2.5.2.1 FAA 相关修正案及背景说明

由于我国的 CCAR29 部适航规章主要是参照美国 FAR29 部转化而来，为了能够对适航条款制定的背景和技术依据有充分的了解，有必要对美国 FAA 对 FAR29 相关规章条款制修订的过程和背景进行研究。因此，本节主要是对美国 FAA 对相应条款的制修订过程和背景进行溯源梳理，包含“规章制定建议通知 NPRM”和相关修正案中的相关内容。

这里主要针对 FAR29. 731“机轮”历次修订的背景和内容进行分析，以此明确该条款多年来演变发展的历史和原因，为深刻理解条款的技术要求和详细技术定义提供支撑。

本条款自首次发布以来未修订，现行有效版本是 FAR29-0（表 4-5）。

表 4-5　FAR29. 731 修订汇总

修正案	Final Rule 名称	生效日期	NPRM	CCAR29 版本
29-0	Transport Category Rotorcraft [New].	1965. 2. 1	64-30	R0

FAR29-0 修正案：1964 年，FAA 发布 NPRM64-30，考虑将 1956 年颁布的 CAR7 的条款要求重新编制成 FAR29。FAA 于 1965 年 2 月 1 日正式颁布了 FAR29 作为运输类旋翼航空器适航审定标准。FAR29 对原规章中的语言进行了简化，使得表述更加清楚，并删除了过时或冗余的条款。同时，对条款号进行了重新编排，使得 FAR29 与 FAR23（新）、FAR25（新）、FAR27（新）中的类似要求具有相同的编号，有助于各部规章修订时相互参考。1965 年 2 月 1 日，FAR29 部正式颁布时，由第 7. 335 条部分内容正式编制成第 29. 731 条，并修正了一些明显的书写错误。

修订背景：美国最初的关于运输类旋翼机的适航标准是由美国民用航空当局（Civil Aeronautics Authority）下属的民用航空委员会（Civil Aeronautics Board）于 1956 年编制的 CARPart 7《运输类旋翼航空器适航》。发布后直到 1962 年的 6 年时间里进行了 5 次小的修订，历次修订均不涉及本款。

1958 年美国民用航空当局（Civil Aeronautics Authority）下属的另一机构民用航空管理局（Civil Aeronautics Administration）正式独立出来成为联邦航空当局［Federal Aviation Agency，后于 1967 年归入美国交通部，更名为 Federal Aviation Administration，也就是现在的 FAA（联邦航空管理局）］，负责民用航空器的安全监管，包括法规编制。于是，FAA 开始着手编制新的联邦航空法规，各种 FAR 规章也应运而生。其中，FAR29 部由 1964 年 FAA 发布的第 29-0 号修正案产生，是由 CARPart 7《运输类旋翼航空器适航》转化而来，并对条款编排逻辑顺序按新的 A～G 分部的划分重新进行大幅调整。其中的 CAR7. 335 转化为 FAR29. 731 初始条款。

修订结果如下。

第 29. 731 条“机轮”：

(a) 每个起落架的机轮必须经过批准；

(b) 每个机轮的最大静载荷额定值，不得小于如下情况对应的地面静反作用力：

(Ⅰ) 最大质量；

(Ⅱ) 临界重心位置。

(c) 每个机轮的最大限制载荷额定值，必须不小于按本规章适用的地面载荷要求确定的最大径向限制载荷。

4.2.5.2.2　EASA相关修正案及背景说明

2003年11月CS29首次发布的第29.731条内容与FAR第0修正案相同。

4.2.6　EH.733轮胎

4.2.6.1　条款原文

4.2.6.1.1　CCAR29.733轮胎

中华人民共和国交通运输部（以下简称中国交通运输部）于2017年4月1日发布的CCAR29部R2版《运输类旋翼航空器适航规定》第29.733条的原文如下：

第29.733条“轮胎”

每个起落架机轮的轮胎必须符合下列要求：

(a) 与机轮的轮缘正确地配合。

(b) 其载荷额定值不会被与下列情况对应的载荷超过：

(Ⅰ) 最大设计质量；

(Ⅱ) 主轮轮胎上的载荷，等于对应于临界重心时的地面静反作用力；

(Ⅲ) 前轮轮胎上的载荷（与这些轮胎规定的动载荷额定值比较），等于在下列假定下前轮上所得到的反作用力，即假定旋翼航空器的质量集中在最临界重心上并产生一个1.0g（载荷系数）的向下力和0.25g的向前力。这种情况下的反作用力必须按静力学原理分配到前轮和主轮上，此时阻力方向的地面反作用力仅作用在装有刹车装置的机轮上。

(c) 可收放起落架上所装的每个轮胎，当处于使用中的该型轮胎预期的最大尺寸状态时，与周围的结构及系统之间必须有足够的间距，以防止轮胎与结构或系统的任何部分发生接触。

4.2.6.1.2　FAR29.731 (Amendment 29-55)

Tires.

Each landing gear wheel must have a tire:

(a) That is a proper fit on the rim of the wheel; and

(b) Of a rating that is not exceeded under:

(Ⅰ) The design maximum weight;

(Ⅱ) A load on each main wheel tire equal to the static ground reaction corresponding to the critical center of gravity; and

(Ⅲ) A load on nose wheel tires (to be compared with the dynamic rating established for those tires) equal to the reaction obtained at the nose wheel, assuming that the mass of the rotorcraft acts at the most critical center of gravity and exerts a force of 1.0g. downward and 0.25g. forward, the reactions being distributed to the nose and main wheels according to the principles of statics with the drag reaction at the ground applied only at wheels with brakes.

(c) Each tire installed on a retractable landing gear system must, at the maximum size of the tire type expected in service, have a clearance to surrounding structure and systems that is adequate to prevent contact between the tire and any part of the structure or systems.

4.2.6.1.3 CS29.731（Amendment 8）

Tires

Each landing gear wheel must have a tire：

（a）That is a proper fit on the rim of the wheel；and

（b）Of a rating that is not exceeded under：

（Ⅰ）The design maximum weight；

（Ⅱ）A load on each main wheel tire equal to the static ground reaction corresponding to the criticalcenter of gravity；and

（Ⅲ）A load on nose wheel tires to be compared with the dynamic rating established for those tires equal to the reaction obtained at the nose wheel，assuming that the mass of the rotorcraft acts as the most critical center of gravity and exerts a force of 1.0g downward and 0.25g forward，the reactions being distributed to the nose and main wheels according to the principles of statics with the drag reaction at the ground applied only at wheels with brakes.

（c）Each tire installed on a retractable landing gear system must，at the maximum size of the tire type expected in service，have a clearance to surrounding structure and systems that is adequate to prevent contact between the tire and any part of the structure or systems.

4.2.6.2 条款背景和历史沿革分析

4.2.6.2.1 FAA相关修正案及背景说明

由于我国的CCAR29部适航规章主要是参照美国FAR29部转化而来，为了能够对适航条款制定的背景和技术依据有充分的了解，有必要对美国FAA对FAR29相关规章条款制修订的过程和背景进行研究。因此，本节主要是对美国FAA对相应条款的制修订过程和背景进行溯源梳理，包含“规章制定建议通知NPRM”和相关修正案中的相关内容。

这里主要针对FAR29.733“轮胎”历次修订的背景和内容进行分析，以此明确该条款多年来演变发展的历史和原因，为深刻理解条款的技术要求和详细技术定义提供支撑。

本条款FAR已历经1次修订，现行有效版本是FAR29-12（表4-6）。

表4-6 FAR29.733修订汇总

序号	修正案	Final Rule名称	生效日期	NPRM	CCAR29版本
1	29-0	Transport Category Rotorcraft [New].	1965.2.1	64-30	
2	29-12	Airworthiness Review Program.	1977.2.1	75-31	R0

（a）FAR29-0修正案：

1964年，FAA发布NPRM64-30，考虑将1956年颁布的CAR7的条款要求重新编制成FAR29。FAA于1965年2月1日正式颁布了FAR29作为运输类旋翼航空器适航审定标准。FAR29对原规章中的语言进行了简化，使得表述更加清楚，并删除了过时或冗余的条款。同时，对条款号进行了重新编排，使得FAR29与FAR23（新）、FAR25（新）、FAR27（新）中的类似要求具有相同的编号，有助于各部规章修订时相互参考。1965年2月1日，FAR29部正式颁布时，由第7.337条部分内容正式编制成第29.733条，并修正了一些明显的书写错误。

针对轮胎，该版本适航条款对轮胎的载荷额定值、轮胎的最大尺寸状态等做了规定。

FAA 颁布该项条款，其目的是保证飞行中的飞机不发生由于轮胎而引起的事故/事故征候。

修订背景：美国最初的关于运输类旋翼机的适航标准是由美国民用航空当局（Civil Aeronautics Authority）下属的民用航空委员会（Civil Aeronautics Board）于 1956 年编制的 CARPart 7《运输类旋翼航空器适航》。发布后直到 1962 年的 6 年时间里进行了 5 次小的修订，历次修订均不涉及本款。

1958 年美国民用航空当局（Civil Aeronautics Authority）下属的另一机构民用航空管理局（Civil Aeronautics Administration）正式独立出来成为联邦航空当局［Federal Aviation Agency，后于 1967 年归入美国交通部，更名为 Federal Aviation Administration，也就是现在的 FAA（联邦航空管理局）］，负责民用航空器的安全监管，包括法规编制。于是，FAA 开始着手编制新的联邦航空法规，各种 FAR 规章也应运而生。其中，FAR29 部由 1964 年 FAA 发布的第 29-0 号修正案产生，是由 CARPart 7《运输类旋翼航空器适航》转化而来，并对条款编排逻辑顺序按新的 A～G 分部的划分重新进行大幅调整。其中的 CAR7. 337 转化为 FAR29. 733 初始条款。

(b) FAR29-12 修正案：

FAA 于 1977 年 2 月 1 日对 FAR29. 733 做了第 1 次修订。此次修订增加了（c）款，要求“可收放起落架上所装的每个轮胎，当处于使用中的该型轮胎预期的最大尺寸状态时，与周围的结构及系统之间必须有足够的间距，以防止轮胎与结构或系统的任何部分发生接触”。

修订背景：上一版本的条款未对轮胎处于最大尺寸状态时，与周围结构及系统之间的间距进行要求。因此 FAA 规定明确了当轮胎处于最大尺寸状态时，其与周围的结构及系统之间必须有足够的间距，以防止轮胎与结构或系统的任何部分发生接触。

4.2.6.2.2　EASA 相关修正案及背景说明

2003 年 11 月 CS29 首次发布的第 29. 733 条内容与 FAR 第 12 修正案相同。

4.2.7　EH.735 电动刹车

4.2.7.1　条款原文

4.2.7.1.1　CCAR29. 735 刹车

中国交通运输部于 2017 年 4 月 1 日发布的 CCAR29 部 R2 版《运输类旋翼航空器适航规定》第 29. 735 条的原文如下：

第 29. 735 条“刹车”

对于装有轮式起落架的旋翼航空器，必须安装有符合下列要求的刹车装置：

(a) 驾驶员可以操纵。

(b) 在无动力着陆时能使用。

(c) 满足如下要求：

(Ⅰ) 抵消旋翼在启动或停转时产生的任一正常的不平衡力矩；

（Ⅱ）使旋翼航空器能停在坡度为10度的干燥平滑路面上。

4.2.7.1.2　FAR29.735（Amendment 29-55）

Brakes.

For rotorcraft with wheel-type landing gear，a braking device must be installed that is：

(a) Controllable by the pilot；

(b) Usable during power-off landings；and

(c) Adequate to：

（Ⅰ）Counteract any normal unbalanced torque when starting or stopping the rotor；and

（Ⅱ）Hold the rotorcraft parked on a 10 degree slope on a dry，smooth pavement.

4.2.7.1.3　CS29.735（Amendment 8）

Brakes

For rotorcraft with wheel-type landing gear，a braking device must be installed that is：

(a) Controllable by the pilot；

(b) Usable during power-off landings；and

(c) Adequate to：

（Ⅰ）Counteract any normal unbalanced torque when starting or stopping the rotor；and

（Ⅱ）Hold the rotorcraft parked on a 10° slope on a dry，smooth pavement.

4.2.7.2　条款背景和历史沿革分析

4.2.7.2.1　FAA相关修正案及背景说明

由于我国的CCAR29部适航规章主要是参照美国FAR29部转化而来，为了能够对适航条款制定的背景和技术依据有充分的了解，有必要对美国FAA对FAR29相关规章条款制修订的过程和背景进行研究。因此，本节主要是对美国FAA对相应条款的制修订过程和背景进行溯源梳理，包含“规章制定建议通知NPRM”和相关修正案中的相关内容。

这里主要针对FAR29.735“刹车”历次修订的背景和内容进行分析，以此明确该条款多年来演变发展的历史和原因，为深刻理解条款的技术要求和详细技术释义提供支撑。

本条款FAR已历经1次修订，现行有效版本是FAR29-24（表4-7）。

表4-7　FAR29.735修订汇总

序号	修正案	Final Rule 名称	生效日期	NPRM	CCAR29版本
1	29-0	Transport Category Rotorcraft［New］.	1965.2.1	64-30	
2	29-24	Rotorcraft Regulatory Review Program；Amendment No. 2.	1984.12.6	82-12	R0

(a) FAR29-0修正案：

1964年，FAA发布NPRM64-30，考虑将1956年颁布的CAR7的条款要求重新编制成FAR29。FAA于1965年2月1日正式颁布了FAR29作为运输类旋翼航空器适航审定标准。FAR29对原规章中的语言进行了简化，使得表述更加清楚，并删除了过时或冗余的条款。同时，对条款号进行了重新编排，使得FAR29与FAR23（新）、FAR25（新）、FAR27（新）中的类似要求具有相同的编号，有助于各部规章修订时相互参考。1965年2月1日，FAR29部正式颁布时，由第7.336条部分内容正式编制成第29.735条，并修正了一些明显的书写错误。

1964 年，FAA 发布 NPRM64-30，考虑将 CAR7 的条款要求重新编制成 FAR29。1965 年，FAA 颁布了 Final Rule 5084，用 FAR29 替代 CAR7，作为运输类旋翼航空器适航审定标准。FAR29 对原规章中的语言进行了简化，使得表述更加清楚，并删除了过时或冗余的条款。同时，对条款号进行了重新编排，使得 FAR29 与 FAR23（新）、FAR25（新）、FAR27（新）中的类似要求具有相同的编号，有助于各部规章修订时相互参考。

修订背景：美国最初的关于运输类旋翼机的适航标准是由美国民用航空当局（Civil Aeronautics Authority）下属的民用航空委员会（Civil Aeronautics Board）于 1956 年编制的 CARPart 7《运输类旋翼航空器适航》。发布后直到 1962 年的 6 年时间里进行了 5 次小的修订，CAR7 历次修订均不涉及本条款。

1958 年美国民用航空当局（Civil Aeronautics Authority）下属的另一机构民用航空管理局（Civil Aeronautics Administration）正式独立出来成为联邦航空当局［Federal Aviation Agency 后于 1967 年归入美国交通部，更名为 Federal Aviation Administration，也就是现在的 FAA（联邦航空管理局）］，负责民用航空器的安全监管，包括法规编制。于是，FAA 开始着手编制新的联邦航空法规，各种 FAR 规章也应运而生。其中，FAR29 部由 1964 年 FAA 发布的第 29-0 号修正案产生，是由 CARPart 7《运输类旋翼航空器适航》转化而来，并对条款编排逻辑顺序按新的 A～G 分部的划分重新进行大幅调整。其中的 CAR7. 336 转化为 FAR29. 735 初始条款。

（b）FAR29-24 修正案：

FAA 于 1984 年 12 月 6 日对 FAR29. 735 做了第 1 次修订。此次修订中限定了对于装有轮式起落架的旋翼航空器的刹车要求。

修订背景：在第 29. 735 条的初始条款中，规定了所有旋翼航空器的刹车要求，但并非所有旋翼航空器都需用到刹车，因此在此修正案中添加了“装有轮式起落架的旋翼航空器”这一限制条件。

关于此次条款的修订，CCAR29. 735“刹车”参照 FAR 修正案 29-24 制定，无差异。

4.2.7.2.2 EASA 相关修正案及背景说明

2003 年 11 月 CS29 首次发布的第 29. 735 条内容与 FAR 第 24 修正案相同。

4.2.8 EH.737 雪橇

4.2.8.1 条款原文

4.2.8.1.1 CCAR29. 737 雪橇

中国交通运输部于 2017 年 4 月 1 日发布的 CCAR29 部 R2 版《运输类旋翼航空器适航规定》第 29. 737 条的原文如下：

第 29. 737 条“雪橇”

（a）每个雪橇的最大限制载荷额定值必须不小于按本规章中适用的地面载荷要求所确定的最大限制载荷。

（b）必须有稳定装置，使雪橇在飞行中能保持在适当位置。该装置必须有足够的强度，以承受作用在雪橇上的最大气动载荷和惯性载荷。

4.2.8.1.2 FAR29.737（Amendment 29-55）

Skis.

(a) The maximum limit load rating of each ski must equal or exceed the maximum limit load determined under the applicable ground load requirements of this part.

(b) There must be a stabilizing means to maintain the ski in an appropriate position during flight. This means must have enough strength to withstand the maximum aerodynamic and inertia loads on the ski.

4.2.8.1.3 CS29.737（Amendment 8）

Skis

(a) The maximum limit load rating of each ski must equal or exceed the maximum limit load determined under the applicable ground load requirements of CS29.

(b) There must be a stabilizing means to maintain the ski in an appropriate position during flight. This means must have enough strength to withstand the maximum aerodynamic and inertia loads on the ski.

4.2.8.2 条款背景和历史沿革分析

4.2.8.2.1 FAA相关修正案及背景说明

由于我国的CCAR29部适航规章主要是参照美国FAR29部转化而来，为了能够对适航条款制定的背景和技术依据有充分的了解，有必要对美国FAA对FAR29相关规章条款制修订的过程和背景进行研究。因此，本章主要是对美国FAA对相应条款的制修订过程和背景进行溯源梳理，包含“规章制定建议通知NPRM”和相关修正案中的相关内容。

本部分主要针对FAR29.737“雪橇”历次修订的背景和内容进行分析，以此明确该条款多年来演变发展的历史和原因，为深刻理解条款的技术要求和详细技术释义提供支撑。

本条款自首次发布以后未进行修订，现行有效版本是FAR修正案29-0（表4-8）。

表4-8 FAR29.737修订汇总

修正案	Final Rule 名称	生效日期	NPRM	CCAR29 版本
29-0	Transport Category Rotorcraft.	1965.2.1	64-30	

FAR29-0修正案：1964年，FAA发布NPRM64-30，考虑将CAR7的条款要求重新编制成FAR29。1965年，FAA颁布了Final Rule 5084，用FAR29替代CAR7，作为运输类旋翼航空器适航审定标准。FAR29对原规章中的语言进行了简化，使得表述更加清楚，并删除了过时或冗余的条款。同时，对条款号进行了重新编排，使得FAR29与FAR23（新）、FAR25（新）、FAR27（新）中的类似要求具有相同的编号，有助于各部规章修订时相互参考。

FAA颁布该项条款，其目的是保证飞行中的飞机不发生由雪橇设计不合理而引起的事故/事故征候。

关于此初始条款，CCAR29. 737“雪橇”参照 FAR29. 737 制定，无差异。

该初始条款参考 CAR7（Part 7 of the Civil Air Regulations），制定了运输类旋翼航空器适航标准 FAR29 部。其中 7. 338 转换成为 FAR29. 737 条，对雪橇提出了要求。

修订背景：美国最初的关于的运输类旋翼机的适航标准是由美国民用航空当局（Civil Aeronautics Authority）下属的民用航空委员会（Civil Aeronautics Board）于 1956 年编制的 CAR Part 7《运输类旋翼航空器适航》。发布后直到 1962 年的 6 年时间里进行了 5 次小的修订，CAR7 历次修订均不涉及本条款。

1958 年，美国民用航空当局（Civil Aeronautics Authority）下属的另一机构民用航空管理局（Civil Aeronautics Administration）正式独立出来成为联邦航空当局［Federal Aviation Agency，FAA。后于 1967 年归入美国交通部，更名为 Federal Aviation Administration，也就是现在的 FAA（联邦航空管理局）］，负责民用航空器的安全监管，包括法规编制。于是，FAA 开始着手编制新的联邦航空法规，于是各种 FAR 规章也应运而生。其中，FAR29 部由 1964 年 FAA 发布的第 29-0 号修正案产生，是由 CAR Part 7《运输类旋翼航空器适航》转化而来，并对条款编排逻辑顺序按新的 A-G 分部的划分重新进行大幅调整。该初始条款参考 CAR7（Part 7 of the Civil Air Regulations），制定了运输类旋翼航空器适航标准 FAR29 部。其中第 7. 338 条转换成为 FAR29. 737 条，对雪橇提出了要求。

4. 2. 8. 2. 2　EASA 相关修正案及背景说明

2003 年 11 月 CS29 首次发布的第 29. 737 条内容与 FAR 第 0 修正案相同。

4.3　符合性验证思路

4.3.1　EH.723 减振试验

起落架落振试验是通过试验室试验，验证起落架设计所用的着陆载荷系数不小于落振试验得到的着陆载荷系数。通过对起落架吸收载荷的能力进行测试，利用试验得到的结果与理论结果进行拟合分析，如果误差过大（一般情况下大于 10%），则需要重新调节各项参数，进行迭代设计。具体符合性验证思路如下：

（a）根据需求，明确起落架的构型，选择轮式起落架或滑橇起落架构型，并进行限制落振试验和储备能量吸收落振试验。

（b）根据交点数据图以及旋翼航空器设计特征和基本数据对起落架落振时的吸能性能进行分析，得出起落架落振试验的理论载荷行程曲线，初步确定起落架吸收能量的能力以及起落架所承受的地面载荷。对于轮式起落架需在此处明确机轮、轮胎、刹车的设计参数，对于滑橇起落架需明确弓形梁的设计参数（曲率、壁厚等），编制起落架设计说明报告和起落架性能计算报告。

（c）根据规章要求以及以往型号经验，限制落振试验高度至少为 203 毫米，试验件构型要能够代表旋翼航空器的起落架状态，且考虑有效质量的方法来模拟旋翼升力，对于轮式起落架考虑水平姿态、倾斜姿态（倾斜角度 14.5 度以上）、机轮水平起旋以及尾部下沉姿态；对于滑橇式起落架，需选择水平着陆和有阻力水平着陆临界姿态［具体见第 29.501 条（b）（c）款］，经多次落振试验验证其符合性（为验证数据的重复性，试验次数一般选择 3 次）编制起落架落振试验报告和分析报告。

（d）第 29.727 条规定了储备能量吸收落振试验的试验方法和判据，具体试验方法如下：根据规章要求以及以往型号经验，储备能量吸收落振高度为限制落振高度的 1.5 倍，试验件构型要能够代表旋翼航空器的起落架状态，且考虑有效质量的方法来模拟旋翼升力，对于轮式起落架考虑水平姿态、倾斜姿态（倾斜角度 14.5 度以上）、机轮水平起旋以及尾部下沉姿态；对于滑橇式起落架，需选择水平着陆和有阻力水平着陆临界姿态［具体见第 29.501 条（b）（c）款］，经 1 次试验验证其符合性。编制起落架储备能量吸收落振试验报告和分析报告。

（e）对起落架系统涉及的供应商文件进行审查，以保证符合性。

（f）需考虑限制落振和储备能量吸收落振试验的试验件确定和先后顺序（涉及轮式起落架和滑橇起落架的区别）。

4.3.2 EH.725 限制落振试验

起落架落振试验是通过试验室试验对起落架吸收载荷的能力进行测试，通过试验得到的结果与理论结果进行拟合分析，如果误差过大（一般情况下大于 10%），则需要重新调节各项参数，进行迭代设计。具体符合性验证思路如下：

（a）根据客户需求，明确总体构型，选择轮式起落架或滑橇起落架构型。

（b）根据交点数据图以及旋翼航空器设计特征和基本数据进行起落架打样设计，用软件建立起落架数字模型，对起落架落振时的吸能能力进行分析，得出起落架落振试验的理论载荷行程曲线，初步确定起落架吸收能量的能力以及起落架所承受的地面载荷。对于轮式起落架，需在此处明确机轮、轮胎、刹车的设计参数，对于滑橇起落架，需明确弓形梁的设计参数（直径、壁厚等），编制起落架设计说明报告和起落架性能计算报告。

（c）根据规章要求以及以往型号经验，限制落振试验高度为 203 毫米，试验件构型要能够代表旋翼航空器的起落架状态，且考虑有效质量的方法来模拟旋翼升力，对于轮式起落架考虑水平姿态、倾斜姿态（倾斜角度 14.5 度以上）、机轮水平起旋以及尾部下沉姿态；对于滑橇式起落架，需选择水平着陆和有阻力水平着陆临界姿态［具体见第 29.501 条（b）（c）款］，经多次落振试验验证其符合性（为验证数据的重复性，试验次数一般选择 3 次）。审查代表需要对落振试验进行目击。

（d）将起落架的吸收能量能力与设计的理论值进行对比分析，编制起落架落振试验报告和分析报告。

（e）在涉及供应商文件的前提下，对起落架系统涉及的供应商文件进行审查，以保证符合性。

4.3.3 EH.727 储备能量吸收落振试验

起落架储备能量吸收落振试验是通过试验室试验，对起落架在个别情况下承受过大的着陆过载时的吸收能量能力进行验证，通过试验后起落架结构是否破坏作为试验判据，如果起落架破坏，则需要重新调节各项参数，进行迭代设计。具体进行的符合性验证思路如下：

（a）根据客户需求，明确总体构型，选择轮式起落架或滑橇起落架构型。

（b）根据交点数据图以及旋翼航空器设计特征和基本数据进行起落架打样设计，用软件建立起落架数字模型，对起落架落振时的吸能性能进行分析，得出起落架落振试验的理论载荷行程曲线，初步确定起落架吸收能量的能力以及起落架所承受的地面载荷。对于轮式起落架需在此处明确机轮、轮胎、刹车的设计参数，对于滑橇起落架需明确弓形梁的设计参数（直径、壁厚等），编制起落架设计说明报告和起落架性能计算报告。

（c）根据规章要求以及以往型号经验，储备能量吸收落振试验高度为 304.5 毫米，试验件构型要能够代表旋翼航空器的起落架状态，且考虑有效质量的方法来模拟旋翼升力，对于轮式起落架考虑水平姿态、倾斜姿态（倾斜角度 14.5 度以上）、机轮起转水平姿态以及尾部下沉姿态；对于滑橇式起落架，需选择水平着陆和有阻力水平着陆临界姿态［具体见第 29.501 条（b）（c）款］，经 1 次试验验证其符合性。审查代表需要对储备能量吸收落振试验进行目击。

（d）第 29.727 条（c）款规定了储备能量吸收落振试验的试验判据，编制起落架储备能量吸收落振试验报告和分析报告。

（e）在涉及供应商文件的前提下，对起落架系统涉及的供应商文件进行审查，以保证符合性。

4.3.4 EH.729 电动收放机构

本条款的验证是通过说明文件、分析/计算、安全性分析、试验室试验和飞行试验来验证条款的符合性，其中 CCAR29.729（f）款需结合 CCAR29.777、CCAR29.779 和 CCAR29.1555 条款进行验证。

（a）确定极限载荷状态。

本条款一般可通过载荷分析计算，表明起落架收放机构、轮舱门及其支撑结构已考虑了各种飞行姿态、不同飞行速度下各类载荷的组合情况：设计起落架收放机构、机轮、轮舱门和支撑结构要考虑起落架收上时的飞行载荷、与运动及机轮旋转有关的惯性载荷，要考虑起落架放下时的载荷，还要考虑偏航机动附加到收放机构上的载荷。由此筛选的临界载荷工况是全面的、典型的、合理的。

（b）确定上下位锁的设计功能性和可靠性。

首先是确定上下位锁设计的合理性，能够准确地实现将起落架锁住的功能，然后结合收放试验和耐久试验来验证其功能性和可靠性。

本款一般用说明性文件和机上地面检查表明下位锁是合理的；可通过功能性试验表明下位锁能将起落架保持在放下位置，通过耐久性试验表明下位锁的工作是可靠的；供应商提供的设备合格鉴定文件也可用来表明符合性。

(c) 确定起落架应急放的可靠性。

本款一般采用设计说明性文件、图样等表明设计了手动的应急放系统，用系统安全性分析表明应急放在正常系统收放功能失效或任一能源系统失效情况下，可以作为备份系统提供足够的冗余来保证旋翼航空器的安全着陆，用飞行试验演示应急放功能。

(d) 起落架收放试验的验证。

本款的操作试验可通过试验室台架试验和飞行试验来进行，一般来说试验室试验表明收放系统功能完整性，飞行试验表明真实使用环境下的预定功能和应急处置程序。

首先通过起落架设计要求明确起落架收上和放下的时间，以及上下位锁需要保持的时间，然后进行台架试验，对起落架的收放功能进行演示，验证起落架收放功能是否正常。

在通过试验室试验后，可进行飞行试验，验证在飞行条件下起落架收放功能是否正常，并验证应急处置程序的合理性。

(e) 起落架位置显示的验证。

对于位置显示一般会采取发光指示器，当装置处于正确的着陆位置时，用绿光表示；告警光（红色、琥珀色等）始终是亮着的，除非起落架和轮舱门已确认在着陆或收上位置。

可通过试飞机组评定来验证该条款的符合性。

(f) 起落架操纵系统的验证。

对于起落架收放系统的操作，一般需要进行飞行机组评定，对起落架收放开关的操作方向、告警装置切断开关的人为因素考虑进行评定。

(g) 起落架告警系统的验证。

关于收放机构的告警装置，需要通过系统安全性分析和试飞进行验证。

首先确定着陆状态的定义，明确着陆状态的临界速度值、警告高度和警告方式。

根据着陆状态定义来确定告警系统工作逻辑，通过系统安全性分析来对告警装置进行设计，满足可靠性要求，最后进行飞行试验来验证告警装置工作的可靠性。

4.3.5 EH.731 机轮

选用轮式起落架的旋翼航空器必须符合本条款要求。

(a) 选用的机轮必须经过中国民航局的批准。

(Ⅰ) 选用机轮时，优先选用已经过中国民航局批准，或机轮单独取得 CTSOA 或 VDA 证书的机轮；

(Ⅱ) 选用未取得 CTSOA 或 VDA 证书的机轮时，机轮的设计控制和检验将作为旋翼航空器型号设计的一部分执行，且必须符合 CTSO 或 TSO 标准。

(b) 机轮最大静载荷选取。

依据旋翼航空器起落架的设计构型和可能的地面载荷工况（最大质量、临界重心位置时的质量，即旋翼航空器静态停放时），设计机轮静额定载荷值。机轮的最大静载荷额定值，不得小于其平衡旋翼航空器质量时承受的最大地面静反作用力。

（c）机轮最大限制载荷额定值的选取。

依据旋翼航空器起落架的设计构型和可能的地面载荷工况（着陆和滑行时最严酷的载荷工况），确定机轮的构型和承载要求。机轮的最大限制载荷额定值的选取，通常会考虑第 29. 235 条、第 29. 471 条～第 29. 497 条、第 29. 511 条的要求来确定。

4.3.6 EH.733 轮胎

（a）如选用满足 CTSO-C62 的 CTSOA 产品，则只需要提供设备合格证明文件，表明轮胎与轮辋的配合关系；如采用非 CTSOA 的随机研制和取证的轮胎，则需编制相关说明性文件，如起落架设计符合性说明或轮胎设计符合性说明来表明轮胎与轮辋的配合关系。

（b）确定轮胎的设计载荷，通过地面载荷计算确定预期使用条件下轮胎所需承受的最大静载荷和动载荷，需编制地面载荷计算报告；然后根据此载荷选取获得 CTSOA 认证的轮胎或依据此载荷研发轮胎，对于获得 CTSOA 认证的轮胎，则根据其设备合格证明文件中轮胎载荷试验结果确定轮胎选取是否合适，对于研发的轮胎，则需进行轮胎载荷试验确定是否满足载荷要求，编制相关的载荷试验大纲和试验报告。然后将满足载荷要求的轮胎安装到起落架上随机开展落振试验考核，确定是否需要修正地面载荷，如落振试验后确定需通过更改轮胎设计来满足条款要求，则重新选取获得 CTSOA 认证的轮胎或重新研制轮胎，以保证轮胎的最大静载荷和动载荷额定值能够覆盖预期使用中所需承受的最大载荷。

（c）根据轮胎的尺寸验证，确定轮胎最大尺寸装填，对于研制产品，则编制相关试验大纲和试验报告，对于 CTSOA 产品，则提供设备合格证明文件；航空器检查测量轮胎与结构或邻近系统的间隙，可结合第 29. 729 条要求的起落架收放操作试验来测量，综合考虑轮胎在各种状态下的最大尺寸修正间隙结果。

4.3.7 EH.735 电动刹车

本条款的验证是通过说明文件、分析/计算、试验室试验、飞行试验和设备合格鉴定来验证条款的符合性。

（a）确定审查方式。

通常选用符合 CTSO-C26 的刹车，选用前确定刹车的额定值以及各种标准参数是否符合主机要求，并对轮胎进行设备合格审定。

（b）评估刹车装置的使用特性。

主要是试飞机组评估刹车装置的可达性，易辨识使用；另外就是分析计算操纵载荷是否满足第 29. 397 条（b）款要求；

进行飞行试验，试验结果表明对第 29. 735 条（b）款的符合性；首先刹车的动力源有电驱动和液压驱动，先通过设计说明文件来说明刹车动力源的设计情况，然后结合无动力试飞验证刹车在无动力状态下是否有效。

(c) 对刹车装置的刹车能力进行鉴定。

分析计算可能的最大不平衡力矩，结合设备合格证明材料确定刹车系统设计额定值是否能够覆盖不平衡力矩，另外结合设备合格鉴定（刹车试验）确定刹车能力，最后进行试验室试验确定 10 度斜坡停放状态的刹车能力。

4.3.8 EH.737 雪橇

(a) 应根据旋翼航空器起落架的设计构型和可能的地面载荷工况及涉及的各种飞行姿态进行载荷计算，确定各种姿态下起落架可能承受的载荷（包括最大限制地面载荷、最大气动力和惯性载荷、地面转动或扭转载荷等），雪橇的最大限制载荷额定值必须不小于按本规章中适用的地面载荷要求所确定的最大限制载荷。

(b) 然后依据起落架载荷报告，对起落架的强度和疲劳性能进行验证，需通过试验室试验来验证雪橇的强度和疲劳（包括雪橇的安装结构件），如果是选用 TSO 件，则应请供应商提供相应文件表明符合性。最后结合飞行机组评定对雪橇安装装置进行地面或者飞行评定。

4.4 条款解析

4.4.1 EH.723 减振试验

4.4.1.1 条款安全意图和实质要求分析

4.4.1.1.1 条款安全意图

该条款规定，必须用限制落振试验和能量吸收试验（减振试验）来验证确定着陆载荷的起落架动态特性的分析，并且确保对于第 29.725 条、第 29.727 条规定的设计条件、分析方法是有效的。减振试验是对起落架进行投放以检验其减振系统功能的试验。

4.4.1.1.2 条款实质要求

要求进行限制落振试验和能量吸收试验表明满足第 29.725 条和第 29.727 条要求。这些试验必须用完整的旋翼航空器或用由机轮、轮胎和缓冲器按它们原有关系构成的组合件来进行。对于带有滑橇起落架的旋翼航空器，可以在完整的旋翼航空器或带有完整滑橇起落架的模拟机身上进行。

4.4.1.1.3 条款关键点分析

根据条款，要求判断以下关键点：

(a) 试验夹具和试验件的安装以及落振方式，即确定对于起落架着陆的最严重状态。

(b) 落振试验的有效质量的确定。

(c) 曲线和判据是否能够说明理论曲线和实际曲线的关系。

(d) 试验室试验须经过三个过程：

（Ⅰ）编制试验大纲并经局方批准；

（Ⅱ）按经批准的试验大纲开展实验室试验并接受局方检查；

（Ⅲ）编制试验报告并经局方批准。

(e) 起落架的着陆惯性载荷系数确定的方法。

4.4.1.2 条款关联信息

第 29.723 条主要针对起落架的减振试验；

第 29.725 条“限制落振试验”中，指出了限制落振试验需要遵从的规定；

第 29.727 条“储备能量吸收落振试验”中，指出了储备能量吸收落振试验需要遵从的规定。

综上分析，相关条款包括：

(a) 第 29.725 条“限制落振试验”；

(b) 第 29.727 条“储备能量吸收落振试验”。

4.4.2 EH.725 限制落振试验

4.4.2.1 条款安全意图和实质要求分析

4.4.2.1.1 条款安全意图

该条款规定了起落架限制落振试验的具体要求。限制落振试验必须在投放高度、模拟旋翼升力、落振姿态、有效质量计算方法四个方面满足条款规定方能被认可为有效的。说明了旋翼航空器在试验时如何考虑升力的作用和不同着陆姿态的影响。

4.4.2.1.2 条款实质要求

本条款从投放高度、模拟旋翼升力、落振姿态、有效质量计算方法四个方面对落振试验给出具体要求。

本条 (a) 款对落振试验的高度进行了规定，要求落振试验的高度必须至少为 203 毫米（8 英寸）。

本条 (b) 款对落振试验模拟旋翼升力进行了规定。要求如果考虑升力，需考虑第 29.473 条 (a) 款中所规定的旋翼升力，必须通过适当的能量吸收装置或采用有效质量引入到落振试验中。

本条 (c) 款对落振试验试验件落振姿态进行了规定，要求每个起落架必须模拟从其吸收能量的角度来看是最严重的着陆情况的姿态进行试验。

本条 (d) 款对落振试验试验件有效质量进行了规定。

4.4.2.1.3 条款关键点分析

本款是落振试验要求，根据条款，要求判断以下关键点：

(a) 试验夹具和试验件的安装以及落振方式，即确定为对于起落架着陆的最严重的状态。

(b) 限制落振试验的试验件选择和先后顺序（涉及轮式起落架和滑橇起落架的区别）。

(c) 曲线和判据是否能够说明理论曲线和实际曲线的关系。

(d) 试验室试验须经过三个过程，即编制试验大纲并经局方批准；按经批准的试验大纲开展实验室试验并接受局方检查；编制试验报告并经局方批准。

(e) 成品（机轮、轮胎、刹车）是否符合相关的 CTSO 标准。

4.4.2.2 条款关联信息

第 29. 305 条“强度和变形”；

第 29. 307 条“结构验证”；

第 29. 473 条“地面受载情况和假定”；

第 29. 479 条“水平着陆情况”；

第 29. 481 条“机尾下沉着陆情况”；

第 29. 501 条“地面受载情况：滑橇式起落架”；

第 29. 723 条“减振试验”。

4.4.3 EH.727 储备能量吸收落振试验

4.4.3.1 条款安全意图和实质要求分析

4.4.3.1.1 条款安全意图

该条款规定了起落架储备能量吸收落振试验的具体要求。储备能量吸收落振试验必须在投放高度、模拟旋翼升力、破坏判据三个方面满足条款规定，方能被认可为有效的。

4.4.3.1.2 条款实质要求

本条款从投放高度、模拟旋翼升力、试验判据三个方面对落振试验给出具体要求。

本条 (a) 款对储备能量吸收落振试验高度进行了规定，要求起落架储备能量吸收落振试验的高度至少为 304. 5 毫米（限制落振试验高度的 1. 5 倍)。

本条 (b) 款对落振试验模拟旋翼升力进行了规定。要求如果考虑升力，需考虑第 29. 473 条 (a) 款中所规定的旋翼升力，必须通过适当的能量吸收装置或采用有效质量引入到落振试验中，但最大值不得超过 29. 725 (b) 的规定，不得超过该条允许升力的 1. 5 倍。

本条 (c) 款对储备能量吸收落振试验的试验判据进行了规定。前起落架、尾轮或主起落架的构件不能将旋翼航空器支撑在正常姿态，或者除起落架和外部附件之外的旋翼航空器结构撞击着陆地面，即视为起落架发生破坏。

4.4.3.1.3 条款关键点分析

本条款是落振试验要求，根据条款要求判断以下关键点：

(a) 试验夹具和试验件的安装以及落振方式，即确定对于起落架着陆的最严重状态；

(b) 储备能量落振试验的试验件选择；

(c) 起落架是否破坏；

(d) 成品（机轮、轮胎、刹车）的有效性；

(e) 储备能量吸收落振试验须经过三个过程：

(Ⅰ) 编制试验大纲并经局方批准；

(Ⅱ) 按经批准的试验大纲开展实验室试验并接受局方检查；

(Ⅲ) 编制试验报告。

4.4.3.2 条款关联信息

第 29. 305 条“强度和变形”；

第 29. 307 条“结构验证”；

第 29. 473 条“地面受载情况和假定”；

第 29. 479 条“水平着陆情况”；

第 29. 481 条“机尾下沉着陆情况”；

第 29. 501 条“地面受载情况：滑橇式起落架”；

第 29. 723 条“减振试验”；

第 29. 725 条“限制落振试验”。

CCAR29. 727 储备能量吸收落振试验是在第 29. 725 条“限制落振试验”的基础上增加落振高度而开展的储备能量吸收落振试验。起落架的落振试验是为了验证第 29. 305 条、第 29. 307 条，起落架的载荷条件满足第 29. 473 条“地面受载情况和假定”、第 29. 479 条“水平着陆情况”、第 29. 481 条“机尾下沉着陆情况”。对于滑橇式起落架，应考虑第 29. 501 条“地面受载情况”。

4.4.4 EH.729 电动收放机构

4.4.4.1 条款安全意图和实质要求分析

4.4.4.1.1 条款安全意图

该条款规定了起落架收放机构的具体要求。收放机构必须在载荷、起落架锁、应急系统、操作试验、位置指示器、操纵、起落架警告装置七个方面满足条款规定，方能被认可为有效的。

4.4.4.1.2 条款实质要求

本条是对旋翼航空器可收放轮式起落架中收放机构的设计要求，对不可收放轮式起落架设计本条款不适用，但适用于装有可收放起落架的水陆两用航空器。

本条要求主要内容包括：起落架收放机构、起落架舱门、起落架收放机构和舱门的支撑结构设计时的载荷选取要求；失效条件放下起落架的应急措施要求；上位锁和下位锁的设计要求；起落架上位锁定和下位锁定的位置指示和告警要求；收放机构的操纵和功能验证要求。

本条（a）款有关载荷的要求适用于起落架的收放机构（通常包括收放作动筒、传动摇臂、上位锁、下位锁等）、轮舱门（一般包括舱门和护板、舱门机构、舱门锁、舱门收放作动筒）和支撑结构（一般包括收放系统的支座、连接件及其连接的起落架和机体结构相关部位）。

本条（a）款（Ⅰ）项是起落架收上位置时，飞行情况出现的载荷通常指轮舱门的气动载荷和起落架及其系统因质量引起的惯性载荷，此时起落架处在机轮舱内，需要保证起落架收放机构及其连接件能够承受起落架惯性载荷，以至于旋翼航空器在空中进行机动飞行时起落架不会产生危害飞行安全的运动。

本条（a）款（Ⅱ）项是针对起落架收放过程中的载荷的组合，该载荷与起落架的放下位置、相应的空速的载荷系数（旋翼航空器重心过载）有关；一般情况下，起落架要克服的阻力为收放机构的摩擦力、旋翼航空器重心过载、旋翼航空器飞行带来的空气阻力。在起落架收上时，除旋翼航空器重心过载外，收放机构一般要克服起落架自身重力、收放机构摩擦力，如果是向前收上的前起落架，还要克服很大的空气阻力；在起落架放下时，除旋翼航空器重心过载外，收放机构一般要克服收放机构摩擦力和空气阻力。

本条（a）款（Ⅲ）项是针对起落架处于放下位置时的飞行载荷，考虑的载荷要求除旋翼航空器重心过载外，主要考虑的是空气阻力和偏航机动带来的非对称临界载荷。

本条（b）款要求在放下位置用于固定起落架的起落架锁必须有可靠的设计措施，使得起落架能保持在放下位置。

本条（c）款要求的应急放系统作为起落架正常放下系统的备份，在起落架正常放下功能因单个能源丧失或其他可能的故障不能放下并锁住起落架时应急放并锁住起落架。应急放系统与正常系统之间应相互独立。

本条（d）款要求必须通过操作试验来验证收放机构的功能是正常的。工作正常（或功能正常）一般是指在预计的运行条件下，起落架收放的时间满足设计要求、起落架的收放过程平稳、起落架的位置指示正确。预计的运行条件可能包括任何地面情况和雨雪天气情况。

本条（e）款是对位置指示器的要求，一般情况下，绿灯亮时表示起落架放下并锁定；琥珀色灯亮时表示起落架收放手柄的位置与起落架位置不一致，即起落架正在收上或放下中；当起落架收上并锁定时，琥珀色信号灯熄灭。

本条（f）款是对起落架操纵装置操作方向的要求，后续操纵杆或操纵装置的位置和操作，必须符合第 29.777 条、第 29.779 条规定。本条包括操纵器件识别，应防止混淆和误动。

本条（g）款是对起落架告警系统的要求，一旦着陆前起落架没有放下，便向机组发出警告；当旋翼航空器处于正常着陆状态而起落架没有完全放下和锁住时，它将连续警告；警告装置必须具有人工切断功能，在旋翼航空器不再处于着陆状态时，警告系统必须能自动复位。

4.4.4.1.3　条款关键点分析

本条款是起落架收放机构的要求，根据条款要求判断以下关键点：

（a）收放机构选用载荷是否符合规章要求的最严酷状态，包括起落架处于三种形态的着陆、机动、突风和偏航等。

（b）起落架收放试验的验证是否包括了起落架锁和收放机构的功能验证。

（c）起落架告警系统工作逻辑是否合理。

（d）是否通过试飞验证了应急情况下的操纵和警告系统。

（e）操作试验和飞行试验须经过三个过程，即：

（Ⅰ）编制试验大纲并经局方批准；

（Ⅱ）按经批准的试验大纲开展实验室试验并接受局方检查；

（Ⅲ）编制试验报告并经局方批准。

（f）机上检查大纲须经局方批准，并接受局方检查。

4.4.4.2 条款关联信息

第 29. 777 条“驾驶舱操纵器件”；

第 29. 779 条“驾驶舱操纵器件的动作和效果”；

第 29. 1301 条“功能和安装”；

第 29. 1309 条“设备、系统及安装”；

第 29. 1555 条“操纵器件标记”。

第 29. 729 条（f）款是对起落架操纵装置操作方向的要求，操纵杆或操纵装置的位置和操作，必须符合第 29. 777 条、第 29. 779 条规定。其中包括操纵器件识别，应防止混淆和误动。

第 29. 1555 条有关操纵器件标记，其中第 29. 1555 条（d）款（Ⅱ）项和（e）款与起落架操纵有关。

4.4.5 EH.731 机轮

4.4.5.1 条款安全意图和实质要求分析

4.4.5.1.1 条款安全意图

该条款规定了对机轮的具体要求。机轮必须在局方批准、静载荷、最大限制载荷三个方面满足条款规定，方能被认可为有效的。

4.4.5.1.2 条款实质要求

本条是对旋翼航空器轮式起落架中机轮的设计要求，不适用于采用非轮式起落架设计的旋翼航空器。

本条（a）款要求采用轮式起落架的旋翼航空器机轮必须经过局方的批准。批准方式一般有：

（Ⅰ）符合技术标准规定 CTSO-C26 的要求并取得 CTSOA 证书；

（Ⅱ）符合技术标准规定 TSO-C26 的要求，取得 TSOA 证书，并取得中国民航局 VDA 证书；

（Ⅲ）随民用航空产品的型号合格审定、型号设计合格审定、补充型号合格审定和改装设计批准合格审定一起批准。

本条（b）款是对机轮的静载荷设计要求，即旋翼航空器静态停放时，机轮的设计静额定载荷值，不得小于其平衡旋翼航空器重量时承受的最大地面静反作用力。该反作用力一般是停机状态下，考虑旋翼航空器最大停机重量和临界重心位置各种组合情况得到的最大平衡力，这样机轮的设计静额定载荷才能够满足旋翼航空器各种状态的停放需要。

本条（c）款是对机轮的最大限制载荷的设计要求，即主要考虑机轮在各种使用情况下的载荷承受能力。这就需要考虑旋翼航空器轮式起落架的各种构型配置（如前三点式起落架、尾轮式起落架等）和承受各种地面载荷下（如单轮着陆、水平着陆和考虑 29. 235 条的滑行条件等）的情况，通常会考虑第 29. 235 条、第 29. 471 条～第 29. 497 条、第

29.511 条的要求来确定最严酷的机轮径向限制载荷，然后保证机轮的设计最大限制额定载荷不小于各种着陆状态下的最严酷机轮径向限制载荷。

4.4.5.1.3 条款关键点分析

根据条款要求判断以下关键点：

(a) 选用的机轮是否符合相应技术标准规定的要求并经过批准；

(b) 经过批准的机轮的技术指标是否符合型号的要求；

(c) 未取得 CTSOA 或 VDA 证书的机轮，需要开展必要的试验审查。

4.4.5.2 条款关联信息

第 29.235 条“滑行条件”；

第 29.471 条“总则”；

第 29.473 条“地面受载情况和假定”；

第 29.475 条“轮胎和缓冲器”；

第 29.477 条“起落架的布置”；

第 29.479 条“水平着陆情况”；

第 29.481 条“机尾下沉着陆情况”；

第 29.483 条“单轮着陆情况”；

第 29.485 条“侧轮着陆情况”；

第 29.493 条“滑行刹车情况”；

第 29.497 条“地面受载情况：尾轮式起落架”；

第 29.511 条“地面载荷：多轮起落架装置的非对称载荷”。

4.4.6 EH.733 轮胎

4.4.6.1 条款安全意图和实质要求分析

4.4.6.1.1 条款安全意图

该条款规定了轮胎的具体要求。轮胎必须在与机轮安装配合、载荷、收放间隙三个方面满足条款规定，方能被认可为有效的。

4.4.6.1.2 条款实质要求

本条是对装在旋翼航空器轮式起落架机轮上的轮胎的要求，不采用轮式起落架的旋翼航空器不适用此条款。

本条（a）款是对轮胎和机轮的安装配合要求，要求起落架上每个轮胎的设计和选取必须与轮辋相配合。

本条（b）款是对轮胎的载荷要求，即设计或选用的轮胎应保证实际使用中承受的最大静载荷或动载荷不大于轮胎的静载荷和动载荷额定值。该载荷由假设设计（最大）质量和起落架每个轮胎的临界重心时的地面静反作用力确定。轮胎的载荷设计必须考虑以下情况：旋翼航空器最大设计质量；旋翼航空器停放状态下的临界重心时（旋翼航空器重心前限），主轮轮胎上承受的地面静反作用力；前轮轮胎上的载荷需考虑承受特殊的动态载荷条件（假定旋翼航空器质量集中在临界重心上并产生一个 1.0g 的向下力和 0.25g 的向前力）。

本条（c）款是对可收或放起落架上轮胎的安装要求，即轮胎在预期的使用环境下（最大尺寸应考虑静止、转动和环境温度的影响，确定临界的状态），无论收或放状态，轮胎都应该和结构或邻近的系统有足够的间隙。

4.4.6.1.3 条款关键点分析

本条款是对起落架收放机构的要求，根据条款要求判断以下关键点：

（a）选用的轮胎是否符合相应技术标准规定的要求并经过批准；

（b）选用的受载情况是否考虑航空器最严酷载荷工况，以覆盖旋翼航空器所有可能使用环境；

（c）选用轮胎是否符合机轮相应技术要求；

（d）机上安装检查可收放起落架上所装的每个轮胎的安装间隙，以防止轮胎与结构或系统的任何部分发生接触；

（e）未取得 CTSOA 或 VDA 证书的轮胎，需要开展必要的试验审查。

4.4.6.2 条款关联信息

第 29.729 条“收放机构”；

第 29.731 条“机轮”。

4.4.7 EH.735 电动刹车

4.4.7.1 条款安全意图和实质要求分析

4.4.7.1.1 条款安全意图

该条款规定了刹车的具体要求。刹车必须在布置位置、无动力着陆、性能要求三个方面满足条款规定方能被认可为有效的。

4.4.7.1.2 条款实质要求

本条是对于轮式起落架刹车装置的规定，包括刹车操纵系统的布置、刹车动力的要求和刹车本身能力要求。

本条（a）款主要考虑轮式起落架的刹车装置布置的位置应该保证驾驶员易于使用，不会误动；另外，刹车的操纵力应该满足第 29.397 条规定的限制作用力，除可按照第 29.771 条规定之外，副驾驶员处刹车装置可以选用。

本条（b）款考虑刹车装置在旋翼航空器无动力状态下着陆时能够功能正常，在机轮刹车系统动力源的设计中需考虑该要求（通常动力源有液压驱动和电驱动，需针对不同动力源考虑备份或应急状态的动力供应问题）。

本条（c）款是对机轮刹车装置的性能要求，刹车力矩应能够抵消旋翼起动或停转时的不平衡力矩，满足第 29.493 条（b）款（Ⅱ）项和第 29.497 条（g）款（Ⅱ）项（ⅱ）中的要求；还应该保证旋翼航空器能够停放在 10 度的平滑干燥路面上。要求刹车装置的布置应该保证无论在轮胎是否变形情况下，刹车装置都不能与地面接触。刹车装置能够抵消旋翼系统在起、停转过程中产生的不平衡力矩。

4.4.7.1.3　条款关键点分析

根据条款要求判断以下关键点：

（a）选用刹车是否符合相应技术标准规定要求；

（b）选用刹车的额定值是否符合规章的规定和型号技术要求；

（c）选用刹车的刹车能力是否满足整机在 10 度斜坡上停放一定时间的要求。

4.4.7.2　条款关联信息

第 29.397 条“驾驶员限制作用力和扭矩”；

第 29.493 条“滑行刹车情况”；

第 29.497 条“地面受载情况：尾轮式起落架”；

第 29.771 条“驾驶舱”。

4.4.8　EH.737 雪橇

4.4.8.1　条款安全意图和实质要求分析

4.4.8.1.1　条款安全意图

该条款规定了雪橇的具体要求。雪橇必须在设计载荷、稳定装置两个方面满足条款规定方能被认可为有效的。

4.4.8.1.2　条款实质要求

本条是对安装雪橇的旋翼航空器的设计要求。为了便于直升机在雪地上使用，在滑橇式或轮式起落架上装橇板或“熊掌”状结构。

本条（a）款要求雪橇的选择或设计上要符合按本规章中适用的地面载荷要求所确定的最大限制载荷设计要求。

本条（b）款要求雪橇与机身连接须具有稳定装置，为了保证其强度满足飞行要求，该机构须满足在飞行中所承受的最大气动载荷和惯性载荷要求（主要包括最大气动力载荷、惯性载荷以及第 29.505 条地面转动或扭矩载荷等载荷工况下的静强度和疲劳强度两方面的内容），气动载荷应以 1.1 倍的限制载荷设计速度（VNE）为依据，在设计中所采用的最大 VNE 可能会仅仅由于雪橇构型的空速限制而减小。

4.4.8.1.3　条款关键点分析

审查中需要关注的一般要素和审查重点如下：

（a）雪橇验证用的载荷是否考虑了最大限制地面载荷、最大气动力和惯性载荷、地面转动或扭转载荷等所有载荷工况；

（b）雪橇最大限制地面载荷是否超过滑橇供应商给出的限制载荷额定值；

（c）雪橇与机身结构的连接强度验证用的载荷是否是经筛选的最严酷的载荷；

（d）应注意考虑雪橇对全机地面共振和振动的影响。

4.4.8.2　条款关联信息

第 29.505 条“雪橇着陆情况”。

4.5 符合性验证方法和审查要点

4.5.1 EH.723 减振试验

4.5.1.1 国内外符合性方法分析

4.5.1.1.1 FAAAC 相关分析

FAA 颁布过与 FAR29.723 相关的咨询通告，如表 4-9 所示。

表 4-9 FAR29.723 相关咨询通告

咨询通告编号	标题	生效日期	是否有效
AC29-2A	Certification of Transport Category Rotorcraft.	1987.9.16	No
AC29-2B	Certification of Transport Category Rotorcraft.	1997.7.30	No
AC29-2C	Certification of Transport Category Rotorcraft.	1999.9.30	No
AC29-2C-Change8	Certification of Transport Category Rotorcraft.	2018.7.2	Yes

AC29-2A 是 1987 年 9 月 16 日颁布的，先后有三次更改，包括对第 29.723 条咨询通告的内容。被 1997 年 7 月 30 日颁布的 AC29-2B 取消。

AC29-2B 是在 AC29-2A 基础上，增加了咨询通告的内容。第 29.723 条咨询通告的内容未做变动。

1999 年 9 月 30 日颁布的 AC29-2C 是针对 FAR29 部第 42 修正案颁布后的咨询通告，颁布 AC29-2C 时取消了 AC29-2B。第 29.723 条咨询通告的内容未做变动。

AC29-2C Change8 是现行有效的版本，其中 FAR29.723（修正案 29-24）沿用了修订后的 AC29-2C 内容，AC29-2C-Change1～Change8 未对本条款内容进行更改。

CCAR29.723 在 R0 颁布后，R1 和 R2 修订时，未对本条款进行修订，本条款与 FAR29.723（修正案 29-0）要求一致。因此，AC29-2C-Change8 是适用于我国当前有效的 CCAR29.723 要求的。

4.5.1.1.2 FAA 和 EASA 差异分析

根据 CS29 book2 的规定，现行有效的 CS29.723 的 AMC 与 FAAAC29-2C（日期为 1999 年 9 月 30 日）的 AC29.723 保持一致，FAAAC29-2C 与 FAAAC29-2C-Change8 无差异。

针对此条款要求的符合性方法，FAA 和 EASA 无差异。

4.5.1.2 符合性验证工作流程及具体要求

起落架落振试验是通过试验室试验，验证起落架设计所用的着陆载荷系数是否不小于落振试验得到的着陆载荷系数。通过对起落架吸收载荷的能力进行测试，利用试验得到的结果与理论结果进行拟合分析，如果误差过大（一般情况下大于 10%），则需要重新调节各项参数，进行迭代设计。具体符合性验证思路如下：

（Ⅰ）根据需求，明确起落架的构型，选择轮式起落架或滑橇起落架构型，并进行限制落振试验和储备能量吸收落振试验。

（Ⅱ）根据交点数据图以及旋翼航空器设计特征和基本数据对起落架落振时的吸能性能进行分析，得出起落架落振试验的理论载荷行程曲线，初步确定起落架吸收能量的能力以及起落架所承受的地面载荷。对于轮式起落架需在此处明确机轮、轮胎、刹车的设计参数，对于滑橇起落架需明确弓形梁的设计参数（曲率、壁厚等），编制起落架设计说明报告和起落架性能计算报告。

（Ⅲ）根据规章要求以及以往型号经验，限制落振试验高度至少为 203 毫米，试验件构型要能够代表旋翼航空器的起落架状态，且考虑有效质量的方法来模拟旋翼升力，对于轮式起落架考虑水平姿态、倾斜姿态（倾斜角度 14. 5 度以上）、机轮水平起旋以及尾部下沉姿态；对于滑橇式起落架，需选择水平着陆和有阻力水平着陆临界姿态［具体见第 29. 501 条（b）（c）款］，经多次落振试验验证其符合性（为验证数据的重复性，试验次数一般选择 3 次），编制起落架落振试验报告和分析报告。

（Ⅳ）第 29. 727 条规定了储备能量吸收落振试验的试验方法和判据，具体试验方法如下：根据规章要求以及以往型号经验，储备能量吸收落振高度为限制落振高度的 1. 5 倍，试验件构型要能够代表旋翼航空器的起落架状态，且考虑有效质量的方法来模拟旋翼升力，对于轮式起落架考虑水平姿态、倾斜姿态（倾斜角度 14. 5 度以上）、机轮水平起旋以及尾部下沉姿态；对于滑橇式起落架，需选择水平着陆和有阻力水平着陆临界姿态［具体见第 29. 501 条（b）（c）款］，经 1 次试验验证其符合性。编制起落架储备能量吸收落振试验报告和分析报告。

（Ⅴ）对起落架系统涉及的供应商文件进行审查，以保证符合性。

（Ⅵ）需考虑限制落振和储备能量吸收落振试验的试验件确定和先后顺序（涉及轮式起落架和滑橇起落架的区别）。

4.5.1.3 符合性验证资料

表明本条款符合性通常应提交的资料如下（表 4-10）：

（a）MC1 说明性文件。

编制说明性文件，包括起落架设计说明报告、设计图纸，阐明旋翼航空器起落架的设计构型。

（b）MC2 分析/计算。

编制旋翼航空器起落架性能计算报告，通过打样设计计算地面载荷和起落架吸收能量的能力。

（c）MC4 试验室试验。

依据第 29. 725 条和第 29. 727 条的要求编制旋翼航空器起落架落振试验大纲，并根据试验结果编制试验报告，对比起落架落振计算报告进行试验分析，出具试验分析报告。

表 4-10　29. 723-1 条款的符合性验证方法

适航条款号	符合性验证方法										备注
	MC0	MC1	MC2	MC3	MC4	MC5	MC6	MC7	MC8	MC9	
29. 723		√	√		√						

4.5.1.4 审定要点

审查中需要关注的一般要素和审查重点如下：

(a) 试验夹具和试验件的安装以及落振方式，即确定对于起落架着陆的最严重状态。

(b) 落振试验的有效质量的确定。

(c) 曲线和判据是否能够说明理论曲线和实际曲线的关系。

(d) 试验室试验须经过三个过程，即：

(Ⅰ) 编制试验大纲并经局方批准；

(Ⅱ) 按经批准的试验大纲开展实验室试验并接受局方检查；

(Ⅲ) 编制试验报告并经局方批准。

(e) 起落架的着陆惯性载荷系数确定的方法。

4.5.2 EH. 725 限制落振试验

4.5.2.1 国内外符合性方法分析

4.5.2.1.1 FAAAC 相关分析

FAA 颁布过与 FAR29. 725 相关的咨询通告，如表 4-11 所示。

表 4-11 FAR29. 725 相关咨询通告

咨询通告编号	标题	生效日期	是否有效
AC29-2A	Certification of Transport Category Rotorcraft.	1987. 9. 16	No
AC29-2B	Certification of Transport Category Rotorcraft.	1997. 7. 30	No
AC29-2C	Certification of Transport Category Rotorcraft.	1999. 9. 30	No
AC29-2C-Change8	Certification of Transport Category Rotorcraft.	2018. 7. 2	Yes

AC29-2A 是 1987 年 9 月 16 日颁布的，先后有三次更改，包括对第 29. 725 条咨询通告的内容的更改。被 1997 年 7 月 30 日颁布的 AC29-2B 取消。

AC29-2B 是在 AC29-2A 基础上，增加了咨询通告的内容。第 29. 725 条咨询通告的内容未做变动。

1997 年 9 月 30 日颁布的 AC29-2C 是针对 FAR29 部第 42 修正案颁布后的咨询通告，颁布 AC29-2C 时取消了 AC29-2B。第 29. 725 条咨询通告的内容未做变动。

AC29-2C-Change8 是现行有效的版本，其中 FAR29. 725（修正案 29-24）沿用了修订后的 AC29-2C 内容，AC29-2C-Change1～Change8 未对本条款内容进行更改。

CCAR29. 725 在 R0 颁布后，R1 和 R2 修订时，未对本条款进行修订，本条款与 FAR29. 725（修正案 29-3）要求一致。因此，AC29-2C-Change8 是适用于我国当前有效的 CCAR29. 725 要求的。

4.5.2.1.2 FAA 和 EASA 差异分析

根据 CS29 book2 的规定，现行有效的 CS29. 725 的 AMC 与 FAAAC29-2C（日期为 1999 年 9 月 30 日）的 AC29. 725 保持一致，FAAAC29-2C 与 FAAAC29-2C-Change8 无差异。

针对此条款要求的符合性方法，FAA和EASA无差异。

4.5.2.2 符合性验证工作流程及具体要求

起落架落振试验是通过试验室试验，对起落架吸收载荷的能力进行测试，通过试验得到的结果与理论结果进行拟合分析，如果误差过大（一般情况下大于10%），则需要重新调节各项参数，进行迭代设计。具体符合性验证思路如下：

（Ⅰ）根据客户需求，明确总体构型，选择轮式起落架或滑橇起落架构型。

（Ⅱ）根据交点数据图以及旋翼航空器设计特征和基本数据进行起落架打样设计，用软件建立起落架数字模型，对起落架落振时的吸能能力进行分析，得出起落架落振试验的理论载荷行程曲线，初步确定起落架吸收能量的能力以及起落架所承受的地面载荷。对于轮式起落架需在此处明确机轮、轮胎、刹车的设计参数，对于滑橇起落架需明确弓形梁的设计参数（直径、壁厚等），编制起落架设计说明报告和起落架性能计算报告。

（Ⅲ）根据规章要求以及以往型号经验，限制落振试验高度为203毫米，试验件构型要能够代表旋翼航空器的起落架状态，且考虑有效质量的方法来模拟旋翼升力，对于轮式起落架考虑水平姿态、倾斜姿态（倾斜角度14.5度以上）、机轮水平起旋以及尾部下沉姿态；对于滑橇式起落架，需选择水平着陆和有阻力水平着陆临界姿态［具体见第29.501条（b）（c）款］，经多次落振试验验证其符合性（为验证数据的重复性，试验次数一般选择3次）。审查代表需要对落振试验进行目击。

（Ⅳ）将起落架的吸收能量能力与设计的理论值进行对比分析，编制起落架落振试验报告和分析报告。

（Ⅴ）在涉及供应商文件的前提下，对起落架系统涉及的供应商文件进行审查，以保证符合性。

4.5.2.3 符合性验证资料

表明本条款符合性通常应提交的资料如下（表4-12）：

MC4试验室试验。

编制试验大纲，说明试验件的构型（必须用完整的旋翼航空器或用机轮、轮胎和缓冲器按它们原有的关系构成的组合件来进行），确定试验件状态（取得CTSOA证书的设备提供CTSOA证书，国外设备提供VDA证书），确定试验要求和试验判据，根据试验结果，出具试验报告。

表4-12 29.725-1条款的符合性验证方法

适航条款号	符合性验证方法										备注
	MC0	MC1	MC2	MC3	MC4	MC5	MC6	MC7	MC8	MC9	
29.725(a)					√						
29.725(b)					√						
29.725(c)					√						
29.725(d)					√						

4.5.2.4 审定要点

审查中需要关注的一般要素和审查重点如下：

(a) 试验夹具和试验件的安装以及落振方式，即确定为对于起落架着陆的最严重的状态。

(b) 限制落振试验的试验件构型确定和先后顺序（涉及轮式起落架和滑橇起落架的区别）。

(c) 曲线和判据是否能够说明理论曲线和实际曲线的关系。

(d) 试验室试验须经过三个过程，即：

(Ⅰ) 编制试验大纲并经局方批准；

(Ⅱ) 按经批准的试验大纲开展实验室试验并接受局方检查；

(Ⅲ) 编制试验报告并经局方批准。

(e) 成品（机轮、轮胎、刹车）是否符合相关的 CTSO 标准。

4.5.3 EH. 727 储备能量吸收落振试验

4.5.3.1 国内外符合性方法分析

4.5.3.1.1 FAAAC 相关分析

FAA 颁布过与 FAR29. 727 相关的咨询通告，如表 4-13 所示。

表 4-13 FAR29. 727 相关咨询通告

咨询通告编号	标题	生效日期	是否有效
AC29-2A	Certification of Transport Category Rotorcraft.	1987. 9. 16	No
AC29-2B	Certification of Transport Category Rotorcraft.	1997. 7. 30	No
AC29-2C	Certification of Transport Category Rotorcraft.	1999. 9. 30	No
AC29-2C-Change8	Certification of Transport Category Rotorcraft.	2018. 7. 2	Yes

AC29-2A 是 1987 年 9 月 16 日颁布的，先后有三次更改，包括对第 29. 727 条咨询通告的内容。被 1997 年 7 月 30 日颁布的 AC29-2B 取消。

AC29-2B 是在 AC29-2A 基础上，增加了咨询通告的内容。第 29. 727 条咨询通告的内容未做变动。

1999 年 9 月 30 日颁布的 AC29-2C 是针对 FAR29 部第 42 修正案颁布后的咨询通告，颁布 AC29-2C 时取消了 AC29-2B。第 29. 727 条咨询通告的内容未做变动。

AC29-2C-Change8 是现行有效的版本，其中 FAR29. 727（修正案 29-24）沿用了修订后的 AC29-2C 内容，AC29-2C-Change1～Change8 未对本条款内容进行更改。

CCAR29. 727 在 R0 颁布后，R1 和 R2 修订时，未对本条款进行修订，本条款与 FAR29. 727（修正案 29-30）要求一致。因此，AC29-2C-Change8 是适用于我国当前有效的 CCAR29. 727 要求的。

4.5.3.1.2 FAA 和 EASA 差异分析

根据 CS29 book2 的规定，现行有效的 CS29. 727 的 AMC 与 FAAAC29-2C（日期为 1999 年 9 月 30 日）的 AC29. 727 保持一致，FAAAC29-2C 与 FAAAC29-2C-Change8 无差异。

针对此条款要求的符合性方法，FAA 和 EASA 无差异。

4.5.3.2 符合性验证工作流程及具体要求

起落架储备能量吸收落振试验是通过试验室试验，对起落架在个别情况下承受过大的着陆过载时的吸收能量能力进行验证，通过试验后起落架结构是否破坏作为试验判据，如果起落架破坏，则需要重新调节各项参数，进行迭代设计。具体进行的符合性验证思路如下：

（Ⅰ）根据客户需求，明确总体构型，选择轮式起落架或滑橇起落架构型。

（Ⅱ）根据交点数据图以及旋翼航空器设计特征和基本数据进行起落架打样设计，用软件建立起落架数字模型，对起落架落振时的吸能性能进行分析，得出起落架落振试验的理论载荷行程曲线，初步确定起落架吸收能量的能力以及起落架所承受的地面载荷。对于轮式起落架需在此处明确机轮、轮胎、刹车的设计参数，对于滑橇起落架需明确弓形梁的设计参数（直径、壁厚等），编制起落架设计说明报告和起落架性能计算报告。

（Ⅲ）根据规章要求以及以往型号经验，储备能量吸收落振试验高度为 304. 5 毫米，试验件构型要能够代表旋翼航空器的起落架状态，且考虑有效质量的方法来模拟旋翼升力，对于轮式起落架考虑水平姿态、倾斜姿态（倾斜角度 14. 5 度以上）、机轮起转水平姿态以及尾部下沉姿态；对于滑橇式起落架，需选择水平着陆和有阻力水平着陆临界姿态［具体见第 29. 501 条（b）（c）款］，经 1 次试验验证其符合性。审查代表需要对储备能量吸收落振试验进行目击。

（Ⅳ）第 29. 727 条（c）款规定了储备能量吸收落振试验的试验判据，编制起落架储备能量吸收落振试验报告和分析报告。

（Ⅴ）在涉及供应商文件的前提下，对起落架系统涉及的供应商文件进行审查，以保证符合性。

4.5.3.3 符合性验证资料

表明本条款符合性通常应提交的资料如下（表 4-14）：

MC4 试验室试验。

编制试验大纲，说明试验件的构型（必须用完整的直升机或用由机轮、轮胎和缓冲器按它们原有的关系构成的组合件来进行），确定试验件状态（取得 CTSOA 证书的设备提供 CTSOA 证书，国外设备提供 VDA 证书），确定试验要求和试验判据，根据试验结果，出具试验报告。

表 4-14 29. 727-1 条款的符合性验证方法

适航条款号	符合性验证方法										备注
	MC0	MC1	MC2	MC3	MC4	MC5	MC6	MC7	MC8	MC9	
29. 727(a)					√						
29. 727(b)					√						
29. 727(c)					√						

4.5.3.4 审定要点

审查中需要关注的一般要素和审查重点如下：

(a) 试验夹具和试验件的安装以及落振方式，即确定对于起落架着陆的最严重状态。

(b) 储备能量落振试验的试验件选择。

(c) 起落架是否破坏。

(d) 成品（机轮、轮胎、刹车）的有效性。

(e) 储备能量吸收落振试验须经过三个过程，即：

(Ⅰ) 编制试验大纲并经局方批准；

(Ⅱ) 按经批准的试验大纲开展实验室试验并接受局方检查；

(Ⅲ) 编制试验报告并经局方批准。

4.5.4 EH. 729 电动收放机构

4.5.4.1 国内外符合性验证方法分析

4.5.4.1.1 FAAAC 相关分析

FAA 颁布过 3 项与 FAR29. 729 相关的咨询通告，如表 4-15 所示。

表 4-15 FAR29. 729 相关咨询通告

咨询通告编号	标题	生效日期	是否有效
AC29-2A	Certification of Transport Category Rotorcraft.	1987. 9. 16	No
AC29-2B	Certification of Transport Category Rotorcraft.	1997. 7. 30	No
AC29-2C	Certification of Transport Category Rotorcraft.	1999. 9. 30	No
AC29-2C-Change8	Certification of Transport Category Rotorcraft.	2014. 5. 1	Yes

AC NO. 29-2A 是 1987 年 9 月 16 日颁布的，先后有三次更改，包括对第 29. 729 条咨询通告的内容的更改。被 1997 年 7 月 30 日颁布的 AC NO. 29-2B 取消。

AC NO. 29-2B 是在 AC NO. 29-2A 基础上，增加了咨询通告的内容。第 29. 729 条咨询通告的内容未做变动。

1999 年 9 月 30 日颁布的 AC NO. 29-2C 是针对 FAR29 部第 42 修正案颁布后的咨询通告，颁布 AC NO. 29-2C 时取消了 AC NO. 29-2B。第 29. 729 条咨询通告的内容未做变动。

AC NO. 29-2C-Change8 是现行有效的版本，其中 FAR29. 729（修正案 29-24）沿用了修订后的 AC NO. 29-2C 内容，AC NO. 29-2C-Change1～Change8 未对本条款内容进行更改。

CCAR29. 729 在 R0 颁布后，R1 和 R2 修订时，未对本条款进行修订，本条款与 FAR29. 729（修正案 29-24）要求一致。因此，AC NO. 29-2C-Change8 是适用于我国当前有效的 CCAR29. 729 要求的。

4.5.4.1.2 FAA 和 EASA 差异分析

EASA AMC 修订时对本条未做另行修订，与 FAA 的 AC 要求保持一致。

4.5.4.1.3 经验教训和风险分析

起落架收放结构属于成熟、非新颖设计，并且当前我国对该条款符合性过程中所需试验设施设备、资源和能力水平等均具备。

针对该条款进行符合性验证过程中应特别关注收放系统功能的安全性分析验证。存在收放机构及其驾驶舱内起落架状态指示功能不一致的风险，在安全性分析过程中对潜在的故障分析应特别关注，特别是出现非预期功能状态时。

4.5.4.2 符合性验证工作流程及具体要求

本条款的验证是通过说明文件、分析/计算、安全性分析、试验室试验和飞行试验来验证条款的符合性，其中 CCAR29. 729（f）款需结合 CCAR29. 777、CCAR29. 779 和 CCAR29. 1555 条款进行验证。

（a）确定极限载荷状态。

本条款一般可通过载荷分析计算，表明起落架收放机构、轮舱门及其支撑结构已考虑了各种飞行姿态、不同飞行速度下各类载荷的组合情况：设计起落架收放机构、机轮、轮舱门和支撑结构要考虑起落架收上时的飞行载荷、与运动及机轮旋转有关的惯性载荷，要考虑起落架放下时的载荷，还要考虑偏航机动附加到收放机构上的载荷。由此筛选的临界载荷工况是全面的、典型的、合理的。

（b）确定上下位锁的设计功能和可靠性。

首先是确定上下位锁设计的合理性，能够准确地实现将起落架锁住的功能，然后结合收放试验和耐久试验来验证其功能性和可靠性。

本条款一般用说明性文件和机上地面检查表明下位锁是合理的；可通过功能性试验表明下位锁能将起落架保持在放下位置，通过耐久性试验表明下位锁的工作是可靠的；供应商提供的设备合格鉴定文件也可用来表明符合性。

（c）确定起落架应急放的可靠性。

本条款一般采用设计说明性文件、图样等表明设计了手动的应急放系统，用系统安全性分析表明应急放在正常系统收放功能失效或任一能源系统失效情况下可以作为备份系统提供足够的冗余来保证旋翼航空器的安全着陆，用飞行试验演示应急放功能。

（d）起落架收放试验的验证。

本条款的操作试验可通过试验室台架试验和飞行试验来进行，一般来说试验室试验表明收放系统功能完整性，飞行试验表明真实使用环境下的预定功能和应急处置程序。

首先通过起落架设计要求明确起落架收上和放下的时间，以及上下位锁需要保持的时间，然后进行台架试验，对起落架的收放功能进行演示，验证起落架收放功能是否正常。

在通过试验室试验后，可进行飞行试验，验证在飞行条件下起落架收放功能是否正常，并验证应急处置程序的合理性。

（e）起落架位置显示的验证。

对于位置显示一般会采取发光指示器，当装置处于正确的着陆位置时，用绿光表示；告警光（红色、琥珀色等）始终是亮着的，除非起落架和轮舱门已确认在着陆或收上位置。

可通过试飞机组评定来验证该条款的符合性。

（f）起落架操纵系统的验证。

对于起落架收放系统的操作，一般需要进行飞行机组评定，对起落架收放开关的操作方向、告警装置切断开关的人为因素考虑进行评定。

(g) 起落架告警系统的验证。

关于收放机构的告警装置，需要通过系统安全性分析和试飞进行验证。

首先确定着陆状态的定义，明确着陆状态的临界速度值、告警高度和告警方式。

根据着陆状态定义来确定告警系统工作逻辑，通过系统安全性分析来对告警装置进行设计，满足可靠性要求，最后进行飞行试验来验证告警装置工作的可靠性。

4.5.4.3 符合性验证资料

表明本条款符合性通常应提交的资料如下（表 4-16）：

表 4-16 29.729-1 条款的符合性验证方法

适航条款号	符合性验证方法										备注
	MC0	MC1	MC2	MC3	MC4	MC5	MC6	MC7	MC8	MC9	
29.729(a)			√								
29.729(b)		√			√						
29.729(c)		√		√			√				
29.729(d)					√						
29.729(e)		√			√		√				
29.729(f)		√					√				
29.729(g)		√					√				

(a) MC1 说明性文件。

编制说明性文件，包括起落架设计说明报告、设计图纸，阐明旋翼航空器起落架收放机构的设计、收放机构上下位锁的设计、收放机构显示系统的设计、收放机构应急放的设计、起落架告警装置的设计、收放机构操纵系统的设计等。

(b) MC2 分析/计算。

分析计算“起落架收放机构载荷计算”，分析起落架收放机构在收上、运动过程中和放下状态中的最严酷工作状态，计算起落架收放机构需要具备的强度和收放时液压系统需要提供的压力，在飞行状态下需要考虑组合载荷。

(c) MC3 安全评估。

对起落架应急放和起落架告警系统进行安全评估，验证其失效不影响旋翼航空器的安全。

(d) MC4 试验室试验。

编制试验大纲，进行起落架收放试验，验证整个收放机构的功能、验证起落架锁（一般是上/下位锁）、验证位置指示器系统的功能，并根据试验结果编制试验报告。

(e) MC6 飞行试验。

编制试飞大纲，对起落架应急放、起落架告警系统进行飞行试验，验证其是否工作正常，驾驶员提供机组评定清单，对各项目进行评定。

4.5.4.4 审定要点

审查中需要关注的一般要素和审查重点如下：

(a) 收放机构选用载荷是否符合规章要求的最严酷状态，包括起落架处于收起、放下和运动过程中三种形态的着陆载荷、机动载荷、突风载荷和偏航载荷等；

(b) 起落架收放试验的验证是否包括了起落架锁和收放机构的功能验证；

(c) 起落架告警系统工作逻辑是否合理；

(d) 是否通过试飞验证了应急情况下的操纵和告警系统。

4.5.5 EH. 731机轮

4.5.5.1 国内外符合性验证方法分析

4.5.5.1.1 FAAAC相关分析

FAA颁布过与FAR29. 731相关的咨询通告，如表4-17所示。

表4-17 FAR29. 731相关咨询通告

咨询通告编号	标题	生效日期	是否有效
AC29-2A	Certification of Transport Category Rotorcraft.	1987. 9. 16	No
AC29-2B	Certification of Transport Category Rotorcraft.	1997. 7. 30	No
AC29-2C	Certification of Transport Category Rotorcraft.	1999. 9. 30	No
AC29-2C-Change8	Certification of Transport Category Rotorcraft.	2018. 7. 2	Yes

AC29-2A是1987年9月16日颁布的，先后有三次更改，包括对第29. 731条咨询通告的内容的更改。被1997年7月30日颁布的AC29-2B取消。

AC29-2B是在AC29-2A基础上，增加了咨询通告的内容。第29. 731条咨询通告的内容未做变动。

1999年9月30日颁布的AC29-2C是针对FAR29部第42修正案颁布后的咨询通告，颁布AC29-2C时取消了AC29-2B。29. 731咨询通告的内容未做变动。

AC29-2C-Change8是现行有效的版本，其中FAR29. 731（修正案29-24）沿用了修订后的AC29-2C内容，AC29-2C-Change1～Change8未对本条款内容进行更改。

CCAR29. 731在R0颁布后，R1和R2修订时，未对本条款进行修订，本条款与FAR29. 731（修正案29-0）要求一致。因此，AC29-2C-Change8是适用于我国当前有效的CCAR29. 731要求的。

4.5.5.1.2 FAA和EASA差异分析

根据CS29 book2的规定，现行有效的CS29. 731的AMC与FAAAC29-2C（日期为1999年9月30日）的AC29. 731保持一致，FAAAC29-2C与FAAAC29-2C-Change8无差异。

针对此条款要求的符合性方法，FAA和EASA无差异。

4.5.5.2 符合性验证工作流程及具体要求

选用轮式起落架的旋翼航空器必须考虑此条款要求。

(a) 选用的机轮必须经过中国民航局的批准：

(Ⅰ) 选用机轮时，优先选用已经过中国民航局批准，或机轮单独取得CTSOA或VDA证书的机轮；

（Ⅱ）选用未取得 CTSOA 或 VDA 证书的机轮时，机轮的设计控制和检验将作为旋翼航空器型号设计的一部分执行，且必须符合 CTSO 或 TSO 标准。

（b）机轮最大静载荷选取。

依据旋翼航空器起落架的设计构型和可能的地面载荷工况（最大质量、临界重心位置时的质量，即旋翼航空器静态停放时），设计机轮静载荷额定值。机轮的最大静载荷额定值，不得小于其平衡旋翼航空器质量时承受的最大地面静反作用力。

（c）机轮最大限制载荷额定值的选取。

依据旋翼航空器起落架的设计构型和可能的地面载荷工况（着陆和滑行时最严酷的载荷工况），确定机轮的构型和承载要求。机轮的最大限制载荷额定值的选取，通常会考虑第 29.235 条、第 29.471 条～第 29.497 条、第 29.511 条的要求来确定。

4.5.5.3 符合性验证资料

表明本条款符合性通常应提交的资料如下（表 4-18）：

表 4-18 29.731-1 条款的符合性验证方法

适航条款号	符合性验证方法										备注
	MC0	MC1	MC2	MC3	MC4	MC5	MC6	MC7	MC8	MC9	
29.731(a)		√	√		√					√	
29.731(b)			√		√						
29.731(c)			√		√						

（a）MC1 说明性文件。

编制说明性文件，包括起落架系统设计说明报告、设计图纸和安装图纸、机轮技术规范等，阐明旋翼航空器起落架的设计构型、机轮的基本信息、性能参数和机轮的设计及其余主机的安装接口等。

（b）MC2 分析/计算。

编制旋翼航空器起落架地面载荷计算报告，依据起落架可能的各种工况，分析机轮所能承受的最大地面载荷，并与机轮的设计载荷进行对比分析，必须确保起落架处于最严酷工况下，机轮所承受的载荷（包括静载荷、着陆载荷和滑行载荷）不应大于机轮的设计载荷。

（c）MC4 试验室试验。

编制试验大纲，进行机轮静力试验，确定机轮设计载荷额定值不小于起落架在各种工况下的最大径向载荷要求，并根据试验结果编制试验报告。

（d）MC9 设备合格鉴定。

对于随航空器型号合格审定一起批准的机轮，应在设备技术规范中要求其满足 CTSO-C26《CCAR23、27、29 部航空器机轮、刹车和机轮刹车组件》的要求，并由供应商提供相关的批准文件，如型号批准表等。

对于取得 CTSOA 证书的设备，由供应商提供 CTSOA 证书；

对于国外设备，由供应商提供相应的合格证明文件。

4.5.5.4 审定要点

审查中需要关注的一般要素和审查重点如下：

（a）选用的机轮是否符合相应技术标准规定的要求并经过批准；

（b）经过批准的机轮的技术指标是否符合型号的要求；

（c）未取得 CTSOA 或 VDA 证书的机轮，需要开展必要的试验审查。

4.5.6 EH. 733 轮胎

4.5.6.1 国内外符合性方法分析

4.5.6.1.1 FAAAC 相关分析

FAA 颁布过与 FAR29. 733 相关的咨询通告，如表 4-19 所示。

表 4-19 FAR29. 733 相关咨询通告

咨询通告编号	标题	生效日期	是否有效
AC29-2A	Certification of Transport Category Rotorcraft.	1987. 9. 16	No
AC29-2B	Certification of Transport Category Rotorcraft.	1997. 7. 30	No
AC29-2C	Certification of Transport Category Rotorcraft.	1999. 9. 30	No
AC29-2C-Change8	Certification of Transport Category Rotorcraft.	2018. 7. 2	Yes

AC29-2A 是 1987 年 9 月 16 日颁布的，先后有三次更改，包括对第 29. 733 条咨询通告的内容的更改。被 1997 年 7 月 30 日颁布的 AC29-2B 取消。

AC29-2B 是在 AC29-2A 基础上，增加了咨询通告的内容。第 29. 733 条咨询通告的内容未做变动。

1999 年 9 月 30 日颁布的 AC29-2C 是针对 FAR29 部第 42 修正案颁布后的咨询通告，颁布 AC29-2C 时取消了 AC29-2B。29. 733 咨询通告的内容未做变动。

AC29-2C-Change8 是现行有效的版本，其中 FAR29. 733（修正案 29-24）沿用了修订后的 AC29-2C 内容，AC29-2C-Change1～Change8 未对本条款内容进行更改。

CCAR29. 733 在 R0 颁布后，R1 和 R2 修订时，未对本条款进行修订，本条款与 FAR29. 733（修正案 29-12）要求一致。因此，AC29-2C-Change8 是适用于我国当前有效的 CCAR29. 733 要求的。

4.5.6.1.2 FAA 和 EASA 差异分析

根据 CS29 book2 的规定，现行有效的 CS29. 733 的 AMC 与 FAAAC29-2C（日期为 1999 年 9 月 30 日）的 AC29. 733 保持一致，FAAAC29-2C 与 FAAAC29-2C-Change8 无差异。

针对此条款要求的符合性方法，FAA 和 EASA 无差异。

4.5.6.2 符合性验证工作流程及具体要求

（a）如选用满足 CTSO-C62 的 CTSOA 产品，则只需要提供设备合格证明文件，表明轮胎与轮辋的配合关系；如采用非 CTSOA 的随机研制和取证的轮胎，则需编制相关说明性文件，如起落架设计符合性说明或轮胎设计符合性说明来表明轮胎与轮辋的配合关系。

（b）确定轮胎的设计载荷，通过地面载荷计算确定预期使用条件下轮胎所需承受的最大静载荷和动载荷，需编制地面载荷计算报告；然后根据此载荷选取获得 CTSOA 证书的轮胎或依据此载荷研发轮胎，对于获得 CTSOA 证书的轮胎，则根据其设备合格证明文件中轮胎载荷试验结果确定轮胎选取是否合适，对于研发的轮胎，则需进行轮胎载荷试验确定是否满足载荷要求，编制相关的载荷试验大纲和试验报告。最后将满足载荷要求的轮胎安装到起落架上随机开展落振试验考核，确定是否需要修正地面载荷，如落振试验后确定需通过更改轮胎设计来满足条款要求，则重新选取获得 CTSOA 证书的轮胎或重新研制轮胎，以保证轮胎的最大静载荷和动载荷额定值能够覆盖预期使用中所需承受的最大载荷。

（c）根据轮胎的尺寸验证，确定轮胎最大尺寸装填，对于研制产品，则编制相关试验大纲和试验报告，对于 CTSOA 产品，则提供设备合格证明文件；航空器检查测量轮胎与结构或邻近系统的间隙，可结合 29.729 条要求的起落架收放操作试验来测量，综合考虑轮胎在各种状态下的最大尺寸修正间隙结果。

4.5.6.3 符合性验证资料

表明本条款符合性通常应提交的资料如下（表 4-20）：

表 4-20　29.733-1 条款的符合性验证方法表

适航条款号	符合性验证方法										备注
	MC0	MC1	MC2	MC3	MC4	MC5	MC6	MC7	MC8	MC9	
29. 733(a)		√								√	
29. 733(b)			√		√					√	
29. 733(c)					√			√		√	

（a）MC1 说明性文件。

编制说明性文件，包括起落架系统设计说明报告、图样目录、成品技术规范等，阐明所选机轮轮胎构型、性能参数、轮胎与机轮安装接口、尺寸等相关信息。

（b）MC2 分析/计算。

编制旋翼航空器起落架地面载荷计算报告，依据供应商轮胎载荷输入，编制载荷报告，需要在载荷报告中描述轮胎装机后满足整机载荷工况及使用要求，轮胎的载荷额定值不应小于旋翼航空器严酷载荷工况下轮胎所需承受的载荷值。

（c）MC4 试验室试验。

编制试验大纲，进行轮胎静负载试验，考核航空器最严酷载荷工况，并根据试验结果编制试验报告。

（d）MC7 机上检查。

可收放起落架上所装的每个轮胎可以通过机上检查确定是否满足与周围的结构及系统之间有足够的间距要求，需要编制机上检查大纲，按照大纲进行检查并形成机上检查报告。

（e）MC9 设备合格鉴定。

对于随航空器型号合格审定一起批准的轮胎，应在设备技术规范中要求其满足 CTSO-C62《航空轮胎》的要求，并由供应商提供相关的批准文件，如型号批准表等。

对于取得 CTSOA 证书的设备，由供应商提供 CTSOA 证书；对于国外设备，由供应商提供相应的合格证明文件。

4.5.6.4 审定要点

审查中需要关注的一般要素和审查重点如下：

（a）选用的轮胎是否符合相应技术标准规定要求并经过批准；

（b）选用的受载情况是否考虑航空器最严酷载荷工况，以覆盖旋翼航空器所有可能使用环境；

（c）选用轮胎是否符合机轮相应技术要求；

（d）机上安装检查可收放起落架上所装的每个轮胎安装间隙，以防止轮胎与结构或系统的任何部分发生接触；

（e）未取得 CTSOA 或 VDA 证书的轮胎，需要开展必要的试验审查。

4.5.7 EH. 735 电动刹车

4.5.7.1 国内外符合性验证方法分析

4.5.7.1.1 FAAAC 相关分析

FAA 颁布过与 FAR29. 735 相关的咨询通告，如表 4-21 所示。

表 4-21 FAR29. 735 相关咨询通告

咨询通告编号	标题	生效日期	是否有效
AC29-2A	Certification of Transport Category Rotorcraft.	1987. 9. 16	No
AC29-2B	Certification of Transport Category Rotorcraft.	1997. 7. 30	No
AC29-2C	Certification of Transport Category Rotorcraft.	1999. 9. 30	No
AC29-2C-Change8	Certification of Transport Category Rotorcraft.	2018. 7. 2	Yes

AC29-2A 是 1987 年 9 月 16 日颁布的，先后有三次更改，包括对第 29. 735 条咨询通告的内容的更改。被 1997 年 7 月 30 日颁布的 AC29-2B 取消。

AC29-2B 是在 AC29-2A 基础上，增加了咨询通告的内容。第 29. 735 条咨询通告的内容未做变动。

1999 年 9 月 30 日颁布的 AC29-2C 是针对 FAR29 部第 42 修正案颁布后的咨询通告，颁布 AC29-2C 时取消了 AC29-2B。29. 735 咨询通告的内容未做变动。

AC29-2C-Change8 是现行有效的版本，其中 FAR29. 735（修正案 29-24）沿用了修订后的 AC29-2C 内容，AC29-2C-Change1～Change8 未对本条款内容进行更改。

CCAR29. 735 在 R0 颁布后，R1 和 R2 修订时，未对本条款进行修订，本条款与 FAR29. 735（修正案 29-24）要求一致。因此，AC29-2C-Change8 是适用于我国当前有效的 CCAR29. 735 要求的。

4.5.7.1.2 FAA 和 EASA 差异分析

根据 CS29 book2 的规定，现行有效的 CS29. 735 的 AMC 与 FAAAC29-2C（日期为 1999 年 9 月 30 日）的 AC29. 735 保持一致，FAAAC29-2C 与 FAAAC29-2C-Change8 无差异。

针对此条款要求的符合性方法，FAA 和 EASA 无差异。

4.5.7.2 符合性验证工作流程及具体要求

本条款的验证是通过说明文件、分析/计算、试验室试验、飞行试验和设备合格鉴定来验证条款的符合性。

（a）确定审查方式。

通常选用符合 CTSO-C26 的刹车，选用前确定刹车的额定值以及各种标准参数是否符合主机要求，并对轮胎进行设备合格审定。

（b）评估刹车装置的使用特性：

主要是试飞机组评估刹车装置的可达性，易辨识使用；另外就是分析计算操纵载荷是否满足第 29.397 条（b）款要求；

进行飞行试验，试验结果表明对第 29.735 条（b）款的符合性，首先刹车的动力源有电驱动和液压驱动，先通过设计说明来说明刹车动力源的设计情况，然后结合无动力试飞验证刹车在无动力状态下是否有效。

（c）对刹车装置的刹车能力进行鉴定。

分析计算可能的最大不平衡力矩，结合设备合格证明材料确定刹车系统设计额定值是否能够覆盖不平衡力矩，另外结合设备合格鉴定（刹车试验）确定刹车能力，最后进行试验室试验确定 10 度斜坡停放状态的刹车能力。

4.5.7.3 符合性验证资料

表明本条款符合性通常应提交的资料如下（表 4-22）：

表 4-22　29.735-1 条款的符合性验证方法

适航条款号	符合性验证方法										备注
	MC0	MC1	MC2	MC3	MC4	MC5	MC6	MC7	MC8	MC9	
29.735(a)		√	√				√			√	
29.735(b)			√				√			√	
29.735(c)					√					√	

（a）MC1 说明性文件。

编制说明性文件，包括起落架刹车系统的设计说明报告，阐明刹车系统动力源的设计、刹车操纵系统的设计、刹车系统显示的设计等信息。

（b）MC2 分析/计算。

编制刹车系统地面载荷和强度计算报告，根据条款要求和整机工作状态，定义刹车系统在各种飞行状态中的最严酷工作状态，然后通过分析最严酷工作状态，来计算刹车系统需要具备的能力和工作时液压系统需要提供的压力，以保证刹车系统在最严酷状态下能够正常工作。

编制试验大纲，进行 10 度斜坡停放试验，验证整个刹车系统的功能、验证刹车能否将机体停放在斜坡上，并根据试验结果编制试验报告。

（c）MC6 飞行试验。

编制飞行试验大纲，对刹车装置的可达性，易辨识使用，以及无动力状态刹车系统的使用进行演示，驾驶员对试验项目做出评估。

（d）MC9 设备合格鉴定。

本条款通过设备合格鉴定来对刹车进行合格审定。

对于符合 CTSO-C26 的刹车，需要取得 CTSOA 或 VDA 证书。

4.5.7.4 审定要点

审查中需要关注的一般要素和审查重点如下：

（a）选用刹车是否符合相应技术标准规定要求；

（b）选用刹车的额定值是否符合规章的规定和型号技术要求；

（c）选用刹车的刹车能力是否满足整机在 10 度斜坡上停放一定时间的要求。

4.5.8 EH. 737 雪橇

4.5.8.1 国内外符合性验证方法分析

4.5.8.1.1 FAAAC 相关分析

FAA 颁布过与 FAR29. 737 相关的咨询通告，如表 4-23 所示。

表 4-23 FAR29. 737 相关咨询通告

咨询通告编号	标题	生效日期	是否有效
AC29-2A	Certification of Transport Category Rotorcraft.	1987. 9. 16	No
AC29-2B	Certification of Transport Category Rotorcraft.	1997. 7. 30	No
AC29-2C	Certification of Transport Category Rotorcraft.	1999. 9. 30	No
AC29-2C-Change8	Certification of Transport Category Rotorcraft.	2018. 7. 2	Yes

AC29-2A 是 1987 年 9 月 16 日颁布的，先后有三次更改，包括对第 29. 737 条咨询通告的内容的更改。被 1997 年 7 月 30 日颁布的 AC29-2B 取消。

AC29-2B 是在 AC29-2A 基础上，增加了咨询通告的内容。第 29. 737 条咨询通告的内容未做变动。

1999 年 9 月 30 日颁布的 AC29-2C 是针对 FAR29 部第 42 修正案颁布后的咨询通告，颁布 AC29-2C 时取消了 AC29-2B。第 29. 737 条咨询通告的内容未做变动。

AC29-2C-Change8 是现行有效的版本，其中 FAR29. 737（修正案 29-24）沿用了修订后的 AC29-2C 内容，AC29-2C-Change1～Change8 未对本条款内容进行更改。

CCAR29. 737 在 R0 颁布后，R1 和 R2 修订时，未对本条款进行修订，本条款与 FAR29. 737（修正案 29-0）要求一致。因此，AC29-2C-Change8 是适用于我国当前有效的 CCAR29. 737 要求的。

4.5.8.1.2 FAA 和 EASA 差异分析

根据 CS-29 book2 的规定，现行有效的 CS29. 737 的 AMC 与 FAAAC29-2C（日期为 1999 年 9 月 30 日）的 AC29. 737 保持一致，FAAAC29-2C 与 FAAAC29-2C-Change8 无差异。

针对此条款要求的符合性方法，FAA 和 EASA 无差异。

4.5.8.2 符合性验证工作流程及具体要求

应根据旋翼航空器起落架的设计构型和可能的地面载荷工况及涉及的各种飞行姿态进

行载荷计算，确定各种姿态下起落架可能承受的载荷（包括最大限制地面载荷、最大气动力和惯性载荷、地面转动或扭转载荷等），雪橇的最大限制载荷额定值必须不小于按本规章中适用的地面载荷要求所确定的最大限制载荷。

然后依据起落架载荷报告，对起落架的强度和疲劳进行验证，需通过试验室试验来验证雪橇的强度和疲劳（包括雪橇的安装结构件），如果是选用 TSO 件，则应请供应商提供相应文件表明符合性。

最后结合飞行机组评定对于雪橇安装装置进行地面或者飞行评定。

4.5.8.3 符合性验证资料

表明本条款符合性通常应提交的资料如下（表 4-24）：

表 4-24 29.737-1 条款的符合性验证方法

适航条款号	符合性验证方法										备注
	MC0	MC1	MC2	MC3	MC4	MC5	MC6	MC7	MC8	MC9	
29.737(a)			√		√		√			√	
29.737(b)			√		√						

（a）MC2 分析/计算。

编制雪橇载荷计算报告，考虑旋翼航空器可能涉及的各种飞行姿态并确定各种姿态下起落架可能承受的载荷（包括最大限制地面载荷、最大气动力和惯性载荷、地面转动或扭转载荷等）。

（b）MC4 试验室试验。

编制试验大纲，进行雪橇静力试验、雪橇疲劳试验，并根据试验结果编制试验报告。

（c）MC6 飞行试验

结合其他飞行试验，验证雪橇在飞行中能保持在固定位置，由驾驶员给出评定。

（d）MC9 设备合格鉴定。

对于随航空器型号合格审定一起批准的滑橇，应在设备技术规范中要求其满足 TSO-C28《Aircraft Skis》的要求，并由供应商提供相关的批准文件，如型号批准表等。

对于进口设备，由供应商提供相应的合格证明文件。

4.5.8.4 审定要点

审查中需要关注的一般要素和审查重点如下：

（a）雪橇验证用的载荷是否考虑了最大限制地面载荷、最大气动力和惯性载荷、地面转动或扭转载荷等所有载荷工况；

（b）雪橇最大限制地面载荷是否超过滑橇供应商给出的限制载荷额定值；

（c）雪橇与机身结构的连接强度验证用的载荷是否是经筛选的最严酷的载荷；

（d）应注意考虑雪橇对全机地面共振和振动的影响。

第5章 环控系统

5.1 直升机环控系统

5.1.1 概述

现代飞行器的座舱和设备舱都要进行环境控制，这是为了在飞行时保证旅客和空勤人员正常生活和设备可靠工作而对飞行器所提出的特定要求。飞行器环境控制系统的主要任务就是在各种飞行条件下，将舱内空气的压力、温度、湿度、气流速度和洁净度保持在允许范围或规定值内，至于所要求的数值大小，则视各种飞行器的类型和用途而定。

就直升机而言，由于其绝大部分使用场景为中低空的低速飞行或垂直悬停，直升机座舱往往采用非气密设计，舱内压力与外界大气压一致，无须进行调节。此外，直升机的滞空时间相对较短，一般对舱内湿度也无特定要求。因此，直升机环控系统主要负责调节座舱内部空气的温度、气流速度和洁净度。

5.1.2 系统组成

直升机环控系统的基本组成可以分为以下几类：

（ⅰ）气源系统：环控系统工作时所用气体的来源；

（ⅱ）加温系统：提供高于当前座舱温度的热空气，实现座舱加温；

（ⅲ）通风系统：向座舱内提供新鲜空气；

（ⅳ）制冷系统：提供低于当前座舱温度的冷空气，实现座舱制冷；

（ⅴ）空气分配系统：对输入座舱的空气组织和分配，使其更好地满足人体生理需求，包括供气管路、空气喷嘴等；

（ⅵ）控制和显示系统：控制环控系统的运行状态并避免其工作在允许范围之外，可向舱内乘员显示相关信息，如阀门、活门、限流装置和传感器等。

(a) 气源系统。

气源系统是环控系统所用气体的来源，直升机环控系统使用的气源主要有两类：发动机压气机引气和机外环境空气。发动机压气机引气的压力和温度较高，通常用于加温或制冷系统；而机外环境空气除了为座舱通风换气外，还可作为加温/制冷系统的冷源气体使用。气源系统及附件，设计上应保证在飞机所有状态下都能正常工作并保持结构完整。结构变形、振动和其他环境条件引起力的变化时，气源系统的走向应保证任何导管或附件的损坏不会引起热空气直接冲击飞机任何功能系统而影响飞行安全。

气源系统提供的气体需满足以下要求，以保证环形系统的正常运行：

(Ⅰ) 压力。气源系统提供的气体需有一定压力，一方面是为了克服流动过程中的损失并保证一定的流速，另一方面也是为了满足某些系统工作时的压力需求（如采用空气循环原理的制冷系统）。使用发动机压气机引气时，提供的气体压力也不能过高，以避免损坏管路系统。

(Ⅱ) 温度。气源系统提供的气体需有一定温度，在绝大多数情况下无需额外进行调节，只是在使用发动机压气机引气时需对引气温度进行限制，同样也是为了避免损坏管路系统。

(Ⅲ) 流量。为保证座舱环境能够维持在稳定状态，需要保证一定的供气量，其值取决于座舱空气的各基本参数（压力、温度、湿度、有害杂质的浓度）和座舱的通风量需求。因此要求气源系统能提供不少于座舱供气量需求的气体流量。同样地，当使用发动机压气机引气时，需要对引气量进行限制，以避免影响发动机工作状态。

(Ⅳ) 洁净度。气源系统提供的空气，必须除去可能的污染物和杂物，例如油脂、沙尘、防冰液和二氧化碳，其所含有害蒸气和废气浓度也有一定限制。

(b) 加温系统。

加温系统主要用于产生热空气为座舱制热，从而提高座舱温度，此外还可用于除雾和防冰等。直升机上常用的加温系统其原理为：发动机压气机引出的高温高压气体经引射器喷出后与外界环境空气掺混，从而得到具有一定压力和温度的热空气。一般来说，如果发动机没有燃油、滑油泄漏等故障，掺混得到的热空气是干净的，可直接输入座舱。由于热空气密度较低，为了更好地组织座舱气流和提高加热效率，热空气往往从座舱底部供入。

直升机的巡航、加速、减速、上升、下降等，都会导致发动机工况变化，进而使得引气的压力、温度、流量也相应发生变化。为避免引气量过大对管路系统和发动机工况产生不利影响，通常在发动机压气机引气出口设置有文氏管或类似的限流装置，此外也可规定引气的限制条件。

(c) 通风系统。

通风系统主要用于座舱内的通风换气，供气温度通常与座舱环境温度接近，有自然通风和强迫通风两种方式。

自然通风不需要任何能量输入。机外流动的环境空气会有一部分通过进风口和窗户开口等进入座舱，实现座舱的通风换气。自然通风方式较为简单，但极度依赖外界环境和飞行条件，在地面停放或低速飞行时，其通风效果可能不够理想。

强迫通风指的是借助通风风扇抽吸机外环境空气后通过管路输入座舱，实现座舱的通风换气。风扇往往采用电力驱动，不仅可以根据实际需求更好地调整通风量，在地面上时也能借助外接电源等方式运行，通风效果往往也更好。

(d) 制冷系统。

制冷系统主要用于产生冷空气为座舱制冷，从而降低座舱温度。直升机环控系统中采用的制冷方式主要有两种类型：空气循环式制冷和蒸发循环式制冷。

空气循环式制冷的原理是将热能转换为机械功，它主要是由发动机压气机引气来作为供给空气。高压空气经过热交换器初步冷却（冷源多采用机外环境空气）后再经过冷却涡轮进行膨胀降温，由此获得所需的冷空气，冷却涡轮可用于带动压气机、风扇、泵或其他装置，将热能转化为可用功。

空气循环制冷系统的主要优点是：设备的质量小、成本低、调节和控制方便、可靠性较高、检修和维护的工作量小；附件在机上的安排没有特殊要求；特别是其制冷介质同时可以输入座舱作为增压用，使座舱通风和冷却可由同一系统来完成。其不足之处是性能系数、温度调节精度以及地面停机时系统可靠工作等方面不如蒸气循环制冷系统。

蒸发循环式制冷在作用原理上为一热泵，通过制冷剂的集态变化，把热量从低温取出并把它排到较高的温度中去。在制冷装置中不断循环以实现制冷的工作物质称为制冷剂，它在蒸发器中吸收被冷却介质的热量而气化，在冷凝器中经过其他冷却介质（多为机外环境空气）的冷却放出热量而冷凝。直升机中常用的制冷剂为氟利昂。

蒸发循环制冷系统具有以下优点：性能系数较高，因而经济性较好；与外界大气的关系较小，基本上不受飞行高度和速度的影响；适应性强，即可把制冷作用准确地调定在所需点上。缺点在于相比于空气循环式制冷系统，其质量和体积往往更大，设计也更复杂。

(e) 空气分配系统。

空气分配系统主要用于对输入座舱的空气进行组织和分配，使其更好地满足人体生理需求，主要包括供气管路、喷嘴、喷口等。经加温/通风/制冷系统处理后的空气通过供气管路向座舱输送，在供气管路末端设置有喷嘴、喷口等出口装置，在实际中可根据需要设计为可调或不可调结构。通风空气出口一般是可调的，以方便乘员根据需求自行调整。当加温后的热空气还有除雾和防冰等用途时，往往也需要座舱热空气出口是可调的，且能由驾驶员控制。

(f) 控制和显示系统。

控制和显示系统一方面控制环控系统的运行状态并避免其工作在允许范围之外，另一方面通过灯光明暗、按钮/旋钮/开关的位置变化、电子信息等方式，向舱内乘员显示环控系统工作时的相关信息，以方便乘员判断当前环控系统工作状态并按需调整。

环控系统内的控制装置有很多，可供驾驶员操作的主要是各类开关、旋钮、按钮等装置，主要控制环控系统中阀门开闭、电源通断等，还有一些限制和保护装置，如文氏管和单向活门。文氏管是一种较为简单的限流装置，用于限制通过管路的空气流量。单向活门则确保管路内的空气只能沿一个方向流动，避免发生倒流。此外，环控系统还可以在管路中安装压力、温度等传感器，以检测系统运行状态，并在异常工作时发出信号或触发自动保护功能。

5.1.3 系统功能

直升机环控系统主要用于调整座舱内环境条件，将其维持在适合人类活动和电子设备工作的区间内，主要通过调整舱内空气的温度、流速和洁净度来实现。

环控系统发生故障时对直升机安全性影响较小，为减小整机质量往往无备份系统。

环控系统对机外环境空气进行处理后输入座舱，实现对舱内环境的调节。

环控系统中设有各类控制部件，可调整和监控系统工作状态。

5.1.4 主要参数

直升机环控系统的主要参数为所供气体的压力、温度、流量和洁净度。

(a) 压力。

环控系统的供气压力应高于座舱压力，以维持座舱和管路系统内的空气流速，包括：

在加温或机械制冷时，流经乘员的空气流速不应超过 0.2m/s，但个人座位通风口处除外。不要在座舱内造成过堂风。用旁路管道系统进行地面冷却降温时，流经乘员的空气流速不应超过 1m/s，其他部位的空气流速不应超过 3m/s。

对每位旅客的座位、床位及空勤组的个人通风口，在其全部打开的条件下，坐姿头部水平处的空气流速至少应为 3m/s。通风空气出口处的噪声级必须限制在允许的范围内。

安装在旅客舱内空气导管中的气流速度限制在 15～25m/s；在气密座舱外（发动机短舱、中翼及非气密的机身段）的空气导管中的气流速度可以达到 100m/s；在个别情况下，通风管道中的气流速度允许达到 300～315m/s。

(b) 温度。

环控系统供气温度应满足极限条件下座舱的加温或制冷需求，即在一定时间内将座舱加热或降低至某一温度，具体值由直升机设计规范确定，由此确定环控系统的供气温度。一般座舱加温温度上限可取 18℃，制冷温度下限可取 24℃。

(c) 流量。

环控系统供气流量应满足通风、加温、制冷等需求，按最大值确定。座舱加温、制冷时所需流量需根据实际的加温或制冷需求确定，座舱所需通风量要求如下：

在正常情况下每人每分钟需 0.7～0.9kg 的新鲜空气，座舱每小时的换气次数不能少于 25～30 次。在热天海平面情况下，在没有机械制冷装置、不进行增压的座舱内，每人每分钟最少需要 1.5kg 的新鲜空气。飞行滑行时，新鲜空气的供给量不能少于每人每分钟 0.23kg。外部气源至少应能为驾驶舱的每个空勤人员提供每分钟 1kg 的新鲜空气。

(d) 洁净度。

除不允许含有油脂、沙尘、防冰液等杂物外，座舱空气的洁净度还应满足下列要求：

(Ⅰ) 一氧化碳含量不高于 0.03mg/L；

（Ⅱ）一氧化氮含量不高于 0.005mg/L；

（Ⅲ）燃油（汽油、煤油）蒸气换算成碳含量不高于 0.3mg/L；

（Ⅳ）丁醇、戊醇、丙醇含量不高于 0.1mg/L；

（Ⅴ）乙二醇含量不高于 0.3mg/L；

（Ⅵ）苯含量不高于 0.1mg/L；

（Ⅶ）特灵抗振剂和二甲苯胺含量不高于 0.005mg/L；

（Ⅷ）铅及其化合物含量不高于 0.001mg/m；

（Ⅸ）滑油和燃油的热分解产物含量不高于 0.01～0.02mg/L；

（Ⅹ）二氧化碳在座舱空气中的含量不应超过 0.1%。

5.1.5 典型产品

图 5-1 是英国双发 VIP 直升机的环境控制系统原理。"VIP 突击队员"军用直升机是英国海军反潜直升机"海王"的陆基型，其主要用途是战术部队运输、后勤支援及伤员护送。此外，它还可用于执行空对地攻击及搜索和救援任务。由于该机舱内不增压，无须压力调节。

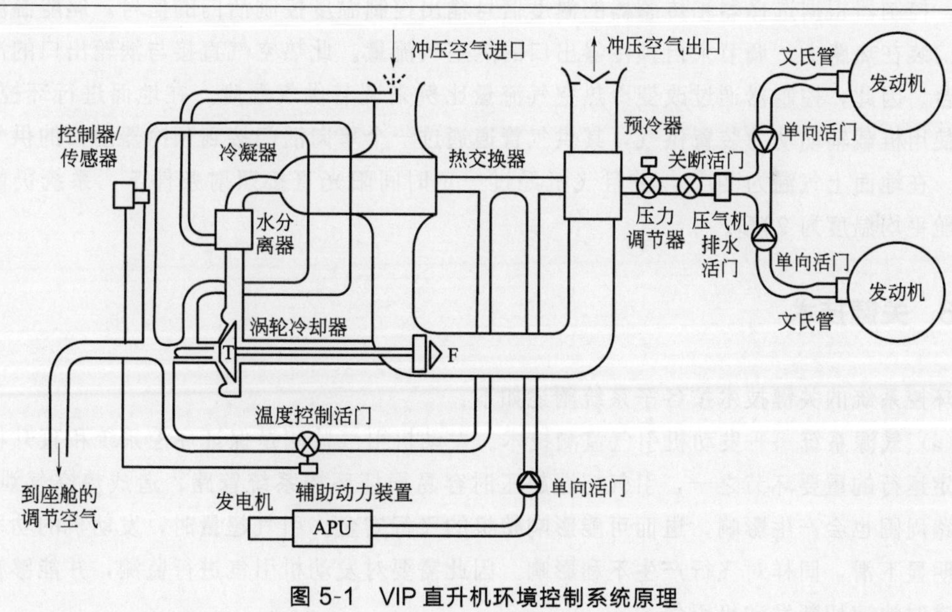

图 5-1 VIP 直升机环境控制系统原理

两个主发动机引出的高温、高压空气，经限流文氏管、单向活门、压气机排水活门、关断活门、压力调节器进入系统的环控管路。当直升机停在地面时，则使用机载辅助动力装置供气，驱动系统的环控组件工作。因此，系统可以不依赖地面设备进行座舱环控。

制冷系统为高压除水简单式空气循环制冷系统。发动机压气机引气到环控管路后，首先在预冷器里由冲压空气冷却，然后到热交换器。利用冲压空气冷却的高效热交换器可将供气温度降低到接近冲压空气的温度。预冷器和热交换器的冲压空气都在同一管道上。在结构安排上，冲压空气首先进入热交换器，通过冷却涡轮带动的风扇再到预冷器，最后通过单向活门排出机外。在飞行时，风扇可以增加冲压冷却空气流量。在地面没有冲压空气时，风扇抽风强迫外界空气流过热交换器和预冷器。经热交换器冷却的供气到冷凝器，用冷却涡轮出口的冷空气冷却供气。这时供气是高压的。经过冷凝器冷却后，温度可以降到露点以下，湿气冷凝成小水滴。供气再经过高压水分离器后将水分离出来，并喷到热交换器冷却空气进口的冲压空气里，以提高热交换器效率。经过高压除水后的供气再到冷却涡轮，通过膨胀降温变成冷空气。从冷却涡轮出来的冷空气进入引射器主喷嘴，引射通过冷凝器的冷边循环空气。这两种空气在引射器里混合后，流入环控供气管道，通过座舱分配管道进入座舱。还有一部分混合空气输送到冷凝器里进行再循环。

已调节好温度的空气，从高于头部的座舱两侧出口管道进入座舱，在座舱内循环后，一部分空气从左侧地板处衬管排到机外，另一部分空气进入右侧地板处衬管，并与少量新鲜调节空气混合，然后再循环到座舱。这部分空气是依靠两台轴流电动风扇进行再循环的。厕所和驾驶舱装有个人通风出口，供定点冷却和必要时通风用。

座舱温度通过改变供气温度来调节。座舱温度控制系统主要由温度选择器、控制器/传感器和座舱温度控制活门组成。温度选择器用来选择供气温度值，选择范围是 1.7～82.2℃。控制器/传感器装在进入冷凝器的再循环混合空气管路上，感受进入座舱的供气温度。控制器根据选择器和传感器的温度信号输出控制温度控制活门的信号。座舱温度控制活门装在热路上，调节来自预冷器出口的热空气流量。此热空气直接与涡轮出口的冷空气混合。因此，控制器通过改变冷热空气流量比例来调节供气温度。在地面进行环控时，可以使用机载辅助动力装置供气，其供气管道通过一个单向活门接到预冷器出口的供气管路上。在地面上气温为 40℃，并且飞机经过一定时间阳光直接照射条件下，系统仍能保证座舱平均温度为 28℃。

5.1.6 关键技术

环控系统的关键技术按各子系统阐述如下：

(a) 气源系统——发动机引气监测技术。发动机引气监测是保证环控系统和直升机安全稳定运行的重要环节之一，引气超温超压时容易损坏环控系统管路，造成热空气泄漏，对管路周围也会产生影响，进而可能影响整机的飞行安全。引气超量时，发动机的功率可能有明显下滑，同样对飞行产生不利影响。因此需要对发动机引气进行监测，并能够在出现异常时快速切断发动机引气。

(b) 加温系统——高掺混效率引射器设计技术。加温系统的关键是发动机引气和外界气体的掺混，直升机对掺混效率提出了较高要求：一方面机上空间有限，需要在尽可能短的距离内完成掺混；另一方面掺混过程中的损失要尽可能少。因此，合理设计引射器以实现高效掺混是关键点之一。

(c) 通风系统——高气动效率风扇设计技术。强迫通风时需要使用风扇抽吸外界空气，风扇的气动效率越高，同等通风量下的功耗就越少。影响风扇气动效率的因素有风扇的叶片设计、表面粗糙度、进气口设计等。

(d) 制冷系统——高性能系数制冷系统设计技术。无论是空气循环制冷还是蒸发循环制冷，都希望尽可能提高性能系数，在实现相同制冷量时功耗更少。对于空气循环制冷系统，可采用升压式空气循环制冷、高压除水等方法；对于蒸发循环制冷系统，则需要设计更高效率的压缩机和热交换器，必要时还需改进制冷剂组分。

(e) 空气分配系统——有限空间下的低流动损失管路设计技术。处理好的空气最终需通过供气管路输送到座舱中，由于直升机空间有限，供气管路势必要经过多次弯折。如何合理布置弯折处以减少供气过程中的流动损失，是系统设计中的重要一环。

5.1.7 发展趋势

随着航空航天技术的不断发展，直升机对环境控制系统的要求也越来越高。电子电气设备的日益增多、更加苛刻的座舱环境条件的规定，以及经济性、维护性、可靠性等方面高标准的提出，都促使系统无论在方案及原理创新，还是在新部件的研究方面都必须采取相应的措施，才能满足要求。具体表现在以下几方面。

(a) 减少环控系统的损耗。

环控系统的损耗表现在多方面，例如因使用发动机压气机引气导致的发动机推力或功率损失，特别是引气的压力和温度又大于系统要求，在使用时又要想方设法来降低它，造成了能量的重复浪费；安装环控系统所增加的质量也增加了飞机的燃油消耗，降低了其经济性。因此，都在探索如何减少环控系统的损耗，可从以下两方面进行：

(Ⅰ) 全电驱动环控系统设计技术。全电环控系统即只有电力作为输入的环控系统，它摒弃了采用发动机压气机引气作为高压气源的设计，转而采用电驱动的增压装置来获取高压气源。相比发动机引气，气体的压力和温度更加可控且较低，不仅避免了对发动机工况的干扰，也可适当降低管路热防护要求，从而降低环控系统质量。但全电环控系统一方面对飞机的电力供应能力提出了更高要求，另一方面对系统的设计和集成水平要求更高，在当前环境下的应用范围有限，目前全电环控系统只在 B-787 客机上有着较为成熟的应用，在直升机等旋翼飞行器上未见公开报道。

(Ⅱ) 热泵式加温系统设计。热泵原理已经用于制冷系统，即通过制冷剂状态变化实现热量的转移，其最大的优点是性能系数高（＞1）。如果将热泵式制冷系统的工作过程反过来，即制冷剂在低温环境中吸热，并向高温环境中放热，则可实现座舱加温功能，并同样有着较高的性能系数。热泵式加温系统已经在一些新能源汽车中得到了应用，但在使用中暴露出随着外界环境温度降低其加温能力逐渐变差的问题，与加温需求背道而驰。目前的热泵式系统最多只能在－20℃下运行，无法覆盖直升机的运行环境。

(b) 全机综合环境控制系统设计技术。

飞机机载机电系统中，有供电、液压、燃油和环境控制系统等独立分系统，但它们在热和能量的需求和使用上，又是相互紧密关联的。所以存在从独立系统级优化向飞机级整体综合优化设计观念转变的问题。体现这种设计思想的技术称为分系统综合技术（SUIT），用此概念形成的机载机电系统称为综合机载机电系统。分系统综合技术的核心是热/能管理组件（T/EMM），它是将飞机功率、发动机功率及冷却装置综合成一个整体组件。热能管理组件具有环境控制系统的功能。一般将从传统的环境控制系统向热/能管理组件技术过渡的系统，称为综合环境控制系统。美国新研制的第四代战斗机 F-22 的环境控制系统，比较集中地体现了综合环境控制系统的设计思想，其原理如图 5-2 所示。

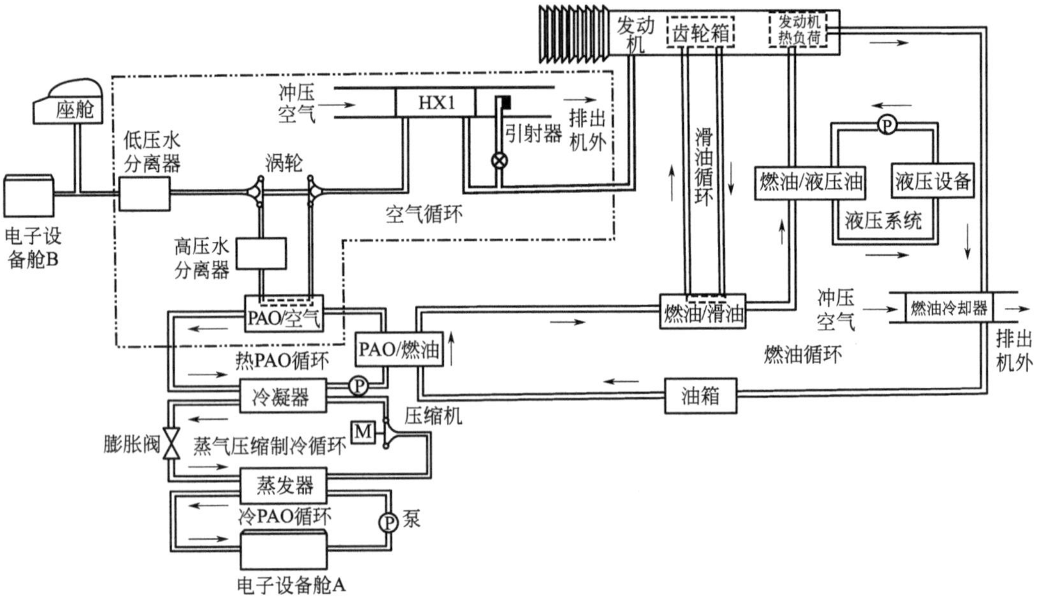

图 5-2　F-22 战斗机环境控制系统原理

从能量综合管理利用角度出发，该系统主要有以下优点：

（ⅰ）把两个空气-空气热交换器装在涡轮风扇发动机的外涵道内，从而取消了以前为热交换器专门设置的冲压空气冷风道，既减少了对飞机产生的阻力，又使通过热交换器排出的热量没有被直接排到机外而浪费掉，而是以增加发动机推力的形式得到了利用。

（ⅱ）采用闭式空气制冷循环，从而大大减少了从增压供气源的引气量。热/能管理组件为制冷循环，从发动机的引气量仅作为补充空气，用来满足座舱的增压与通风要求。

（ⅲ）在传统的两轮升压式空气循环制冷机的轴上，增加一个动力涡轮及相应的设备，使热/能管理组件不仅可为辅助动力装置及飞机附件传动装置提供所需的动力，而且在地面停机而发动机不工作时，也可借助动力涡轮的作用，使闭式空气制冷循环照样工作，从而解决了传统的环境控制系统在地面停机时，缺乏冷却能力的问题。

（ⅳ）除燃油冷却工作模式外，根据需要均可使用空气-燃油热交换器，充分利用飞机自身携带的冷源。

（c）提高部件效率、可靠性、维护性及综合功能。

改进环境控制系统的部件，尽可能减少部件数量，以简化系统，使其有更高的效率、可靠性和可维护性，而其所完成的功能则朝着多用途方向发展。例如，通过优化设计提高环控系统中叶轮类部件（如通风风扇、膨胀涡轮）的气动效率，通过将油润滑轴承改为空气箔片轴承提高空气循环制冷系统的可靠性和可维护性，关断阀门和单向活门的功能可以在一个多功能控制活门上实现。

5.2 重要条款概述

5.2.1 EH. 773 驾驶舱视界

5.2.1.1 条款原文

5.2.1.1.1 CCAR29.773 驾驶舱视界

(a) 无降水情况。对于无降水情况，采用下列规定：

(Ⅰ) 驾驶舱的布局必须给驾驶员以足够宽阔、清晰和不失真的视界以便安全操作。

(Ⅱ) 驾驶舱不得有影响驾驶员视界的眩光和反射。如果申请夜航的合格审定，必须通过夜间飞行试验来证明。

(b) 降水情况。对于降水情况，采用下列规定：

(Ⅰ) 每个驾驶员必须有足够宽阔的视界以便在下列情况中能安全运行：

(ⅰ) 大雨中，前飞速度直至v_H；

(ⅱ) 申请合格审定的最严重结冻状态。

(Ⅱ) 主驾驶员必须有一个满足下列要求的窗户：

(ⅰ) 在本条 (b) 款 (Ⅰ) 项规定的条件下能打开；

(ⅱ) 具有本条规定的视界。

5.2.1.1.2 FAR29.773 (Amendment 29-55)

Pilot compartment view.

(a) Nonprecipitation conditions. For nonprecipitation conditions, the following apply:

(Ⅰ) Each pilot compartment must be arranged to give the pilots a sufficiently extensive, clear, and undistorted view for safe operation.

(Ⅱ) Each pilot compartment must be free of glare and reflection that could interfere with the pilot's view. If certification for night operation is requested, this must be shown by ground or night flight tests.

(b) Precipitation conditions. For precipitation conditions, the following apply:

(Ⅰ) Each pilot must have a sufficiently extensive view for safe operation:

(ⅰ) In heavy rain at forward speeds up to v_H; and

(ⅱ) In the most severe icing condition for which certification is requested.

(Ⅱ) The first pilot must have a window that:

(ⅰ) Is openable under the conditions prescribed in paragraph (b)(Ⅰ) of this section; and

(ⅱ) Provides the view prescribed in that paragraph.

(c) Vision systems with transparent displays. A vision system with a transparent display surface located in the pilot's outside field of view, such as a head-updisplay, head mounted display, or other equivalent display, must meet the following requirements in nonprecipitation and precipitation conditions:

(Ⅰ) While the vision system display is in operation, it must compensate for interference with the pilot's outside field of view such that the combination of what is visible in the display and what remains visible through and around it, allows the pilot compartment to satisfy the requirements of paragraphs (a) and (b) of this section.

(Ⅱ) The pilot's view of the external scene may not be distorted by the transparent display surface or by the vision system imagery. When the vision system displays imagery or any symbology that is referenced to the imagery and outside scene topography, including attitude symbology, flight path vector, and flight path angle reference cue, that imagery and symbology must be aligned with, and scaled to, the external scene.

(Ⅲ) The vision system must provide a means to allow the pilot using the display to immediately deactivate and reactivate the vision system imagery, on demand, without removing the pilot's hands from the primary flight and power controls, or their equivalent.

(Ⅳ) When the vision system is not in operation it must permit the pilot compartment to satisfy the requirements of paragraphs (a) and (b) of this section.

5.2.1.1.3 CS29.773 (Amendment 8)

Pilot compartment view

(a) Non-precipitation conditions. For non-precipitation conditions, the following apply:

(Ⅰ) Each pilot compartment must be arranged to give the pilots a sufficiently extensive, clear, and undistorted view for safe operation.

(Ⅱ) Each pilot compartment must be free of glare and reflection that could interfere with the pilots view. If certification for night operation is requested, this must be shown by night flight tests.

(b) Precipitation conditions. For precipitation conditions, the following apply:

(Ⅰ) Each pilot must have a sufficiently extensive view for safe operation:

(ⅰ) In heavy rain at forward speeds up to v_H; and

(ⅱ) In the most severe icing condition for which certification is requested.

(Ⅱ) The first pilot must have a window that:

(ⅰ) Is openable under the conditions prescribed in sub-paragraph (b) (Ⅰ); and

(ⅱ) Provides the view prescribed in that paragraph.

5.2.1.2 条款背景和历史沿革分析

5.2.1.2.1 FAA相关修正案及背景说明

由于我国的CCAR29适航规章主要是参照美国FAR29转化而来，为了能够对适航条款制定的背景和技术依据有充分的了解，有必要对美国FAA对FAR29相关规章条款制修订的过程和背景进行研究。因此，本节主要是对美国FAA对相应条款的制修订过程和背景进行溯源梳理，包含“规章制定建议通知NPRM”和相关修正案中的相关内容。

这里主要针对FAR29.773“驾驶舱视界”历次修订的背景和内容进行分析，以此明确该条款多年来演变发展的历史和原因，为深刻理解条款的技术要求和详细技术释义提供支撑。

本条款FAR已历经1次修订，现行有效版本是FAR29-3（表5-1）。

表5-1　相关FAA修正案

序号	条款号	标题	修正案	生效日期	现行有效
1	29.773	Pilot compartment view.	29-0	1965.2.1	
2	29.773	Pilot compartment view.	29-3	1968.2.25	
3	29.773	Pilot compartment view.	29-56	2017.3.21	
4	29.773	Pilot compartment view.	29-57	2018.5.7	与CCAR现行有效条款等效

（a）1965年，FAA根据原有CAR，重新编排制定FAR。

1964年，FAA发布NPRM64-30，考虑将1956年颁布的CAR7的条款要求重新编制成FAR29。FAA于1965年2月1日正式颁布了FAR29作为运输类旋翼航空器适航审定标准。FAR29对原规章中的语言进行了简化，使得表述更加清楚，并删除了过时或冗余的条款。同时，对条款号进行了重新编排，使得FAR29与FAR23（新）、FAR25（新）、FAR27（新）中的类似要求具有相同的编号，有助于各部规章修订时相互参考。该初始条款参考CAR7（Part 7 of the Civil Air Regulations），制定了运输类旋翼航空器适航标准FAR29。其中第7.351条转换成为FAR29.773，对驾驶舱视界提出了要求。

1964年，FAA发布NPRM64-30，考虑将CAR7的条款要求重新编制成FAR29。1965年，FAA颁布了Final Rule 5084，用FAR29替代CAR7，作为运输类旋翼航空器适航审定标准。FAR29对原规章中的语言进行了简化，使得表述更加清楚，并删除了过时或冗余的条款。同时，对条款号进行了重新编排，使得FAR29与FAR23（新）、FAR25（新）、FAR27（新）中的类似要求具有相同的编号，有助于各部规章修订时相互参考。

FAA颁布该项条款，其目的是保证飞行中的飞机不发生由驾驶舱视界设计不合理而引起的事故/事故征候。

（b）1968年2月25日，FAA在第29-3号修正案中，对FAR29.773做了第1次修订。此次修订将本条（b）款（Ⅱ）项中对于驾驶员窗户的要求改为主驾驶员。

在初始条款中要求每个驾驶员必须有足够宽阔的视界以便于其进行安全操作，但根据以往的经验，满足此要求的窗户只能单独提供给主驾驶员，并且在25部中已经率先对此类条款进行了修改，鉴于运输类飞机与旋翼机的驾驶舱在此类问题中没有过多差别，应将驾驶舱视界中对于窗户的要求修改为只为主驾驶员提供。

（c）2017年3月21日，FAA在第29-56号修正案中，对FAR29.773做了第2次修订。此次修订中增加了（c）款，提出了对具有透明显示器的视觉系统的要求。

在NPRM中，联邦航空局提出了基于性能的要求，不限于特定的传感器技术。FAA旨在适应实时传感器技术的未来发展，并最大限度地发挥先进飞行甲板系统的优势。最终规则与该机构的下一代航空运输系统（NextGen）的目标一致，即在低能见度运行期间增加进出航班和吞吐量。

该提案的操作要求仅涉及利用外部场景地形实时图像的增强型飞行视觉系统。拟议的操作要求没有涉及合成视觉，它使用计算机生成的从飞行甲板角度观察外部场景地形的图像，从飞机姿态、高精度导航解决方案以及地形、障碍物和相关文化特征的数据库得出。然而，第 29.773 条中提出的适航标准涉及的是合成视觉系统（SVS），其透明显示表面位于飞行员的外部视野，因为适航标准适用于多个增强型飞行视觉系统，它们适用于飞行员外部视野内的所有透明显示表面。

最后，建议制定规则的通知没有提到使用 EFV 起飞，因为 FAA 可以通过现有程序授权这些操作。第 91.175 条（f）款已经为根据第 121、125、129 或 135 部分进行操作的人员提供了一种方法，以获得低于标准起飞最低值的授权，其中可能包括使用 EFV。此外，法规未规定第 91 部分运营商（第 91K 部分子部分运营商除外）的民用机场起飞最低要求。

具体修订结果包括以下内容：

（c）具有透明显示器的视觉系统。在非降水和降水条件下，位于驾驶员视野外的具有透明显示器的视觉系统，如平视显示器、头戴式显示器或其他等效显示器，必须满足以下要求：

（Ⅰ）当视觉系统显示器工作时，它必须补偿对驾驶员外部视野的干扰，以便在显示器上可见的内容与通过显示器及其周围可见的内容的组合情况下，驾驶舱满足本条第（a）（b）款的要求。

（Ⅱ）驾驶员的外部场景视野不得被透明显示器或视觉系统图像扭曲。当视觉系统显示图像或任何对图像和外部场景地形的参考符号（包括姿态符号、飞行路径矢量和飞行路径角度参考提示）时，该图像和符号必须对齐并缩放至外部场景。

（Ⅲ）视觉系统必须提供一种方式，允许使用显示器的驾驶员根据需要立即停用和重新激活视觉系统图像，而无需将手从主飞行和动力操纵装置或其等效装置上移开。

（Ⅳ）当视觉系统未运行时，驾驶舱必须满足本条第（a）（b）款的要求。

（d）2018 年 5 月 7 日，FAA 在第 29-57 号修正案中，对 FAR29.773 做了第 3 次修订。此次修订将本条（a）款（Ⅱ）项中要求的夜间飞行试验更改为夜间飞行试验或地面试验。

联邦航空局关于旋翼航空器驾驶舱适航标准的规则以及每个驾驶员从该舱的视野要求见《联邦法规》（14CFR）第 14 篇第 27 和 29 部。具体而言，第 29.773 条（a）款要求每个驾驶室必须没有可能干扰驾驶员视野的眩光和反射。第 29.773 条（b）款要求进行飞行试验，以表明在申请夜航合格审定情况下符合（a）款要求。虽然这一要求适用于所有可能影响驾驶员看到航空器外部能力的旋翼航空器，但联邦航空局发现，飞行试验可能不是证明符合某些改装要求的唯一手段。内部照明测试的目的是确定照明是否会在驾驶舱内产生眩光和反射，从而影响驾驶员的外部视界。

美国联邦航空局在过去 15 年中进行了旋翼航空器地面和飞行内部照明测试，所有外部照明都被阻止进入地面驾驶舱，然后进行了后续夜间飞行测试。他们发现地面测试结果与飞行测试结果相同。根据这一经验，联邦航空局得出结论，这两项试验将得到相同的结果。联邦航空局已经确定，创造一个外部光线无法进入驾驶舱或旋翼航空器放置在黑暗机库或喷漆室的环境，为驾驶舱照明评估提供了与夜间飞行测试相同的环境。FAA 已得出结论，地面测试提供相同的安全水平，并且第 29.773 条中的当前要求的夜间飞行试验对夜间运行认证申请人造成了不必要的经济负担。

具体修订结果包括以下内容：

……

(a)

……

(Ⅱ) 驾驶舱不得有影响驾驶员视界的眩光和反射。如果申请夜航的合格审定，必须通过地面或夜间飞行试验来证明。

5.2.1.2.2　EASA 相关修正案及背景说明

CS29.773 相关的 FAA 修正案情况如表 5-2 所示。经对修正案涉及的 NPA 和 ED Decision 进行分析，情况如下：

表 5-2　相关 EASA 修正案

条款号	标题	修正案	生效日期	现行有效
29.773	Pilot compartment view.	Initial issue	2003.11.14	与 CCAR 现行有效条款等效

2003 年 11 月 14 日，EASA 通过 ED Decision 2003/016/RM 正式颁布了 CS29.773 的最初版本。

EASA 颁布的 CS29 的最初版本是基于 2002 年 4 月 1 日发布的 JAR-29“大型旋翼航空器”第 3 修正案。NPAs 29-18“HUMS 咨询材料”已经在 JAA 系统中采用，而且 29-3“ACJ 材料适用于 JAR-29 的通告”已经成熟到可以纳入 CS29。

5.2.1.2.3　规章差异分析

针对旋翼航空器“驾驶舱视界”的条款，欧美相应规章的技术要求思路是一致的，其要求也是基本相同的，无实质性差异。

相对于 CS29，FAR29.773 中增加了（c）款，对具有透明显示器的视觉系统提出了要求。同时，将本条（a）款（Ⅱ）项中要求的“夜间飞行试验”调整为“夜间飞行试验或地面试验”。

CCAR29 现行有效版本与 CS-29 最新修正案对应条款之间无差异，与 FAR29 最新修正案对应条款之间的差异同上。

5.2.1.3　条款的发展方向

未来，EASA 是否会采用与 FAA 相同的方法，双方是否会统一规章的要求，值得关注。同时，CAAC 怎么办，也是我们应该思考的。

5.2.2　EH.831 通风

5.2.2.1　条款原文

5.2.2.1.1　CCAR29.831 通风

(a) 每个客舱和机组舱必须通风，每个机组舱必须有足够的新鲜空气［每名机组成员每分钟不得少于 283 升（10 立方英尺)]，以使机组成员在执勤时不致过度不适和疲劳。

（b）机组舱和客舱的空气不得含有达到有害或危险浓度的气体和蒸气。

（c）在前飞时，舱内空气中的一氧化碳浓度不得超过二万分之一。如果在其他情况下超过了这个值，则必须有相应的使用限制。

（d）必须有措施保证在通风、加温或其他系统及设备出现任何合理而可能的故障时，仍能满足本条（b）（c）款的要求。

5.2.2.1.2　FAR29.831（Amendment 29-55）

Ventilation.

（a）Each passenger and crew compartment must be ventilated，and each crew compartment must have enough fresh air（but not less than 10 cu. ft. per minute per crewmember）to let crewmembers perform their duties without undue discomfort or fatigue.

（b）Crew and passenger compartment air must be free from harmful or hazardous concentrations of gases or vapors.

（c）The concentration of carbon monoxide may not exceed one part in 20，000 parts of air during forward flight. If the concentration exceeds this value under other conditions，there must be suitable operating restrictions.

（d）There must be means to ensure compliance with paragraphs（b）and（c）of this section under any reasonably probable failure of any ventilating，heating，or other system or equipment.

5.2.2.1.3　CS29.831（Amendment 8）

Ventilation

（a）Each passenger and crew compartment must be ventilated，and each crew compartment must have enough fresh air（but not less than 0.3 m^3（10 cu ft）per minute per crew member）to let crewmembers perform their duties without undue discomfort or fatigue.

（b）Crew and passenger compartment air must be free from harmful or hazardous concentrations of gases or vapors.

（c）The concentration of carbon monoxide may not exceed one part in 20，000 parts of air during forward flight. If the concentration exceeds this value under other conditions，there must be suitable operating restrictions.

（d）There must be means to ensure compliance with sub-paragraphs（b）and（c）under any reasonably probable failure of any ventilating，heating，or other system or equipment.

5.2.2.2　条款背景和历史沿革分析

5.2.2.2.1　FAA 相关修正案及背景说明

FAR29.831 相关的 FAA 修正案情况如表 5-3 所示。经对修正案涉及的 NPRM 和 Final Rule 进行分析，情况如下：

表 5-3　相关 FAA 修正案

条款号	标题	修正案	生效日期	现行有效
29.831	Ventilation.	Original	1965.2.1	与 CCAR 现行有效条款等效

1965 年，FAA 根据原有 CAR，重新编排制定 FAR。以下首先详述 CAR 期间与通风相关的修订说明及结果，之后分析此次 FAR 制定过程中的修订内容。

FAA 于 1964 年发布 NPRM，表示将依据现有 CAR 重新编排制定 FAR。在 NPRM64-30（1964 年 5 月 20 日）中，FAA 提出，将原有的 CAR7. 358 修订为 FAR29. 367。

FRA5084 最终法规将 CAR7. 358 修订为 FAR29. 831。

相较于 CAR7. 358，NPRM64-30 中与之对应的 FAR29. 367 删去了（c）款后面的注释部分："注：可接受规定的例子包括二次隔离、整体式保护装置、机组警告和关闭规定，这些规定适用于可能产生导致有害或危险故障数量级的烟雾或气体的设备。"增加了（d）部分："（d）必须做出规定，以确保在通风、供暖或其他系统或设备发生任何合理可能的故障时，符合本条（b）（c）款的规定。"

FRA5084 最终法规采纳了 NPRM64-30 的建议，但将编号由 29. 367 改为了 29. 831，并且修改了一些修饰性文字，修改详情如表 5-4 所示。

表 5-4　NPRM64-30 29. 367 与 FRA5084 29. 831 对比

序号	条款号	NPRM64-30 29. 367	FRA5084 29. 831
1	(a)	to enable crewmembers to perform their duties.	to let crewmembers perform their duties
2	(b)	All crew and passenger.	crew and passenger
3	(c)	suitable operating restrictions must be provided.	there must be suitable operating restrictions.

此后 FAR29. 831 条一直没有修订。

5. 2. 2. 2. 2　CS29 对应条款背景和历史沿革分析

CS29 修正案不涉及第 29. 831 条。

5. 2. 2. 2. 3　规章差异分析

（Ⅰ）FAR29 与 CS29 规章差异：CS29. 831 条与 FAR29. 831 条内容完全一致，且两者后续都未进行修订。

（Ⅱ）CCAR-29-R2 与 FAR29 规章差异：CCAR29. 831 条与 FAR29. 831 条内容完全一致，且两者后续都未进行修订。

（Ⅲ）CCAR 与 FAR、CS 条款及修正案等效对照见表 5-5。

表 5-5　CCAR 与 FAR、CS 条款及修正案等效对照

关系	CCAR	FAR	CS
等效	29. 831　R0(1988)	29. 831　Original(1965)	29. 831　Original(2003)
	29. 831　R1(2002)		
	29. 831　R2(2017)		

注：同一行的条款互为等效。

5.2.2.3　条款发展方向

随着增压型旋翼航空器的发展，本条款将增加座舱排烟如 CCAR25. 831（d）条的驾驶舱排烟的要求。随着民航业对机组和乘客健康重视程度的提高，该条款将对机组舱和客舱内空气质量的要求进一步提高。

5.2.3 EH. 833 加温器

5.2.3.1 条款原文

5.2.3.1.1 CCAR29.833 加温器

每个燃烧加温器必须经批准。

5.2.3.1.2 FAR29.833 (Amendment 29-55)

Heaters.

Each combustion heater must be approved.

5.2.3.1.3 CS29.833 (Amendment 8)

Heaters

Each combustion heater must be approved.

5.2.3.2 条款背景和历史沿革分析

5.2.3.2.1 FAA 相关修正案及背景说明

FAR29.833 相关的 FAA 修正案情况如表 5-6 所示。经对修正案涉及的 NPRM 和 Final Rule 进行分析，情况如下：

表 5-6 相关 FAA 修正案

条款号	标题	修正案	生效日期	现行有效
29.833	Heaters	Original	1965.2.1	与 CCAR 现行有效条款等效

1965 年，FAA 根据原有 CAR，重新编排制定 FAR。以下首先详述 CAR 期间与加温器相关的修订说明及结果，之后分析此次 FAR 制定过程中的修订内容。

FAA 于 1964 年发布 NPRM，表示将依据现有 CAR 重新编排制定 FAR。在 NPRM64-30（1964 年 5 月 20 日）中，FAA 提出，将原有的 CAR7.359 修订为 FAR29.369。

FRA5084 最终法规将 CAR7.359 修订为 FAR29.833。

相较于 CAR7.359，NPRM64-30 中与之对应的 FAR29.369 删去了以下文字："并应符合 37.383 的防火要求。发动机排气加温器应符合第 57.467 条（c）（d）款的规定。"

FRA5084 最终法规采纳了 NPRM64-30 的建议，但将编号由第 29.369 条改为了第 29.833 条。

此后 FAR29.833 一直没有修订。

5.2.3.2.2 CS29 对应条款背景和历史沿革分析

CS29 修正案不涉及第 29.833 条。

5.2.3.2.3 规章差异分析

（Ⅰ）FAR29 与 CS29 规章差异：CS29.833 与 FAR29.833 内容完全一致，且两者后续都未进行修订。

（Ⅱ）CCAR-29-R2 与 FAR29 规章差异：CCAR29.833 与 FAR29.833 内容完全一致，且两者后续都未进行修订。

（Ⅲ）CCAR 与 FAR、CS 条款及修正案等效对照见表 5-7。

表 5-7　CCAR 与 FAR、CS 条款及修正案等效对照

关系	CCAR	FAR	CS
等效	29. 833　R0(1988)	29. 833　Original(1965)	29. 833　Original(2003)
	29. 833　R1(2002)		
	29. 833　R2(2017)		

注：同一行的条款互为等效。

5.2.3.3　条款发展方向

随着科技的进步，燃烧加温器已经很少被使用，取而代之的是电加温器或发动机引气加热的方式，在近 30 年新设计的飞机中，没有一款采用燃烧加温器。所以可预测未来第 29. 833 条将逐步边缘化，直至被删除。

5.2.4　EH. 859 燃烧加温器的防火

5.2.4.1　条款原文

5. 2. 4. 1. 1　CCAR29. 859 燃烧加温器的防火

(a) 燃烧加温器火区。下列燃烧加温器火区必须根据第 29. 1181 条至第 29. 1191 条和第 29. 1195 条至第 29. 1203 条中适用的规定进行防火：

(Ⅰ) 任一加温器周围的区域，如果在该区域内有任何可燃液体系统的部件（包括加温器燃油系统），而这些部件可能出现下列任一后果：

(ⅰ) 由于加温器的故障而遭损伤；

(ⅱ) 一旦渗漏会使可燃液体或蒸气到达加温器。

(Ⅱ) 任一通风道的如下部位：

(ⅰ) 燃烧室周围；

(ⅱ) 不能包容（但对旋翼航空器其他部件无损伤）可能发生在通道内部的任何火情的部位。

(b) 通风管道。通过任何火区的每根通风管道必须是防火的。此外，还必须满足下列要求：

(Ⅰ) 除非备有防火阀或用等效装置进行隔离，否则，处于每个加温器下游的通风管道必须有足够长的一段是防火的，以确保能包容加温器内的任何火焰；

(Ⅱ) 通风管道通过装有可燃液体系统的任一区域的每一部分必须与该系统隔离，或构造成在该系统的任何部件发生故障时，可燃液体或蒸气不会进入通风气流。

(c) 燃烧空气管道。每根燃烧空气管道必须有足够的一段是防火的，以防止回火或反向火焰蔓延而引起损坏。此外，还必须符合下列规定：

(Ⅰ) 燃烧空气管道不得与通风气流连通，除非在任何工作条件下，包括倒流或者加温器或其有关的部件发生故障时，回火或反向燃烧的火焰不会进入通风气流；

(Ⅱ) 燃烧空气管道不得限制任何回火迅速释放，如果限制了，则可能导致加温器损坏。

(d) 加温器操纵装置。总则：必须有措施防止在任何加温器操纵部件、操纵系统导

管或安全控制装置上及其内部产生水或冰的危险积聚。

(e) 加温器安全控制装置。对于每个燃烧加温器，必须备有下列安全控制装置：

(Ⅰ) 每个加温器必须备有与正常连续控制空气温度、空气流量和燃油流量的部件无关的独立装置，当发生下列任一情况时，能在远离加温器处自动切断该加温器的点火和供油：

(ⅰ) 热交换器的温度超过安全限制；

(ⅱ) 通风空气的温度超过安全限制；

(ⅲ) 燃烧空气流量变得不适于安全工作；

(ⅳ) 通风空气流量变得不适于安全工作。

(Ⅱ) 满足本条 (e) 款 (Ⅰ) 项要求所设置的任何单个加温器的安全控制装置必须符合下列规定：

(ⅰ) 与任何其他加温器（其供热对安全运行是至关重要的）所用的部件无关；

(ⅱ) 能保持加温器断开，直到由机组重新启动为止；

(Ⅲ) 必须有措施能在任何加温器（其供热对安全运行是至关重要的）被本条 (e) (Ⅰ) 规定的自动装置切断后，向机组发出警告。

(f) 空气进口。每个供燃烧和通风用的空气进口的设置，必须使得在下列任何工作条件下都不会有可燃液体或蒸气进入加温器系统：

(Ⅰ) 正常工作期间；

(Ⅱ) 任何其他部件发生故障后。

(g) 加温器排气。加温器排气系统必须满足第 29.1121 条和第 29.1123 条的要求。此外，还必须符合下列规定：

(Ⅰ) 每个排气管套必须是密封的，以确保不会有可燃液体及危险量的蒸气通过接头进入排气系统；

(Ⅱ) 排气系统不得限制任何回火的迅速释放，如果限制了，则可能导致加温器损坏。

(h) 加温器燃油系统。每个加温器的燃油系统，必须满足对加温器安全工作有影响的动力装置燃油系统的要求。在通风气流中，每个加温器的燃油系统部件必须用外罩保护，使其漏油不会进入通风气流。

(i) 排放装置。必须有排放装置，安全排放任何可能积聚在燃烧室或热交换器中的燃油。该装置必须符合下列规定：

(Ⅰ) 排放装置在高温下工作的每一部分，必须具有与加温器排气部分相同的保护；

(Ⅱ) 每个排放装置必须防止在任何运行条件下出现危险的结冰。

5.2.4.1.2 FAR29.859 (Amendment 29-55)

Combustion heater fire protection.

(a) Combustion heater fire zones. The following combustion heater fire zones must be protected against fire under the applicable provisions of Secs. 29.1181 through 29.1191, and 29.1195 through 29.1203:

(Ⅰ) The region surrounding any heater, if that region contains any flammable fluid system components (including the heater fuel system), that could:

(ⅰ) Be damaged by heater malfunctioning; or

(ⅱ) Allow flammable fluid or vapors to reach the heater in case of leakage.

(Ⅱ) Each part of any ventilating air passage that:

(ⅰ) Surrounds the combustion chamber; and

(ⅱ) Would not contain (without damage to other rotorcraft components) any fire that may occur within the passage.

(b) Ventilating air ducts. Each ventilating air duct passing through any fire zone must be fireproof. In addition:

(Ⅰ) Unless isolation is provided by fireproof valves or by equally effective means, the ventilating air duct downstream of each heater must be fireproof for a distance great enough to ensure that any fire originating in the heater can be contained in the duct; and

(Ⅱ) Each part of any ventilating duct passing through any region having a flammable fluid system must be so constructed or isolated from that system that the malfunctioning of any component of that system cannot introduce flammable fluids or vapors into the ventilating airstream.

(c) Combustion air ducts. Each combustion air duct must be fireproof for a distance great enough to prevent damage from backfiring or reverse flame propagation. In addition:

(Ⅰ) No combustion air duct may communicate with the ventilating airstream unless flames from backfires or reverse burning cannot enter the ventilating airstream under any operating condition, including reverse flow or malfunction of the heater or its associated components; and

(Ⅱ) No combustion air duct may restrict the prompt relief of any backfire that, if so restricted, could cause heater failure.

(d) Heater controls; general. There must be means to prevent the hazardous accumulation of water or ice on or in any heater control component, control system tubing, or safety control.

(e) Heater safety controls. For each combustion heater, safety control means must be provided as follows:

(Ⅰ) Means independent of the components provided for the normal continuous control of air temperature, airflow, and fuel flow must be provided, for each heater, to automatically shut off the ignition and fuel supply of that heater at a point remote from that heater, when any of the following occurs:

(ⅰ) The heat exchanger temperature exceeds safe limits.

(ⅱ) The ventilating air temperature exceeds safe limits.

(ⅲ) The combustion airflow becomes inadequate for safe operation.

(ⅳ) The ventilating airflow becomes inadequate for safe operation.

(Ⅱ) The means of complying with subparagraph (e)(Ⅰ) of this paragraph for any individual heater must:

(ⅰ) Be independent of components serving any other heater whose heat output is essential for safe operation; and

(ⅱ) Keep the heater off until restarted by the crew.

(Ⅲ) There must be means to warn the crew when any heater whose heat output is essential for safe operation has been shut off by the automatic means prescribed in subparagraph (Ⅰ) of this paragraph.

(f) Air intakes. Each combustion and ventilating air intake must be where no flammable fluids or vapors can enter the heater system under any operating condition:

(Ⅰ) During normal operation; or

(Ⅱ) As a result of the malfunction of any other component.

(g) Heater exhaust. Each heater exhaust system must meet the requirements of Secs. 29. 1121 and 29. 1123. In addition:

(Ⅰ) Each exhaust shroud must be sealed so that no flammable fluids or hazardous quantities of vapors can reach the exhaust systems through joints; and

(Ⅱ) No exhaust system may restrict the prompt relief of any backfire that, if so restricted, could cause heater failure.

(h) Heater fuel systems. Each heater fuel system must meet the powerplant fuel system requirements affecting safe heater operation. Each heater fuel system component in the ventilating airstream must be protected by shrouds so that no leakage from those components can enter the ventilating airstream.

(i) Drains. There must be means for safe drainage of any fuel that might accumulate in the combustion chamber or the heat exchanger. In addition:

(Ⅰ) Each part of any drain that operates at high temperatures must be protected in the same manner as heater exhausts; and

(Ⅱ) Each drain must be protected against hazardous ice accumulation under any operating condition.

5.2.4.1.3 CS29. 859 (Amendment 8)

Combustion heater fire protection

(a) Combustion heater fire zones. The following combustion heater fire zones must be protected against fire under the applicable provisions of CS29. 1181 to 29. 1191, and CS29. 1195 to 29. 1203:

(Ⅰ) The region surrounding any heater, if that region contains any flammable fluid system components (including the heater fuel system), that could:

(ⅰ) Be damaged by heater malfunctioning; or

(ⅱ) Allow flammable fluids or vapours to reach the heater in case of leakage.

(Ⅱ) Each part of any ventilating air passage that:

(ⅰ) Surrounds the combustion chamber; and

(ⅱ) Would not contain (without damage to other rotorcraft components) any fire that may occur within the passage.

(b) Ventilating air ducts. Each ventilating air duct passing through any fire zone must be fireproof. In addition：

（Ⅰ）Unless isolation is provided by fireproof valves or by equally effective means，the ventilating air duct downstream of each heater must be fireproof for a distance great enough to ensure that any fire originating in the heater can be contained in the duct；and

（Ⅱ）Each part of any ventilating duct passing through any region having a flammable fluid system must be so constructed or isolated from that system that the malfunctioning of any component of that system cannot introduce flammable fluids or vapours into the ventilating airstream.

（c）Combustion air ducts. Each combustion air duct must be fireproof for a distance great enough to prevent damage from backfiring or reverse flame propagation. In addition：

（Ⅰ）No combustion air duct may communicate with the ventilating airstream unless flames from backfires or reverse burning cannot enter the ventilating airstream under any operating condition，including reverse flow or malfunction of the heater or its associated components；and

（Ⅱ）No combustion air duct may restrict the prompt relief of any backfire that，if so restricted，could cause heater failure.

（d）Heater controls；general. There must be means to prevent the hazardous accumulation of water or ice on or in any heater control component，control system tubing，or safety control.

（e）Heater safety controls. For each combustion heater，safety control means must be provided as follows：

（Ⅰ）Means independent of the components provided for the normal continuous control of air temperature，airflow，and fuel flow must be provided，for each heater，to automatically shut off the ignition and fuel supply of that heater at a point remote from that heater when any of the following occurs：

（ⅰ）The heat exchanger temperature exceeds safe limits.

（ⅱ）The ventilating air temperature exceeds safe limits.

（ⅲ）The combustion airflow becomes inadequate for safe operation.

（ⅳ）The ventilating airflow becomes inadequate for safe operation.

（Ⅱ）The means of complying with subparagraph（e）（Ⅰ）for any individual heater must：

（ⅰ）Be independent of components serving any other heater whose heat output is essential for safe operation；and

（ⅱ）Keep the heater off until restarted by the crew.

（Ⅲ）There must be means to warn the crew when any heater whose heat output is essential for safe operation has been shut off by the automatic means prescribed in subparagraph（e）（Ⅰ）.

（f）Air intakes. Each combustion and ventilating air intake must be where no flammable fluids or vapours can enter the heater system under any operating condition：

（Ⅰ）During normal operation；or

（Ⅱ）As a result of the malfunction of any other component.

（g）Heater exhaust. Each heater exhaust system must meet the requirements of CS29. 1121 and 29. 1123. In addition：

（Ⅰ）Each exhaust shroud must be sealed so that no flammable fluids or hazardous quantities of vapours can reach the exhaust systems through joints；and

（Ⅱ）No exhaust system may restrict the prompt relief of any backfire that，if so restricted，could cause heater failure.

（h）Heater fuel systems. Each heater fuel system must meet the powerplant fuel system requirements affecting safe heater operation. Each heater fuel system component in the ventilating airstream must be protected by shrouds so that no leakage from those components can enter the ventilating airstream.

（i）Drains. There must be means for safe drainage of any fuel that might accumulate in the combustion chamber or the heat exchanger. In addition：

（Ⅰ）Each part of any drain that operates at high temperatures must be protected in the same manner as heater exhausts；and

（Ⅱ）Each drain must be protected against hazardous ice accumulation under any operating condition.

5.2.4.2 条款背景和历史沿革分析

5.2.4.2.1 FAA相关修正案及背景说明

FAR29. 859相关的FAA修正案情况如表5-8所示。经对修正案涉及的NPRM和Final Rule进行分析，情况如下：

表5-8 相关FAA修正案

序号	条款号	标题	修正案	生效日期	现行有效
1	29. 859	Combustion heater fire protection.	Original	1965. 2. 1	
2	29. 859	Combustion heater fire protection.	29-2	1967. 6. 4	与CCAR现行有效条款等效

1965年，FAA根据原有CAR，重新编排制定FAR。以下首先详述CAR期间与燃烧加温器的防火相关的修订说明及结果，之后分析此次FAR制定过程中的修订内容。

FAA于1964年发布NPRM，表示将依据现有CAR重新编排制定FAR。在NPRM64-30（1964年5月20日）中，FAA提出，将原有的CAR7. 383修订为FAR29. 383。

Final Rule 5084（1964年10月13日）将原有的CAR7. 383修订为FAR29. 859。

在针对FAR29进行的第2次修订中，FAA对第29. 859条进行了修订。在NPRM65-43（1965年12月28日）中，提议对第29. 859条（e）款（Ⅰ）项中要求的情况进一步细化。原条款内容为：“（ⅰ）热交换器或通风空气的温度超过安全限制；（ⅱ）燃烧空气流量或通风空气流量变得不适于安全工作。”更改后将其细化为四种情况，以保证在每种情况下都能实现独立控制。

Final Rule 7095（1967年4月28日）采纳了NPRM65-43的修订建议，对第29.859条进行了修订。

5.2.4.2.2　EASA相关修正案及背景说明

CS29.859相关的EASA修正案情况如表5-9所示。

表5-9　相关EASA修正案

条款号	标题	修正案	生效日期	现行有效
29.859	Combustion heater fire protection.	Initial issue	2003.11.14	与CCAR现行有效条款等效

此后CS29.859条一直没有修订。

5.2.4.2.3　规章差异分析

（Ⅰ）FAR29与CS29规章差异：第2次修订后，FAR29.859与CS29.859内容完全一致。

（Ⅱ）CCAR-29-R2与FAR29规章差异：我国现行有效的CCAR-29-R2中的第859条与FAR第2修正案中的第29.859条内容一致。

5.2.5　EH.1461含高能转子的设备

5.2.5.1　条款原文

5.2.5.1.1　CCAR29.1461含高能转子的设备

（a）含高能转子的设备，必须符合本条（b）（c）款或（d）款的规定。

（b）设备中的高能转子必须能承受因故障、振动、异常转速和异常温度所引起的损伤。此外，还要满足下列要求：

（Ⅰ）辅助转子机匣必须能包容住由高能转子叶片破坏所引起的损伤；

（Ⅱ）设备控制装置、系统和仪表设备，必须合理地保证在服役中不会超过影响高能转子完整性的使用限制。

（c）必须通过试验表明，含高能转子的设备能包容住高能转子在正常转速控制装置不起作用时能达到的最高转速下产生的任何破坏。

（d）含高能转子的设备，必须安装在当转子破坏时，既不会危及乘员安全也不会对继续安全飞行产生不利影响的部位。

5.2.5.1.2　FAR29.1461（Amendment 29-55）

Equipment containing high energy rotors.

（a）Equipment containing high energy rotors must meet paragraph（b），（c），or（d）of this section.

（b）High energy rotors contained in equipment must be able to withstand damage caused by malfunctions，vibration，abnormal speeds，and abnormal temperatures. In addition：

（Ⅰ）Auxiliary rotor cases must be able to contain damage caused by the failure of high energy rotor blades；and

(Ⅱ) Equipment control devices, systems, and instrumentation must reasonably ensure that no operating limitations affecting the integrity of high energy rotors will be exceeded in service.

(c) It must be shown by test that equipment containing high energy rotors can contain any failure of a high energy rotor that occurs at the highest speed obtainable with the normal speed control devices inoperative.

(d) Equipment containing high energy rotors must be located where rotor failure will neither endanger the occupants nor adversely affect continued safe flight.

5.2.5.1.3 CS29.1461 (Amendment 8)

Equipment containing high energy rotors

(a) Equipment containing high energy rotors must meet sub-paragraphs (b), (c), or (d).

(b) High energy rotors contained in equipment must be able to withstand damage caused by malfunctions, vibration, abnormal speeds, and abnormal temperatures. In addition:

(Ⅰ) Auxiliary rotor cases must be able to contain damage caused by the failure of high energy rotor blades; and

(Ⅱ) Equipment control devices, systems, and instrumentation must reasonably ensure that no operating limitations affecting the integrity of high energy rotors will be exceeded in service.

(c) It must be shown by test that equipment containing high energy rotors can contain any failure of a high energy rotor that occurs at the highest speed obtainable with the normal speed control devices inoperative.

(d) Equipment containing high energy rotors must be located where rotor failure will neither endanger the occupants nor adversely affect continued safe flight.

5.2.5.2 条款背景和历史沿革分析

5.2.5.2.1 FAA 相关修正案及背景说明

FAR29.1461 相关的 FAA 修正案情况如表 5-10 所示。经对修正案涉及的 NPRM 和 Final Rule 进行分析，情况如下：

表 5-10 相关 FAA 修正案

条款号	标题	修正案	生效日期	现行有效
29.1461	Protective breathing equipment.	29-3	1968.2.25	与 CCAR 现行有效条款等效

在针对 FAR29 进行的第 3 次修订中，FAA 决定新增第 1459 条“包含高能转子的设备”。在 NPRM65-42（1965 年 12 月 21 日）中，FAA 认为，第 29.1309 条要求设备可靠性。在多发动机旋翼机中，一个发动机上的设备中的高能转子故障可能导致其他发动机的故障，所以增加该条款非常必要。

最终法规 7087（1968 年 1 月 19 日）部分同意了 NPRM 的建议，但是将编号由 1459 重新编订为 1461。

一项评论指出，除了第 29.1309 条的一般规定之外，拟议的具体规则是没有必要的。

联邦航空局表示不同意，因为发生过空气涡轮起动机叶片断裂的案例，这些故障反过来损坏了起动机外部的部件。不应继续依赖一般规则来防止此类故障的再次发生。因此，这些修正案是按提议起草的。

此后 FAR29. 1461 条一直没有修订。

5.2.5.2.2　CS29 对应条款背景和历史沿革分析

CS29 修正案不涉及第 29. 1461 条。

5.2.5.2.3　规章差异分析

（Ⅰ）FAR29 与 CS29 规章差异：CS29. 1461 与 FAR29. 1461 内容完全一致，且两者后续都未进行修订。

（Ⅱ）CCAR-29 与 FAR29 规章差异：CCAR29. 1461 与 FAR29. 1461 内容完全一致，且两者后续都未进行修订。

（Ⅲ）CCAR 与 FAR、CS 条款及修正案等效对照见表 5-11。

表 5-11　CCAR 与 FAR、CS 条款及修正案等效对照

关系	CCAR	FAR	CS
等效	29. 1461　R0(1988)	29. 1461　29-3(1968)	29. 1461　Original(2003)

注：同一行的条款互为等效。

5.3　符合性验证思路

5.3.1　EH. 773 驾驶舱视界

(a) 根据顶层技术文件，确定驾驶舱布置和设计构型，包括最小飞行机组人数、仪表飞行或目视飞行方式、是否申请夜航、结冰合格审定等。

(b) 对无降水情况下，驾驶舱布局宽阔、清晰和不失真的验证，包括：

（Ⅰ）判断视界角度内驾驶舱布置情况和范围内的遮挡物情况以及不失真、风挡和驾驶舱等透明件是否会对双目视线产生畸变效应的急剧变化、角偏差、影像漂移情况进行评估；

（Ⅱ）进行试飞机组评估，考虑不同身高、体重尺寸的驾驶员，结合以往操作经验对驾驶舱视界是否宽阔、清晰和不失真进行感官判断。

(c) 非夜航的旋翼航空器，根据阳光不同的入射角造成的眩光和反射情况，在中午、清晨或傍晚对座舱、舱盖外形、仪表板显示器、遮光罩等对眩光和反射情况进行评定。

申请夜航合格审定的旋翼航空器，还需要额外考虑夜间使用的设备，如着陆灯、滑行灯、防撞灯、频闪灯等和驾驶舱设备的组合效应，并通过夜间飞行试验进行验证。

(d) 在有降水情况下，进行大雨飞行试验，验证是否有足够宽阔的视界以及主驾驶员能否打开驾驶舱内侧窗。

（e）在申请合格审定的最严重冻结状态，需结合整个结冰包线内试飞情况进行判断，选取不同结冰条件下的状态点，对侧窗是否能打开，以及是否能为主驾驶员安全进场和着陆提供足够的视界进行评估。

5.3.2 EH. 831 通风

该条款主要的符合性验证工作有：

（a）MC1 说明性文件。

编制说明性文件，主要包括环控系统设计报告、飞行手册等，需要分别阐述“设计要求”和“应急程序”等。其中，设计要求应阐明系统的性能指标、使用环境、环控系统最大污染状态和对其产生的有害气体评估等，“飞行手册”则应阐述当舱内一氧化碳浓度高于二万分之一后机组应采取的应对措施。

（b）MC2 分析/计算。

编制分析和计算文件，主要是通风量的计算，包括：

（Ⅰ）通风量计算。通风量计算即对通风加温系统在通风和加温状态的送风量分别进行计算，得出每秒为每个成员提供的新鲜空气量。

（Ⅱ）最大污染条件下有害气体浓度计算。根据发动机厂商资料评估出最严重的空气污染条件。针对该污染条件，计算出可能发生的舱内最严重污染状态。

（c）MC6 飞行试验。

结合环控、通风或者空调系统飞行试验，编制飞行试验大纲，在前飞时通过对一氧化碳等有毒气体进行测量，表明其浓度不会超过二万分之一。该测量要求考虑所有对窗户、加热器、空气调节器开关的开与关的情况。根据试验结果，出具试验报告。

5.3.3 EH. 833 加温器

该条款主要的符合性验证工作为：MC9 设备合格鉴定。

对于燃烧加温器，应选择满足 TSO 要求的设备，由供应商提供 TSOA 以及 VDA 证书。对于其他国家的 TSOA 产品，需要申请 CTSOA 证书或随机批准。对于未取得 TSOA 或 VDA 证书的燃烧加温器，随航空器型号合格审定一起批准时，应在设备技术规范中要求其满足 TSO-C20《燃烧加温器》的要求，并由申请人编制设备鉴定计划和鉴定报告，组织供应商进行相关符合性验证工作等。

5.3.4 EH. 859 燃烧加温器的防火

该条款主要的符合性验证工作有：

（a）MC1 说明性文件。

编制说明性文件，主要是系统设计说明报告、设计图样等，阐述燃烧加温器的设计、安装，通风管道的设计，燃烧加温器操纵部件、操纵系统导管及安全控制装置的设计和安装，排气系统的设计、防火和隔离的说明等。

（b）MC2 分析/计算。

编制计算分析报告，针对燃烧加温器操纵部件、操纵系统导管、安全控制装置以及排气管路的水或冰可能的积聚点进行计算分析。

（c）MC3 安全性分析。

编制安全性分析报告，主要包括危害和故障模式风险分析，涉及燃烧加温器和火警探测系统本身各种组合。

（d）MC4 试验室试验。

编制耐火/阻燃试验大纲，主要针对燃烧加温器的通风管道、燃烧空气管道以及密封排气管道，根据试验结果，出具试验报告；

编制水或冰积聚点测量试验大纲，主要针对燃烧加温器操纵部件、操纵系统导管、安全控制装置以及排气管路等，进行积聚点位置的测量，并判断受影响的部件的功能，根据测量结果出具试验报告。

（e）MC5 机上地面试验。

机上地面试验主要包括 CO 测量试验、染色惰性气体排放流谱试验。

（Ⅰ）CO 测量试验主要针对通风管道，目的在于消除通风管道系统的任何泄漏，这种泄漏会使 CO 进入有人区域，使机组或旅客丧失工作能力。对于 CO 的测量需要通过测量设备进行周期性检查，以及在剧烈机动飞行之后进行测量检查。

（Ⅱ）染色惰性气体排放流谱试验主要针对燃烧加温器的排放和通风系统，以确保排出物不会由于进入或接触诸如发动机进气道和热排气管之类的外部着火源而造成外部危险。

（f）MC6 飞行试验。

编制飞行试验大纲，主要是染色惰性气体排放流谱试验，针对燃烧加温器的排放和通风系统，以确保排出物不会由于进入或接触诸如发动机进气道和热排气管之类的外部着火源而造成外部危险，根据试验结果出具试验报告。

（g）MC9 设备合格性。

需要提供设备合格证明文件，对于美国的供应商，不仅需要提供 TSOA 证书，还需要提供 VDA 证书。对于其他国家的产品，可采取随旋翼航空器型号合格审定，对于此种情况，同样需要其满足 TSO 标准，并提供相关证明文件。

5.3.5 EH. 1461 含高能转子的设备

该条款主要的符合性验证工作有：

（a）MC1 说明性文件。

（Ⅰ）首先确定旋翼航空器含高能转子的设备的范围，之后选择满足第 29. 1461 条（b）（c）款或（d）款的某一个要求；

（Ⅱ）各系统技术规范阐述旋翼航空器上高能转子的安装情况，包括所处的温度、振动等相关的环境，在机上的布置以及相关的控制装置等。

（Ⅲ）通过与供应商签订技术规范，明确设备在旋翼航空器上的安装环境，由供应商提供以下证明：

（ⅰ）设备的环境适应性。供应商可通过提供按照最新版 DO-160 进行设备鉴定，证明高能转子能够承受机上环境，包括：能承受因故障、振动、异常转速和异常温度所引起的损伤；设备控制装置、系统和仪表设备，能保证在服役中不会超过影响高能转子完整性的使用限制。

（ⅱ）按照 SAE ARP 4754 和 SAE ARP 4761 进行高能转子的安全性分析，确定可能的失效状态。

（ⅲ）选择最严重的失效状态，进行高能转子叶片破坏模拟试验，证明含高能转子的设备能包容住高能转子在正常转速控制装置不起作用时能达到的最高转速下产生的任何破坏。

（ⅳ）如果选择第 29.1461 条（d）款进行验证，应当结合提供的说明性文件、安全性分析报告及试验室试验结果检查高能转子是否安装在了非包容性的故障零部件不会对保证旋翼航空器继续安全飞行的至关重要的其他部件、系统或周围结构造成损伤的部位，并且应当提供相应的证明材料表明发生故障的非包容性零部件不会进入客舱区域及危及乘客安全。

（b）MC2 分析/计算。

一些设备可以通过计算分析的符合性验证方法表明高能转子的机匣可以包容住叶片破坏所引起的最严重的损伤。

（c）MC3 安全性分析。

通过系统安全性分析，对受影响的相关系统和设备采取必要的分离、冗余和保护等措施，确保非包容性高能转子设备的转子和叶片的碎片对安全造成的影响最小，表明即使发生非包容性的高能转子失效，也不会妨碍飞机继续安全飞行和着陆。

（d）MC9 设备合格性。

对设备进行合格鉴定，验证其功能性能满足产品规范要求，能够提供足够的防护能力等，确保设备工作正常。

5.4 条款解析

5.4.1 EH. 773 驾驶舱视界

5.4.1.1 条款安全意图和实质要求分析

5.4.1.1.1 条款安全意图

本条款主要规定了对驾驶舱视界的要求，以确保其在使用时的安全性和可靠性。

5.4.1.1.2 条款实质要求

本条款对驾驶舱视界的要求，对于在有降水、无降水和结冰条件下的驾驶舱保持清晰宽阔、不失真的视界提出了要求。

本条（a）款是在无降水情况下对驾驶舱视界的要求，要求驾驶员必须有安全操作所需的足够宽阔、清晰和不失真的视界，并且不得有影响驾驶员视界的眩光和反射。对于申请夜航合格审定的直升机，还需要额外考虑夜间使用的设备如着陆灯、滑行灯、防撞灯、频闪灯等和驾驶舱内外设备的组合效应，以确保没有影响驾驶员视界的眩光和反射。

本条（b）款是有降水情况下，对驾驶舱视界的要求，包括在大雨和最严重结冻两种情况下驾驶员必须有安全运行所需的足够宽阔的视界。

（Ⅰ）在降水情况下，驾驶员视界的能见度下降，要求直升机在大雨（按美国国家气象局规定，在6分钟内降雨量超过0.03英寸的雨）中前飞速度直至v_H，每个驾驶员必须有足够宽阔的视界以便安全操作。

（Ⅱ）对于结冰的合格审定，是指直升机在整个经批准的结冰包线内、在其服役预期会遇到的结冰条件（29部附录C的包线）下都能安全运行。驾驶舱视界需要在申请合格审定的最严重的冻结状态下，有足够宽阔的视界无冰以便能安全操作。但是，目前很难预测结冰条件的严重性，以及对直升机的影响，因此，最严重冻结状态下驾驶舱视界是否满足要求必须在整个结冰包线内进行验证。

（Ⅲ）为了飞行和着陆安全，正驾驶员处必须有一个能打开的窗户，在大雨中前飞速度达到v_H和在申请合格审定的最严重的结冰条件下都能打开。设置该窗户的主要目的在于当正常风挡玻璃的清洁系统失灵后，能为驾驶员安全进场和着陆提供足够的视界。

5.4.1.1.3　条款关键点分析

本款是驾驶舱视界的要求，根据条款要求，判断以下关键点：

（a）驾驶舱视界范围的设计方法；

（b）对眩光与反射的考核，应在不同时段分别进行评定；

（c）对于装有加热系统的风挡，应在系统“接通”和“断开”等不同状态下评定其是否失真；

（d）大雨和最严重结冻状态的验证；

（e）夜航飞行试验时内外照明设备的组合形式；

（f）打开窗户提供的视界，应能保证从悬停直到合理的进场空速可安全操作；

（g）进行飞行试验时，应考虑到预期的飞行条件是否充分，如时间、速度、飞行姿态、运行类型要求等内容。

5.4.1.2　专用术语

驾驶舱：用于驾驶员完成飞行操作的承载空间。

视界：驾驶员可观察到的范围，眼部视线的界限。

5.4.1.3　条款关联信息

第29.1307条“其他设备”；

第29.1419条“防冰”；

附录C“结冰合格审定”。

5.4.2 EH. 831通风

5.4.2.1 条款安全意图和实质要求分析

5.4.2.1.1 条款安全意图

第29.831条规定了每个客舱和机组舱的最低通风要求。

5.4.2.1.2 条款实质要求

本条款的实质要求是对客舱和机组舱内空气品质的最基本的要求，其中，(a) 款是对向客舱和机组舱提供新鲜空气的要求，且对机组舱供给新鲜空气量提出了明确的要求；(b) 款是客舱和机组舱空气质量的要求；(c) 款是对起飞时，座舱一氧化碳浓度的最低要求；(d) 款是在系统或相关系统故障时，客舱和机组舱空气质量的要求。

5.4.2.1.3 条款关键点分析

第29.831条 (a) 款针对环控系统的通风量提出了定量的要求，规定了每分钟给机组成员提供的新鲜空气量不少于283升（10立方英尺）。这样要求的目的是保证座舱内每一名乘员所呼吸的新鲜空气量足够充足，避免因通风不足导致乘员缺氧。

第29.831条 (b) 款针对环控系统在正常工作的状态下，以及发动机的各种故障模式下，需要保证机组舱和客舱的空气不得含有达到有害或危险浓度的气体和蒸气。这里的"有害或危险浓度的气体"一般是指因动力装置内燃油的不充分燃烧而产生的一氧化碳气体；"有害或危险浓度的蒸气"一般是指滑油、液压装置、动力装置等有毒液体聚积的系统内因高温或其他原因挥发出的有毒蒸气。

第29.831条 (c) 款要求通过飞行试验对机舱内的一氧化碳浓度进行检测，并采取对窗户开与关、加热器开与关、空气调节器开与关等不同组合进行检测，保证对所有情况进行过评定。在前飞时，舱内空气中的一氧化碳浓度不得超过二万分之一。在旋翼航空器处在非前飞状态时，舱内空气中的一氧化碳浓度如果超过二万分之一，则需要明确使用限制，该限制需考虑限制飞行姿态和时间、速度或者携带氧气系统进行某些飞行动作。

第29.831条 (d) 款规定了应在各种故障状态下对发动机排放出的气体进行评定，以确定最严重的空气污染条件。有害气体或蒸气的产生需要考虑比如最严重故障即滑油密封装置失效时，滑油在当前温度分解时产生的有害气体，该部分气体信息可以从滑油厂商资料中得出。通过研究各种有害气体的数量和类型，结合发动机厂商资料，可以进行流速计算，预估客舱和机组舱将达到的污染水平，以及乘客和机组成员受侵害的持续时间。受污染空气侵害的严重程度与有毒液体进入空气中时的温度有关。通过计算得出最严重的空气污染条件，以评定该情况是否是有害或危险的。

5.4.2.2 专用术语

通风：座舱本身的气味、乘员呼出的气体、汗气和烟尘及乘员和设备散发出的热量，使舱内空气污染、温度升高，为保证舱内空气新鲜，需不断将原有气体排出舱外，同时补充新鲜空气。又称"通风换气"。

5.4.2.3 条款关联信息

本条 (d) 款中对加温器做出了要求（图5-3）。

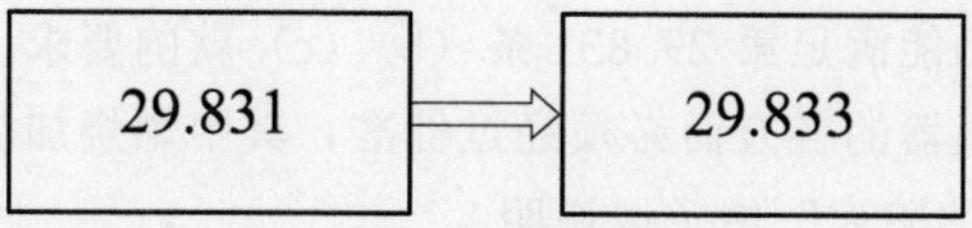

图 5-3　关联条款示意

5.4.3　EH. 833 加温器

5.4.3.1　条款安全意图和实质要求分析

5.4.3.1.1　条款安全意图

第 29. 833 条规定每个燃烧加温器必须经过批准。

5.4.3.1.2　条款实质要求

本条款要求每个燃烧加温器必须经过批准，仅是针对燃烧加温器的设备要求，不包括有关该系统功能、环境条件或故障情况的条款。

5.4.3.1.3　条款关键点分析

可通过以下方式予以批准：

（a）符合技术标准规定 TSO-C20 的要求，取得 TSOA 证书，并取得中国民航局 VDA 证书；

（b）符合将来可能颁发的技术标准规定 CCAR-37 中的 CTSO 标准要求，并取得中国民航局颁发的 CTSOA 证书；

（c）随民用航空产品的型号合格审定、型号设计合格审定、补充型号合格审定和改装设计批准合格审定一起批准。

5.4.3.2　条款关联信息

如图 5-4 所示，各条款之间关系说明如下：

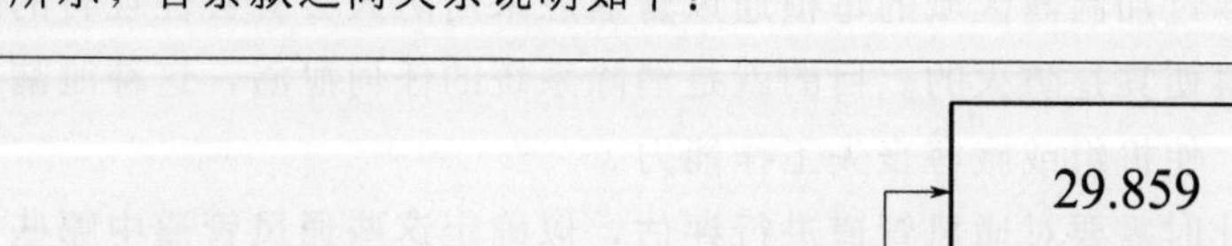

图 5-4　关联条款示意

本条款来源于第 29. 831 条“通风”，第 29. 831 条（d）款中规定了加温器在出现任何合理而可能的故障时，仍能满足第 29. 831 条（b）（c）款的要求。

本条款要求燃烧加温器的各方面必须经过批准，其中燃烧加温器防火方面的要求在第 29. 859 条“燃烧加温器的防火”中予以说明。

本条款要求燃烧加温器的各方面必须经过批准，其中燃烧加温器功能和安装方面的要求在第 29. 1301 条“功能和安装”中予以说明。

本条款要求燃烧加温器的各方面必须经过批准，其中燃烧加温器系统级方面的要求在第 29. 1309 条“设备、系统及安装”中予以说明。

5.4.4 EH. 859 燃烧加温器的防火

5.4.4.1 条款安全意图和实质要求分析

5.4.4.1.1 条款安全意图

本条款是针对燃烧加温器的防火要求。

5.4.4.1.2 条款实质要求

本条（a）款是针对燃烧加温器火区的定义，要求根据其他的相关条款进行防火。对于燃烧加温器的安装以及周围区域的鉴定，需要根据第 29. 1181 条至第 29. 1191 条和第 29. 1195 条至第 29. 1203 条的准则进行评审，包括：

（Ⅰ）加温区域内的火警探测器以及加温器与火警探测器本身各种合理的危害和故障模式。

（Ⅱ）每台加温器安装排放和通风系统，以确保燃油或燃油蒸气积聚区域得到适当的排放和通风。对加温器安装的排放和通风系统进行全面评估，以确保这些区域内的使用结构或部件满足防火要求或进行了适当的防护。

本条（b）款是对通风管道的防火和隔离的要求。通过任何火区的每根通风管道必须是防火的，并且穿过加温器区域的每根通风管道应采用防火套管套住现有的管道，或者管道壁采用防火材料使其是防火的。目的就是消除系统的任何泄漏，这种泄漏会使一氧化碳进入有人的区域，使机组或旅客丧失工作能力。

因此，在设计时需要对通风管道进行评估，以确定这些通风管道中哪些会通过加热器的区域。如果通风空气罩内含有可能会泄漏或者失效的燃油系统部件，则应当提供关断阀。在这种情况下，阀门以及阀门上游的通风空气管道部分应当是耐火的，并且阀门应当提供尽可能的火焰封闭。如果燃油系统在通风空气罩内没有连接件或接头，则下游的空气关断阀和加温器与关断阀之间的耐火管路可以省略。

本条（c）款是有关燃烧空气管道的设计要求，要求其必须由防火材料制成，或者用防火套管套住超过安全距离的部分。

（Ⅰ）回火。产生高于正常温度与压力的燃油混合物不适时的爆燃（或爆炸）。

（Ⅱ）反向火焰蔓延。在下述情况时出现的事件：由于爆燃或类似的事件改变了内部压力或内部压力梯度（例如回火），火焰从可控燃烧过程（例如加温器）进入一条异常通道（即反向的或不同于预期的通道）。

（Ⅲ）安全距离。根据最不利情况的流动反向（回火）热力学及该机加热器系统几何形状所确定的最大流动长度。

本条（d）款是对加温器操纵部件、操纵系统导管或安全控制装置的设计和安装要求，要求必须有措施防止产生水或冰的危险积聚。

本条（e）款是对燃烧加温器安全控制装置的要求。需要备有相关的安全控制装置，可在故障时自动切断点火和供油。如果单独使用燃烧加温器，则必须备有与其标准的操纵器件（例如空气温度、空气流量、燃油流量等操纵器件）分开的、独立的安全操纵器件，在加温器点火情况下，这些操纵器件是在远离加温器之处，当出现危险情况时［如第29.859条（g）款规定的四种情况］，由机组能操纵且能自动切断该加温器点火与供油。所提供的阀门应当可在源头切断供油，除非有单独的加温器燃油泵这类等效设备。（e）款（Ⅱ）项（ⅱ）中要求在发生故障时必须有措施“能保持加温器断开，直到由机组重新启动为止”，这是为了防止发生加温器关闭后自动重新工作，而这种自动工作可能会延续或增加潜在的危险状况。

本条（f）款是对燃烧加温器空气进口的要求，需要确保无可燃液体或蒸气进入加温器系统，点燃并引发火灾。如果燃烧或通风空气入口的位置是临界的或不能确定，则应重新布置、加保护罩、予以排放或为消除潜在的火灾危险而提供其他等效方式。如果不能分析得出可接受的安全结论，则应使用染色的、惰性的泄漏液体或蒸气进行试验。

本条（g）款是对燃烧加温器排气的要求，要求每台加温器排气系统设计需符合29.1121和29.1123条的要求。要求每个排气管套应予以密封，以保证泄漏的易燃液体或蒸气不会接触热的排出气体并引起火灾。对于密封性的设计，应保证密封材料是防火的，其材料与有关的燃油和蒸气在化学上是相容的，设计是耐久性的，功能上是合适的。如果不能通过分析表明，则需通过在临界工作载荷与运动时进行的压力台架试验，以保证无泄漏。

本条（h）款是对加温器燃油系统的设计要求，要求每台加温器燃油系统设计都应符合加温器安全工作所必需的CCAR29部动力装置燃油系统要求。加温器燃油系统部件由于泄漏或其他故障可能使可燃液体或蒸气进入通风气流，需采用可排放的、防火的管套加以屏蔽。

本条（i）款要求必须设有排放装置，用来安全地排放任何可能积聚在燃烧室或热交换器中的燃油。对排放装置的设计要求如下：

（Ⅰ）排放装置在高温下工作的每一部分，必须具有与加温器排气部分相同的保护；

（Ⅱ）每个排放装置必须防止在任何运行条件下出现危险的结冰。

5.4.4.1.3 条款关键点分析

（a）燃烧加温器装机后的功能验证、通风、排放等方面的验证是否充分，TSO标准中的环境试验是否能涵盖旋翼航空器的温度范围；

（b）燃烧加温器的性能要求、环境试验等要求，是否满足TSO标准。

5.4.4.2 条款关联信息

如图5-5所示，各条款之间关系说明如下。

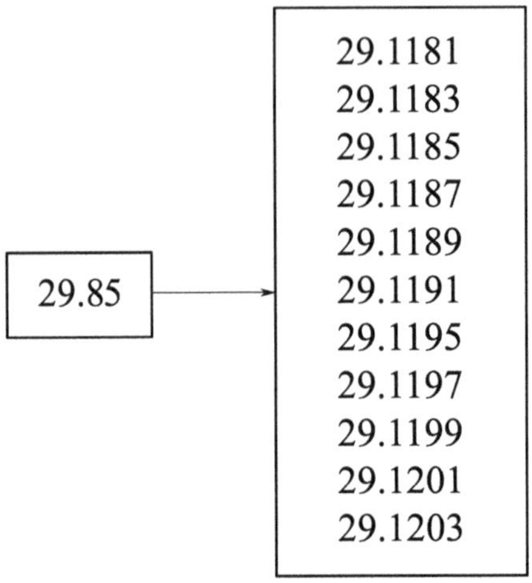

图 5-5　关联条款示意

对于第 29. 859 条（a）款规定的燃烧加温器火区必须根据第 29. 1181 条至第 29. 1191 条和第 29. 1195 条至第 29. 1203 条中适用的规定进行防火。

5.4.5　EH. 1461 含高能转子的设备

5.4.5.1　条款安全意图和实质要求分析

5. 4. 5. 1. 1　条款安全意图

本条规定了含高能转子的设备引起的损伤，不会危及机上人员和飞行安全。

5. 4. 5. 1. 2　条款实质要求

本条（a）款是总的要求，要求含高能转子的设备必须满足本条（b）（c）款和（d）款中任意一款的规定。本条（b）款要求考虑故障、振动、异常转速和异常温度的影响，并且需要证明机匣的包容性和控制装置功能要求。本条（c）款要求通过试验证明，控制装置不起作用的情况下，对含高能转子的设备机厘包容性的要求。

5. 4. 5. 1. 3　条款关键点分析

第 29. 1461 条（a）款要求含高能转子的设备，必须符合本条（b）（c）款或（d）款的规定任一款要求。高能转子是指具有充足动能的任何旋转体，当它发生故障时会使周围的结构、导线和设备损坏。民用运输类旋翼航空器含高能转子的设备通常为：空调系统的空气循环机、再循环风扇、电子设备冷却风扇，电源系统的组合驱动发动机、辅助发电机，液压系统的电动液压泵，本条所述的高能转子不包括涡轮轴发动机及辅助动力装置的转子。

第 29. 1461 条（b）款提出了三个方面的要求来保证设备的安全性，不但规定了转子机匣对“叶片”的包容性要求，还提出了对“转子”承受故障、振动、异常速度和异常温度的能力的要求，以及设备控制装置、系统和仪表设备在服役中不会超过高能转子完整性的使用限制。这是因为第 27. 1461 条（b）款（Ⅰ）项仅仅规定了对“叶片”破坏的包容性要求，而转子机匣对“叶片”的包容能力显然还不足以保证在对“转子”破坏的包容能力。为了防止“转子”破坏，设备控制装置、系统和仪表设备必须保证设备的使用限制不会被超过，确保设备中的高能转子能承受因故障、振动、异常速度和异常温度引起的损伤。

第 29. 1461 条（c）款对转子机匣的包容性提出了比第 27. 1461 条（b）款更高的要求，但不需要对防止“转子”破坏进行更多的考虑。由于转子机匣有很好的包容性，即使“转子”破坏，也不会影响其他的系统或设备。

第 29. 1461 条（d）款规定了高能转子非包容性的设计考虑。因为虽然通常情况下制造商会采取一定的预防措施，使设备转子机匣能包容住高能转子或叶片破坏所引起的损伤，但在有些情况下，由于考虑到质量、尺寸、经济性等各方面条件的限制，不宜使用这种包容性的设计思想。此时，可对受影响的相关系统和设备采取必要的分离、冗余和保护等措施，确保非包容性高能转子设备的转子和叶片的碎片对安全造成的影响最小。要求含高能转子的设备，必须安装在当转子破坏时，既不会危及乘员安全也不会对继续安全飞行产生不利影响的部位。

5.4.5.2 专用术语

高能转子：指旋翼航空器上转动的相关系统设备，例如空调系统的空气循环机、再循环风扇、电子设备冷却风扇，电源系统的组合驱动发动机、辅助发电机，液压系统的电动液压泵等。这些转动的部件在转子失效发生时，会脱离原本包容的外壳。

5.4.5.3 条款关联信息

如图 5-6 所示，各条款之间关系说明如下。

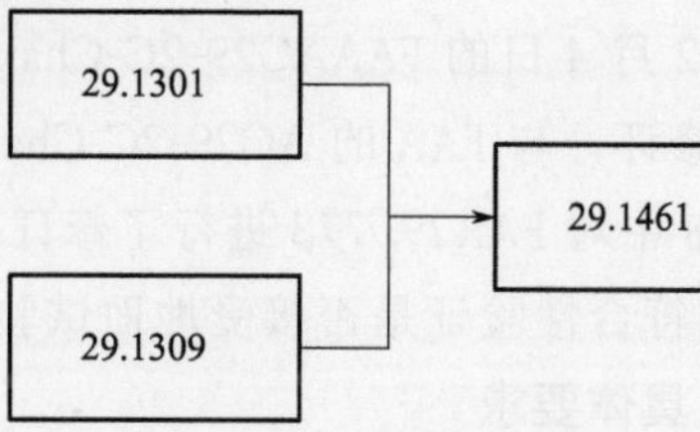

图 5-6 关联条款示意

第 29. 1301 条“功能和安装”；
第 29. 1309 条“设备、系统及安装”；
含高能转子的设备的功能与安装应满足第 29. 1301 条与第 29. 1309 条的规定。

5.5 符合性验证方法和审查要点

5.5.1 EH. 773 驾驶舱视界

5.5.1.1 国内外符合性方法分析

5. 5. 1. 1. 1 FAAAC 相关分析

FAA 颁布过 3 项与 FAR29. 773 相关的咨询通告（AC），详见表 5-12。

表 5-12 FAA 颁布的与条款相关的咨询通告（AC）

咨询通告编号	标题	生效日期	是否有效
AC29-2A	Certification of Transport Category Rotorcraft.	1987. 9. 16	No
AC29-2B	Certification of Transport Category Rotorcraft.	1997. 7. 30	No
AC29-2C	Certification of Transport Category Rotorcraft.	2018. 7. 2	Yes，适用于当前 CCAR 要求

1997 年 7 月 30 日，FAA 颁布了 AC29-2B，并于 1998 年 9 月 30 日对其进行了第一次更改。

1999 年 9 月 30 日，FAA 颁布了 AC29-2C，它是 AC29-2B 及其第一次更改的合并，并包括新增加材料和对已有条款的更改。新颁布的 AC29-2C 完全取代 AC29-2B。它修订了 12 个条款的现有材料，2 个条款增加了新材料，并重新对条款进行编号，以符合联邦航空法规（FAR）的编号规则。

2018 年 7 月 2 日，FAA 在 AC29-2C-Change8 中对 FAR29. 773 进行了第一次修订。

截至 2020 年底，FAA 对 AC29-2C 进行了 8 次修订，其中第 8 次修订主要是针对第 29. 773 条。

由于 FAR29 Amendment 29-56 更改了第 29. 773 条（a）款（Ⅱ）项，将“夜间飞行试验”调整为“夜间飞行试验或地面试验”，因此 AC29. 773 更新了（a）款（Ⅰ）项（ⅲ）中内容及其相关内容。

5. 5. 1. 1. 2 FAA 和 EASA 差异分析

EASA AMC 包含了 2016 年 2 月 4 日的 FAAAC29-2C-Change7 的要求，针对第 29. 773 条，EASA 并未对其进行更改和修订，与 FAA 的 AC29-2C-Change7 要求保持一致。

而 FAA 在 AC29-2C-Change8 中对 FAR29. 773 进行了修订。

二者的主要差异在于夜航的符合性验证是否接受地面试验方法。

5.5.1.2 符合性验证工作流程及具体要求

（a）根据顶层技术文件，确定驾驶舱布置和设计构型，包括最小飞行机组人数，仪表飞行或目视飞行方式，是否申请夜航、结冰合格审定等。

（b）对无降水情况下，驾驶舱布局宽阔、清晰和不失真的验证，包括：

（Ⅰ）判断视界角度内驾驶舱布置情况以及范围内的遮挡物情况以及不失真、风挡和驾驶舱等透明件是否会对双目视线产生畸变效应的急剧变化、角偏差、影像漂移情况进行评估；

（Ⅱ）进行试飞机组评估，考虑不同身高、体重尺寸的驾驶员，结合以往操作经验对驾驶舱视界是否宽阔、清晰和不失真进行感官判断。

（c）非夜航的旋翼航空器，根据阳光不同的入射角造成的眩光和反射情况，在中午、清晨或傍晚对座舱、舱盖外形、仪表板显示器、遮光罩等对眩光和反射情况进行评定。

申请夜航合格审定的旋翼航空器，还需要额外考虑夜间使用的设备如着陆灯、滑行灯、防撞灯、频闪灯等和驾驶舱设备的组合效应，并通过夜间飞行试验进行验证。

（d）在有降水情况下，进行大雨飞行试验，验证是否有足够宽阔的视界以及主驾驶员能否打开驾驶舱内侧窗。

(e) 在申请合格审定的最严重冻结状态，需结合整个结冰包线内试飞情况进行判断，选取不同结冰条件下的状态点，对侧窗是否能打开，以及是否能为主驾驶员提供安全进场和着陆提供足够的视界进行评估。

5.5.1.3 符合性验证资料

表明本条款符合性通常应提交的资料如下（表 5-13）：

表 5-13 第 29. 773-1 条的符合性验证方法

适航条款号	符合性验证方法										备注
	MC0	MC1	MC2	MC3	MC4	MC5	MC6	MC7	MC8	MC9	
29. 773(a)		√	√			√	√			√	
29. 773(b)		√				√	√				

(a) MC1 说明性文件。

编制说明性文件，包括驾驶舱的布置设计报告，阐明驾驶舱构型，驾驶舱总体布局，风挡设计方案，是否申请夜航，着陆灯、航行灯、防撞灯的描述，以及为保证驾驶员视界采取的措施等，表明设计眼位与风挡透明区的组合满足 AC29. 773-1 推荐的驾驶舱视界范围。

(b) MC2 分析/计算。

驾驶舱视界范围的设计过程通常包括计算分析，包括对计算方法的描述。通过计算分析，对驾驶舱设备布置、舱内装饰和照明等方面进行眩光仿真分析，确定驾驶舱眩光与反射可能发生的位置（或无显著的眩光和反射），表明驾驶舱无影响飞行员完成正常职责的眩光和反射。

(c) MC5 地面试验。

编制地面试验大纲，分别对驾驶舱视界的宽阔、清晰，驾驶舱视界的不失真，不得有影响驾驶员视界的眩光和反射（包括非夜航和申请夜航状态）等项目进行验证，根据试验结果出具试验报告。

通过机上地面试验，在大雨的条件下，对雨刷的功能性能进行检验，确认能够提供预期的清晰视界范围。

针对第 29. 773 条（b）款（Ⅱ）项，对于为正驾驶员提供的可开启的窗户，可通过 MC5 机上地面试验表明在预定条件下的开启能力。

(d) MC6 飞行试验。

编制飞行试验大纲，在各种飞行条件（含夜航）、飞行姿态下由试飞员对透明区范围、着陆视界、视界障碍、眩光等进行检查评估，评定本条款的符合性。主要飞行试验项目有大雨飞行试验、夜航试验、最严重冻结状态下驾驶舱视界等。针对第 29. 773 条（b）款（Ⅱ）项，按需通过 MC6 试飞对开启能力和开启后驾驶员的观察视界进行检查，通过该窗户提供的视界应能保证从悬停直到合理的进场空速进行安全操作。应在防冰飞行试验中，对结冰条件下保证视野清晰的系统进行评定。

(e) MC9 设备鉴定。

引用对风挡的设备鉴定结果，通过技术与性能测试、环境试验等，表明透明件的光学特性满足规范要求。

5.5.1.4 审定要点

审查中需要关注的一般要素和审查重点如下：

(a) 驾驶舱视界范围的设计方法是否符合 AC29. 773 要求；

(b) 对眩光与反射的考核，是否考虑了在中午、清晨或傍晚等不同时段分别进行评定；

(c) 是否进行了大雨飞行试验；

(d) 对于驾驶舱视界的是否宽阔、清晰和不失真，试飞机组评估、驾驶舱评审的考核是否到位；

(e) 对于夜航飞行时，内外照明设备的组合形式是否充分；

(f) 打开窗户提供的视界，应能保证从悬停直到合理的进场空速可安全操作；

(g) 进行飞行试验时，应考虑到预期的飞行条件是否充分，如时间、速度、飞行姿态、运行类型要求等内容。

5.5.2 EH. 831 通风

5.5.2.1 国内外符合性验证方法分析

5. 5. 2. 1. 1 FAAAC 相关分析

FAA 颁布过 3 项与 FAR29. 831 相关的咨询通告，如表 5-14 所示。

表 5-14 FAR29. 831 相关咨询通告

咨询通告编号	标题	生效日期	是否有效
AC29-2A	Certification of Transport Category Rotorcraft.	1987. 9. 16	No
AC29-2B	Certification of Transport Category Rotorcraft.	1997. 7. 30	No
AC29-2C	Certification of Transport Category Rotorcraft.	2018. 7. 2	Yes,适用于当前 CCAR 要求

现行有效的 AC29-2C-Chg8 中的 AC29. 831，是针对 FAR29. 831 初始版本条款要求所颁布的咨询通告，自 1997 年 AC29-2B 生效以后一直沿用至今，按照 AC29. 831 的规定，AC29. 831 现仍适用于第 29. 831 条，因此现行有效的 AC29-2C 的 AC29. 831 是适用于我国当前有效的 CCAR29. 831 要求的。

AC29-2C-Chg8 中的 AC29. 831 对 FAR29. 831 各条款进行了详细的解释和说明，其中表明了条款的符合性验证的着眼点。

5. 5. 2. 2. 2 FAA 和 EASA 差异分析

根据 CS29 book2 的规定，现行有效的 CS29. 831 的 AMC 与 FAAAC29-2C-Change7（日期为 2016 年 2 月 4 日）的 AC29. 831 保持一致，FAAAC29-2C-Change7 与 FAAAC29-2C-Change8 无差异。

针对此条款要求的符合性验证方法，FAA 和 EASA 无差异。

5.5.2.2 符合性验证工作流程及具体要求

5. 5. 2. 2. 1 验证对象

本条款主要验证对象为飞机环控系统的通风设备以及通风量和空气质量。

5.5.2.2.2　符合性方法流

该条款主要的符合性验证工作有：

(a) MC1 说明性文件。

编制说明性文件，主要包括环控系统设计报告、飞行手册等，需要分别阐述“设计要求”和“应急程序”等。其中，设计要求应阐明系统的性能指标、使用环境、环控系统最大污染状态和对其产生的有害气体评估等，“飞行手册”则应阐述当舱内一氧化碳浓度高于二万分之一后机组应采取的应对措施。

(b) MC2 分析/计算。

编制分析和计算文件，主要是通风量的计算，包括：

(Ⅰ) 通风量计算。通风量计算即对通风加温系统在通风和加温状态的送风量分别进行计算，得出每秒为每个成员提供的新鲜空气量。

(Ⅱ) 最大污染条件下有害气体浓度计算。根据发动机厂商资料评估出最严重的空气污染条件。针对该污染条件，计算出可能发生的舱内最严重污染状态。

(c) MC6 飞行试验。

结合环控、通风或者空调系统飞行试验，编制飞行试验大纲，在前飞时通过对一氧化碳等有毒气体进行测量，表明其浓度不会超过二万分之一。该测量要求考虑所有对窗户、加热器、空气调节器开关的开与关的情况。根据试验结果，出具试验报告。

5.5.2.3　符合性验证资料

申请人在表明对第 29.831 条进行符合性验证时，应根据审定项目计划的安排，提交以下文件：

(a) 通风系统符合性说明文件：环控系统设计报告、飞行手册等；

(b) 分析和计算文件；

(c) 飞行试验大纲和报告；

(d) 条款符合性报告。

5.5.2.4　审定要点

审查中需要关注的一般要素和审查重点如下：

(a) 环控、通风或者空调系统通风量计算是否正确；

(b) 通过环控、通风或者空调系统的飞行试验验证一氧化碳浓度满足条款要求，试验需考虑直升机飞行状态及发动机不同工作状态产生的一氧化碳；

(c) 发动机的最严重污染状态评估结论是否得当。

5.5.3　EH. 833 加温器

5.5.3.1　国内外符合性验证方法分析

5.5.3.1.1　FAAAC 相关分析

FAA 颁布过 3 项与 FAR29. 833 相关的咨询通告，如表 5-15 所示。

表 5-15 FAR29.833 相关咨询通告

咨询通告编号	标题	生效日期	是否有效
AC29-2A	Certification of Transport Category Rotorcraft.	1987.9.16	No
AC29-2B	Certification of Transport Category Rotorcraft.	1997.7.30	No
AC29-2C	Certification of Transport Category Rotorcraft.	2018.7.2	Yes,适用于当前 CCAR 要求

现行有效的 AC29-2C-Chg8 中的 AC29.833，是针对 FAR29.833 初始版本条款要求所颁布的咨询通告，自 1997 年 AC29-2B 生效以后一直沿用至今，按照 AC29.833 的规定，AC29.833 现仍适用于第 29.833 条，因此现行有效的 AC29-2C 的 AC29.833 是适用于我国当前有效的 CCAR29.833 条要求的。

AC29-2C-Chg8 中的 AC29.833 对 FAR29.833 各条款进行了详细的解释和说明，其中表明了条款的符合性验证的着眼点。

5.5.3.1.2 FAA 和 EASA 差异分析

根据 CS29 book2 的规定，现行有效的 CS29.833 的 AMC 与 FAAAC29-2C-Change7（日期为 2016 年 2 月 4 日）的 AC29.833 保持一致，FAAAC29-2C-Change7 与 FAAAC29-2C-Change8 无差异。

针对此条款要求的符合性验证方法，FAA 和 EASA 无差异。

5.5.3.2 符合性验证工作流程及具体要求

5.5.3.2.1 验证对象

本条款主要验证对象为燃烧加温器。

5.5.3.2.2 符合性方法流

该条款主要的符合性验证工作为：MC9 设备合格鉴定。

对于燃烧加温器，应选择满足 TSO 要求的设备，由供应商提供 TSOA 以及 VDA 证书。对于其他国家的 TSOA 产品，需要申请 CTSOA 证书或随机批准。对于未取得 TSOA 或 VDA 证书的燃烧加温器，随航空器型号合格审定一起批准时，应在设备技术规范中要求其满足 TSO-C20《燃烧加温器》的要求，并由申请人编制设备鉴定计划和鉴定报告，组织供应商进行相关符合性验证工作等。

5.5.3.3 符合性验证资料

申请人在表明对第 29.833 条进行符合性验证时，应根据审定项目计划的安排，提交以下文件：

（a）燃烧加温器符合性说明文件；

（b）设备鉴定计划和鉴定报告；

（c）条款符合性报告。

5.5.3.4 审定要点

审查中需要关注的一般要素和审查重点如下：

（a）选用的燃烧加温器是否符合相应技术标准规定的要求。

（b）对于没有进行单独取证的，随机审查设备申请人对供应商的管理和产品的要求是否符合规章程序要求。

5.5.4 EH. 859 燃烧加温器的防火

5.5.4.1 国内外符合性验证方法分析

5. 5. 4. 1. 1 FAAAC 相关分析

FAA 颁布过 1 项与 FAR29. 859 相关的咨询通告，如表 5-16 所示。

表 5-16 FAR29. 859 相关咨询通告

咨询通告编号	标题	生效日期	是否有效
AC29-2A	Certification of Transport Category Rotorcraft.	1987. 9. 16	No
AC29-2B	Certification of Transport Category Rotorcraft.	1997. 7. 30	No
AC29-2C	Certification of Transport Category Rotorcraft.	2018. 7. 2	Yes,适用于当前 CCAR 要求

现行有效的 AC29-2C-Chg8 中的 AC29. 859，是针对 FAR29. 859 第 2 次修正案修正之后条款要求所颁布的咨询通告。自 1997 年 AC29-2B 生效，之后一直沿用至今。现行有效的 AC29-2C 的 AC29. 859 是适用于我国当前有效的 CCAR29. 859 要求的。

AC29-2C-Chg8 中的 AC29. 859 对 FAR29. 859 各条款进行了详细的解释和说明，其中表明了条款符合性验证的着眼点。

5. 5. 4. 1. 2 FAA 和 EASA 差异分析

根据 CS29 book2 的规定，现行有效的 CS29. 859 的 AMC 与 FAAAC29-2C-Chg7（日期为 2016 年 2 月 4 日）的 AC29. 859 保持一致，而 AC29. 859 自 AC29-2B 修订后，一直沿用至今，所以现行有效的 CS29. 859 的 AMC 与现行有效的 AC29-2C-Chg8 中的 AC29. 859 保持一致。

5.5.4.2 符合性验证工作流程及具体要求

该条款主要的符合性验证工作有：

(a) MC1 说明性文件。

编制说明性文件，主要是系统设计说明报告、设计图样等，阐述燃烧加温器的设计、安装，通风管道的设计，燃烧加温器操纵部件、操纵系统导管及安全控制装置的设计和安装，排气系统的设计、防火和隔离的说明等。

(b) MC2 分析/计算。

编制计算分析报告，针对燃烧加温器操纵部件、操纵系统导管、安全控制装置以及排气管路的水或冰可能的积聚点进行计算分析。

(c) MC3 安全性分析。

编制安全性分析报告，主要包括危害和故障模式风险分析，涉及燃烧加温器和火警探测系统本身各种组合。

(d) MC4 试验室试验。

编制耐火/阻燃试验大纲，主要针对燃烧加温器的通风管道、燃烧空气管道以及密封排气管道，根据试验结果，出具试验报告；

编制水或冰积聚点测量试验大纲，主要针对燃烧加温器操纵部件、操纵系统导管、安全控制装置以及排气管路等，进行积聚点位置的测量，并判断受影响的部件的功能，根据测量结果出具试验报告。

(e) MC5 机上地面试验。

机上地面试验主要包括 CO 测量试验、染色惰性气体排放流谱试验。

(Ⅰ) CO 测量试验主要针对通风管道，目的在于消除通风管道系统的任何泄漏，这种泄漏会使 CO 进入有人区域，使机组或旅客丧失工作能力。对于 CO 的测量需要通过测量设备进行周期性检查，以及在剧烈机动飞行之后进行测量检查。

(Ⅱ) 染色惰性气体排放流谱试验主要针对燃烧加温器的排放和通风系统，以确保排出物不会由于进入或接触诸如发动机进气道和热排气管之类的外部着火源而造成外部危险。

(f) MC6 飞行试验。

编制飞行试验大纲，主要是染色惰性气体排放流谱试验，针对燃烧加温器的排放和通风系统，以确保排出物不会由于进入或接触诸如发动机进气道和热排气管之类的外部着火源而造成外部危险，根据试验结果出具试验报告。

(g) MC9 设备合格性。

需要提供设备合格证明文件，对于美国的供应商，不仅需要提供 TSOA 证书，还需要提供 VDA 证书。对于其他国家的产品，可采取随旋翼航空器型号合格审定，对于此种情况，同样需要其满足 TSO 标准，并提供相关证明文件。

5.5.4.3 符合性验证资料

申请人在表明对第 29.859 条进行符合性验证时，应根据审定项目计划的安排，提交以下文件：

(a) 设计说明文件；

(b) 计算分析报告；

(c) 安全性分析报告；

(d) 耐火/阻燃试验大纲及报告；

(e) 水或冰积聚点测量试验大纲及报告；

(f) CO 测量试验大纲及报告；

(g) 染色惰性气体排放流谱飞行试验大纲及报告；

(h) 设备合格证明文件。

5.5.4.4 审定要点

针对第 29.859 条的审查，应包含下列几个方面的内容：

(a) 燃烧加温器装机后的功能验证，通风、排放等方面的验证是否充分，TSO 标准中的环境试验是否能涵盖旋翼航空器的温度范围；

(b) 燃烧加温器的性能要求、环境试验等要求，是否满足 TSO 标准。

5.5.5 EH. 1461 含高能转子的设备

5.5.5.1 国内外符合性方法分析

5.5.5.1.1 FAAAC 相关分析

FAA 颁布过 3 项与 FAR29. 1461 相关的咨询通告，如表 5-17 所示。

表 5-17 FAR29.1461 相关咨询通告

咨询通告编号	标题	生效日期	是否有效
AC29-2A	Certification of Transport Category Rotorcraft.	1987. 9. 16	No
AC29-2B	Certification of Transport Category Rotorcraft.	1997. 7. 30	No
AC29-2C	Certification of Transport Category Rotorcraft.	2018. 7. 2	Yes,适用于当前 CCAR 要求

现行有效的 AC29-2C-Chg8 中的 AC29. 1461，是针对 FAR29. 1461 初始版本条款要求所颁布的咨询通告，自 1997 年 AC29-2B 生效以后一直沿用至今，按照 AC29. 1461 的规定，AC29. 1461 现仍适用于第 29. 1461 条，因此现行有效的 AC29-2C 的 AC29. 1461 是适用于我国当前有效的 CCAR29. 1461 要求的。

AC29-2C-Chg8 中的 AC29. 1461 对 FAR29. 1461 各条款进行了详细的解释和说明，其中表明了条款符合性验证的着眼点。

5. 5. 5. 1. 2　FAA 和 EASA 差异分析

根据 CS29 book2 的规定，现行有效的 CS29. 833 的 AMC 与 FAAAC29-2C-Change7（日期为 2016 年 2 月 4 日）的 AC29. 833 保持一致，FAAAC29-2C-Change7 与 FAAAC29-2C-Change8 无差异。

针对此条款要求的符合性验证方法，FAA 和 EASA 无差异。

5.5.5.2 符合性验证工作流程及具体要求

5. 5. 5. 2. 1　验证对象

本条款主要验证对象为含高能转子的设备。

5. 5. 5. 2. 2　符合性方法流

该条款主要的符合性验证工作有：

(a) MC1 说明性文件。

(Ⅰ) 首先确定旋翼航空器含高能转子的设备的范围，之后选择满足第 29. 1461 条 (b) (c) 款或 (d) 款中某一款的要求。

(Ⅱ) 各系统技术规范阐述旋翼航空器上高能转子的安装情况，包括所处的温度、振动等相关的环境，在机上的布置以及相关的控制装置等。

(Ⅲ) 通过与供应商签订技术规范，明确设备在旋翼航空器上的安装环境，由供应商提供以下证明：

(ⅰ) 设备的环境适应性。供应商可通过提供按照最新版的 DO-160 进行设备鉴定，证明高能转子能够承受机上环境，包括：能承受因故障、振动、异常转速和异常温度所引起的损伤；设备控制装置、系统和仪表设备，能保证在服役中不会超过影响高能转子完整性的使用限制。

(ⅱ) 按照 SAE ARP 4754 和 SAE ARP 4761 进行高能转子的安全性分析，确定可能的失效状态。

(ⅲ) 选择最严重的失效状态，进行高能转子叶片破坏模拟试验，证明含高能转子的设备能包容住高能转子在正常转速控制装置不起作用时能达到的最高转速下产生的任何破坏。

（ⅳ）如果选择第 29. 1461 条（d）款进行验证，应当结合提供的说明性文件、安全性分析报告及试验室试验结果检查高能转子是否安装在了非包容性的故障零部件不会对保证旋翼航空器继续安全飞行的至关重要的其他部件、系统或周围结构造成损伤的部位，并且应当提供相应的证明材料表明发生故障的非包容性零部件不会进入客舱区域及危及乘客安全。

（b）分析/计算。

一些设备可以通过计算分析的符合性方法表明高能转子的机匣可以包容住叶片破坏所引起的最严重的损伤。

（c）安全性分析。

通过系统安全性分析，对受影响的相关系统和设备采取必要的分离、冗余和保护等措施，确保非包容性高能转子设备的转子和叶片的碎片对安全造成的影响最小，表明即使发生非包容性的高能转子失效，也不会妨碍飞机继续安全飞行和着陆。

（d）MC9 设备合格性。

对设备进行合格鉴定，验证其功能性能满足产品规范要求，能够提供足够的防护能力等，确保设备工作正常。

5.5.5.3 符合性验证资料

申请人在表明对第 29. 1461 条进行符合性验证时，应根据审定项目计划的安排，提交以下文件：

（a）含高能转子设备的符合性说明文件；

（b）强度计算分析报告；

（c）安全性分析报告；

（d）设备合格性报告；

（e）条款符合性报告。

5.5.5.4 审定要点

审查中需要关注的一般要素和审查重点如下：

（a）本条款所述的高能转子不包括涡轮轴发动机及辅助动力装置的转子；

（b）编制的计算分析报告是否充分合理，转子破坏的情况是否典型，是否考虑了各种具有代表性的工作环境（如故障、振动、异常转速和异常温度等）及特殊情况。

（c）编制的试验室试验大纲是否充分合理，试验验证点是否典型，是否考虑了各种具有代表性的工作环境（如故障、振动、异常转速和异常温度等）及特殊情况。

第6章

机载设备适航

6.1 机载设备适航的核心目标

适航的核心目标是确保机载设备：

符合经批准的设计标准，满足适用的适航规章和技术标准规定；

在预期的运行环境和工作条件下，能安全可靠地执行其预定功能；

不会对航空器其他系统或整机安全造成不利影响，具备良好的系统集成性和兼容性；

在整个预期使用寿命内，保持其功能完整性和性能稳定性（需考虑维护）。

6.2 重要条款概述

6.2.1 EH. 1301 功能和安装

6.2.1.1 条款原文

6.2.1.1.1 CCAR29.1301 功能和安装

所安装的每项设备必须符合下列要求：

（a）其种类和设计与预定功能相适应；

（b）用标牌标明其名称、功能或使用限制，或这些要素的适用的组合；

（c）按对该设备规定的限制进行安装；

（d）在安装后功能正常。

6.2.1.1.2 FAR29.1301（Amendment 29-55）

Function and installation.

Each item of installed equipment must:

(a) Be of a kind and design appropriate to its intended function;

(b) Be labeled as to its identification, function, or operating limitations, or any applicable combination of these factors;

(c) Be installed according to limitations specified for that equipment; and

(d) Function properly when installed.

6.2.1.1.3 CS-29.1301 (Amendment 8)

Function and installation

Each item of installed equipment must:

(a) Be of a kind and design appropriate to its intended function;

(b) Be labelled as to its identification, function, or operating limitations, or any applicable combination of these factors;

(c) Be installed according to limitations specified for that equipment; and

(d) Function properly when installed.

6.2.1.2 条款背景和历史沿革分析

6.2.1.2.1 FAA相关修正案及背景说明

FAR29.1301相关的FAA修正案情况如表6-1所示。经对修正案涉及的NPRM和Final Rule进行分析，情况如下：

表6-1 相关FAA修正案

条款号	标题	修正案	生效日期	现行有效
29.1301	Function and installation.	Original	1965.2.1	与CCAR现行有效条款等效

1965年，FAA根据原有CAR，重新编排制定FAR。以下首先详述CAR期间与功能和安装相关的修订说明及结果，之后分析此次FAR制定过程中的修订内容。

FAA于1964年发布NPRM，表示将依据已有的CAR重新编排制定FAR。在NPRM64-30（1964年5月20日）中，FAA提出，将原有的CAR7.601修订为FAR29.673。

FRA5084最终法规将CAR7.601修订为FAR29.1301。

此后FAR29.1301条一直没有修订过。

6.2.1.2.2 CS29对应条款背景和历史沿革分析

CS29修正案不涉及第29.1301条。

6.2.1.2.3 规章差异分析

（Ⅰ）FAR29与CS29规章差异：CS29.1301条与FAR29.1301条内容完全一致，且两者后续都未进行修订。

（Ⅱ）CCAR-29-R2与FAR29规章差异：CCAR29.1301条与FAR29.1301条内容完全一致，且两者后续都未进行修订。

（Ⅲ）CCAR与FAR、CS条款及修正案等效对照如表6-2所示。

表6-2 CCAR与FAR、CS条款及修正案等效对照

关系	CCAR	FAR	CS
等效	29.1301 R0(1988)	29.1301 Original(1965)	29.1301 Original(2003)

注：同一行的条款互为等效。

6.2.2 EH.1309 设备、系统及安装

6.2.2.1 条款原文

6.2.2.1.1 CCAR29.1309 设备、系统及安装

(a) 凡旋翼航空器适航标准对其功能有要求的设备、系统及安装，其设计和安装必须保证在各种可预期的运行条件下能完成预定功能。

(b) 旋翼航空器的系统与有关部件的设计，在单独考虑以及与其他系统一同考虑的情况下，必须符合下列规定：

(Ⅰ) B类旋翼航空器：设备、系统及安装必须设计成在它们发生故障或失效时能防止对旋翼航空器的危害。

(Ⅱ) A类旋翼航空器：

(ⅰ) 发生任何妨碍旋翼航空器继续安全飞行与着陆的失效情况的概率极小；

(ⅱ) 发生任何降低旋翼航空器能力或机组处理不利运行条件能力的其他失效情况的概率很小。

(c) 必须提供告警信息，向机组指出系统的不安全工作情况并能使机组采取适当的纠正动作。系统、控制器件和有关的监控与告警装置的设计必须尽量减少可能增加危险的机组失误。

(d) 必须通过分析，必要时通过适当的地面、飞行或模拟器试验，来表明符合本条(b)款(Ⅱ)项的规定。这种分析必须考虑下列情况：

(Ⅰ) 可能的失效模式，包括外界原因造成的故障损坏；

(Ⅱ) 多重失效和失效未被检测出的概率；

(Ⅲ) 在各个飞行阶段和各种运行条件下，对旋翼航空器和乘员造成的后果；

(Ⅳ) 对机组的警告、所需的纠正动作以及对故障的检测能力。

(e) A类旋翼航空器适航标准对其功能有要求，并且需要能源的每一装置均为该能源的“重要负载”。在可能的工作组合下和可能的持续时间内，能源和系统必须满足下列要求：

(Ⅰ) 在系统正常工作时能够向与系统连接的全部负载供能；

(Ⅱ) 任一原动机、功率变换器或者储能器失效之后能够向重要负载供能；

(Ⅲ) 发生下列失效后能够向重要负载供能：

(ⅰ) 双发动机旋翼航空器上的任何一台发动机失效；

(ⅱ) 三发动机或更多发动机旋翼航空器上的任何两台发动机失效。

(f) 在判断符合本条(e)款(Ⅱ)(Ⅲ)项的要求时，可以假定按某种监控程序减小能源负载，而该程序要符合经批准的使用类型的安全要求。对三发动机或更多发动机旋翼

航空器的双发动机停车情况，不必考虑在可控飞行中不需要的负载。

（g）在表明电气系统和设备的设计与安装符合本条（a）和（b）款的规定时，必须考虑临界的环境条件。民用航空规章规定具备的或要求使用的发电、配电和用电设备，在可预期的环境条件下能否连续安全使用，可由环境试验、设计分析或参考其他飞机已有的类似使用经验来表明，但民航局认可的技术标准规则中含有环境试验程序的设备除外。

6.2.2.1.2 FAR29.1309（Amendment 29-55）

Equipment，systems，and installations.

（a）The equipment，systems，and installations whose functioning is required by this subchapter must be designed and installed to ensure that they perform their intended functions under any foreseeable operating condition.

（b）The rotorcraft systems and associated components，considered separately and in relation to other systems，must be designed so that：

（Ⅰ）For Category B rotorcraft，the equipment，systems，and installations must be designed to prevent hazards to the rotorcraft if they malfunction or fail；or

（Ⅱ）For Category A rotorcraft：

（ⅰ）The occurrence of any failure condition which would prevent the continued safe flight and landing of the rotorcraft is extremely improbable；and

（ⅱ）The occurrence of any other failure conditions which would reduce the capability of the rotorcraft or the ability of the crew to cope with adverse operating conditions is improbable.

（c）Warning information must be provided to alert the crew to unsafe system operating conditions and to enable them to take appropriate corrective action. Systems，controls，and associated monitoring and warning means must be designed to minimize crew errors which could create additional hazards.

（d）Compliance with the requirements of paragraph（b）（Ⅱ）of this section must be shown by analysis and，where necessary，by appropriate ground，flight，or simulator tests. The analysis must consider：

（Ⅰ）Possible modes of failure，including malfunctions and damage from external sources；

（Ⅱ）The probability of multiple failures and undetected failures；

（Ⅲ）The resulting effects on the rotorcraft and occupants，considering the stage of flight and operating conditions；and

（Ⅳ）The crew warning cues，corrective action required，and the capability of detecting faults.

（e）For Category A rotorcraft，each installation whose functioning is required by this subchapter and which requires a power supply is an "essential load" on the power supply. The power sources and the system must be able to supply the following power loads in probable operating combinations and for probable durations：

（Ⅰ）Loads connected to the system with the system functioning normally.

(Ⅱ) Essential loads, after failure of any one prime mover, power converter, or energy storage device.

(Ⅲ) Essential loads, after failure of:

(i) Any one engine, on rotorcraft with two engines; and

(ii) Any two engines, on rotorcraft with three or more engines.

(f) In determining compliance with paragraphs (e)(Ⅱ) and (Ⅲ) of this section, the power loads may be assumed to be reduced under a monitoring procedure consistent with safety in the kinds of operations authorized. Loads not required for controlled flight need not be considered for the two-engine-inoperative condition on rotorcraft with three or more engines.

(g) In showing compliance with paragraphs (a) and (b) of this section with regard to the electrical system and to equipment design and installation, critical environmental conditions must be considered. For electrical generation, distribution, and utilization equipment required by or used in complying with this subchapter, except equipment covered by Technical Standard Orders containing environmental test procedures, the ability to provide continuous, safe service under foreseeable environmental conditions may be shown by environmental tests, design analysis, or reference to previous comparable service experience on other aircraft.

6.2.2.1.3 CS29.1309 (Amendment 8)

Equipment, systems, and installations

(a) The equipment, systems, and installations whose functioning is required by this CS29 must be designed and installed to ensure that they perform their intended functions under any foreseeable operating condition.

(b) The rotorcraft systems and associated components, considered separately and in relation to other systems, must be designed so that:

(Ⅰ) For Category B rotorcraft, the equipment, systems, and installations must bedesigned to prevent hazards to the rotorcraft if they malfunction or fail; or

(Ⅱ) For Category A rotorcraft:

(ⅰ) The occurrence of any failure condition which would prevent the continued safe flight and landing of the rotorcraft is extremely improbable; and

(ⅱ) The occurrence of any other failure conditions which would reduce the capability of the rotorcraft or the ability of the crew to cope with adverse operating conditions is improbable.

(c) Warning information must be provided to alert the crew to unsafe system operating conditions and to enable them to take appropriate corrective action. Systems, controls, and associated monitoring and warning means must be designed to minimise crew errors which could create additional hazards.

(d) Compliance with the requirements of subparagraph (b)(Ⅱ) must be shown by analysis and, where necessary, by appropriate ground, flight, or simulator tests. The analysis must consider:

(Ⅰ) Possible modes of failure, including malfunctions and damage from external sources;

(Ⅱ) The probability of multiple failures and undetected failures;

(Ⅲ) The resulting effects on the rotorcraft and occupants, considering the stage of flight and operating conditions; and

(Ⅳ) The crew warning cues, corrective action required, and the capability of detecting faults.

(e) For Category A rotorcraft, each installation whose functioning is required by this CS29 and which requires a power supply is an 'essential load' on the power supply. The power sources and the system must be able to supply the following power loads in probable operating combinations and for probable durations:

(Ⅰ) Loads connected to the system with the system functioning normally.

(Ⅱ) Essential loads, after failure of any one prime mover, power converter, or energy storage device.

(Ⅲ) Essential loads, after failure of:

(ⅰ) Any one engine, on rotorcraft with two engines; and

(ⅱ) Any two engines, on rotorcraft with three or more engines.

(f) In determining compliance with subparagraphs (e) (Ⅱ) and (Ⅲ), the power loads may be assumed to be reduced under a monitoring procedure consistent with safety in the kinds of operations authorised. Loads not required for controlled flight need not be considered for the two-engineinoperative condition on rotorcraft with three or more engines.

(g) In showing compliance with subparagraphs (a) and (b) with regard to the electrical system and to equipment design and installation, critical environmental conditions must be considered. For electrical generation, distribution and utilisation equipment required by or used in complying with this CS29, except equipment covered by European Technical Standard Orders containing environmental test procedures, the ability to provide continuous, safe service under foreseeable environmental conditions may be shown by environmental tests, design analysis, or reference to previous comparable service experience on other aircraft.

6.2.2.2 条款背景和历史沿革分析

6.2.2.2.1 FAA相关修正案及背景说明

FAR29.1309相关的修正案情况如表6-3所示。经对修正案涉及的NPRM和Final Rule进行分析，情况如下：

表6-3 相关FAA修正案

序号	条款号	标题	修正案	生效日期	现行有效
1	29.1309	Equipment, systems, and installations.	Original	1965.2.1	
2	29.1309	Equipment, systems, and installations.	29-14	1977.9.1	
3	29.1309	Equipment, systems, and installations.	29-24	1984.12.06	
4	29.1309	Equipment, systems, and installations.	29-40	1986.8.8	

续表

序号	条款号	标题	修正案	生效日期	现行有效
5	29. 1309	Equipment, systems, and installations.	29-53	2011. 8. 8	与 CCAR 现行有效条款等效

(a) 1965 年，FAA 根据原有 CAR，重新编排制定 FAR。以下首先详述 CAR 期间与设备、系统及安装相关的修订说明及结果，之后分析此次 FAR 制定过程中的修订内容。

FAA 于 1964 年发布 NPRM，表示将依据已有 CAR 重新编排制定 FAR。在 NPRM64-30（1964 年 5 月 20 日）中，FAA 提出，将原有的 CAR7. 606 和第 7. 625 条（a）款修订为 FAR29. 677。

FRA5084 最终法规部分采纳了 NPRM64-30 的建议，将条款 CAR7. 606 和第 7. 625 条（a）款改为了第 29. 1309 条。

(b) 在针对 FAR29 的第 14 次修订中，FAA 对第 29. 1309 条进行了修订。

在 NPRM75-23（1975 年 5 月 19 日）中，FAA 提出修订第 29. 1309 条，将第 1309 条（a）（d）款中的“分条”改为“条款”，将第 1309 条（e）款中的“四”改为“三”，将第 1309 条（d）款（Ⅲ）项（i）和（ii）中内容改为如下内容：

……

(d) ……

……

(Ⅲ) ……

(ⅰ) 在双发旋翼机的任何一个发动机上；

(ⅱ) 在三发或多发旋翼机的任何两个发动机上。

对第 29. 1309 条（a）款和（d）款的修订将把两者中的“分条”改为“条款”。术语“条款”的提出是为了扩大第 29. 1309 条的适用性。“分条”没有明确的设备、系统和安装要求，如果设备被安装在飞机上，这样的改动方便引用其他分章所涉及的操作。飞行安全可能需要依赖规则中没有提到的安装要求。

根据目前的第 29. 1309 条（d）款（Ⅲ）项，三发动机飞机的系统动力源不需要在两个发动机失效后还能提供基本的负载。建议提高这一要求，规定在三发动机飞机的两个发动机故障后，必须提供基本负载。一般来说，三发动机飞机在一个发动机上能有相当的性能。在一个发动机上必须提供控制飞行所需的基本载荷。对第 29. 1309 条（e）款也提出了相应的修改。

FRA14625 最终法规（1977 年 7 月 11 日）采纳了部分 NPRM75-23 的建议，也驳回了一些建议。

一些评论者反对将“分条”改为“条款”的提议，因为这将扩大要求的范围，包括涉及各种操作规则的分章所要求的设备、系统和装置。一位评论者认为，该建议将要求在每架飞机上设计和安装运行分章规定的设备，以获得型号证书。根据这些评论，在进一步审查后，联邦航空局认为在第 29. 1309 条（a）（d）款中，将“分条”一词改为“条款”的建议会给飞机制造商带来不合理的负担。因此，没有进行这一拟议的修改。

一位评论者反对拟议的第 29. 1309 条（d）款（Ⅲ）项和（e）款，理由是它们没有提供足够的指导，说明在拟议的三发动机旋翼航空器的双发动机失效状态下需要哪些载荷。该评论者建议在该条件下使用“飞行安全载荷”而不是“基本载荷”。FAA 并不同意。FAA 认为，拟议的 29. 1309（e）款明确规定，在这些情况下，允许对动力负载进行监控，并且在三发动机或多发动机飞机上，对于双发动机失效的情况，不需要考虑控制飞行中不需要的负载。一位评论者反对在三发动机飞机上采用双发动机失效的条件，理由是这将要求不合理的功率量，因为双系统的两个单元都需要在该条件下运行。FAA 并不同意。拟议的第 29. 1309 条（e）款中规定的程序，适用于三发动机飞机的双发动机失效状态。

在这些情况下，允许对双系统中的一个单元进行监测。另一位评论者反对拟议的第 29. 1309 条（d）款（Ⅲ）项（ⅱ）的内容，认为该要求对旋翼机来说是不合理的，因为它们不能在只有三分之一的装机功率下维持飞行。FAA 不同意对旋翼机的要求是不合理的。该建议将确保在三发动机旋翼机的双发动机失效的情况下，至少提供控制下降到安全着陆所需的动力负荷。因此，拟议的第 29. 1309 条（d）款（Ⅲ）项和对第 29. 1309 条（e）款的拟议修改被采纳，没有实质性变化。

（c）在针对 FAR29 的第 24 次修订中，FAA 对第 29. 1309 条进行了修订。

在 NPRM82-12（1982 年 4 月 29 日）中，FAA 提出修订第 29. 1309 条，将第 29. 1309 条修改为：

（a）……

（b）旋翼航空器的系统与有关部件的设计，在单独考虑以及与其他系统一同考虑的情况下，必须符合下列规定：

（Ⅰ）B 类旋翼航空器：设备、系统及安装必须设计成在它们发生故障或失效时能不对旋翼航空器造成危害。

（Ⅱ）A 类旋翼航空器：

（ⅰ）发生任何妨碍旋翼航空器继续安全飞行与着陆的失效情况的概率极小；

（ⅱ）发生任何降低旋翼航空器能力或机组处理不利运行条件能力的其他失效情况的概率是极小的。

（c）必须提供告警信息，向机组指出系统的不安全工作情况并能使机组采取适当的纠正动作。系统、控制器件和有关的监控与告警装置的设计必须尽量减少可能增加危险的机组失误。

（d）必须通过分析，必要时通过适当的地面、飞行或模拟器试验，来表明符合本条（b）款（Ⅱ）项的规定。这种分析必须考虑下列情况：

（Ⅰ）可能的失效模式，包括外界原因造成的故障损坏；

（Ⅱ）多重失效和失效未被检测出的概率；

（Ⅲ）在各个飞行阶段和各种运行条件下，对旋翼航空器和乘员造成的后果；

（Ⅳ）对机组的警告、所需的纠正动作以及对故障的检测能力。

（e）A 类旋翼航空器适航标准对其功能有要求并且需要能源的每一装置，均为该能源的“重要负载”。在可能的工作组合下和可能的持续时间内，能源和系统必须满足下列要求：

（Ⅰ）在系统正常工作时能够向与系统连接的全部负载供能；

（Ⅱ）任一原动机、功率变换器或者储能器失效之后能够向重要负载供能；

（Ⅲ）发生下列失效后能够向重要负载供能：

（ⅰ）双发动机旋翼航空器上的任何一台发动机失效；

（ⅱ）三发动机或更多发动机旋翼航空器上的任何两台发动机失效。

(f) 在判断符合本条（e）款（Ⅱ）（Ⅲ）项的要求时，可以假定按某种监控程序减小能源负载，而该程序要符合经批准的使用类型的安全要求。对三发动机或更多发动机旋翼航空器的双发动机停车情况，不必考虑在可控飞行中不需要的负载。

(g) 在表明电气系统和设备的设计与安装符合本条（a）（b）款的规定时，必须考虑临界的环境条件。民用航空规章规定具备的或要求使用的发电、配电和用电设备，在可预期的环境条件下能否连续安全使用，可由环境试验、设计分析或参考其他飞机已有的类似使用经验来表明，但民航局认可的技术标准规则中含有环境试验程序的设备除外。

(h) 在表明符合本条（a）（b）款时，必须考虑雷击对旋翼机的影响（参考第29.610条）。

就运输类旋翼机而言，拟议的修订将界定和澄清故障生存能力要求，要求向机组人员提供系统故障条件的告警指示，要求考虑关键环境条件，要求对系统故障的影响进行预认证分析，需要考虑雷击的影响。

这些建议的措辞［除了第29.1309条（h）款］是参考了第25.1309条。

服务经验表明，在由许多部件组成的复杂系统中，在同一次飞行中可能会出现一个以上的故障。A类运输旋翼机现在包含了这种复杂的系统（例如，全动力控制），在现有规则下很难进行分析。如果系统功能完全丧失将是灾难性的，则必须考虑故障组合和由共同原因引起的多重故障，并提供足够的可靠性、冗余性和隔离性，使灾难性的系统故障与基本机体的故障一样不可能发生。导致飞行特性严重下降、机组工作量大幅增加或应急程序困难的故障，如果与不利的操作条件同时发生，就会变得危险。因此，应该通过提供足够的可靠性或关键系统的冗余度来尽量减少这种故障的发生。在适当的测试支持下，全面的系统故障分析对于确保安全目标的实现是必要的。

服务经验也表明，适当地考虑告警提示和系统控制以及操作程序对于减少机组人员的错误是必要的。

拟议的第29.1309条（h）款要求考虑雷击对旋翼机的影响，这将确保在故障分析中考虑拟议的第29.610条的要求。电气和电子设备，特别是那些利用数字技术的设备，对电磁能量的瞬时变化特别敏感，因此更容易受到雷击的影响而发生故障。尽管在这次审查中还有其他与雷击影响有关的建议（例如，第29.610条），但拟议的第29.1309条（h）款将确保雷击对旋翼机的影响也被考虑到系统和设备的安装。

FRA23266最终法规（1984年8月14日）采纳了部分NPRM82-12的建议，也驳回了一些建议。

第一位评论者没有意见。

第二评论者认为拟议的第29.1309条（b）款（Ⅱ）（ⅰ）中将适用于转子和传动系统，因为第29.1309条（a）款提到了“本分章”。该评论者关注的是，拟议的修正案将强加一个极其不可能的故障要求，在咨询通告（AC）29-2“运输类旋翼机的认证”和

AC25.1309-1“系统设计分析”中定义为每飞行小时 1×10^{-9} 或更少。评论者指出，经验表明，转子和传动系统的故障率最多只有 1×10^{-6}。FAA承认，按照提议，本条可以被解释为包括对旋翼和传动系统的考虑，尽管对这些系统的具体要求主要包含在第29.571条、第29.901条、第29.917条和第29.923条中。正如AC29-2所指出的，第29.1309条“包括但不限于电气、气动和液压动力源，相关的分配和相应的利用系统”，通过这些例子表明第29.1309条最适用的系统。还有其他的旋翼机“系统”，如起落架、推进器和机身，都没有达到 1×10^{-9} 的故障率。在本条款中单独列出旋翼和传动系统是不合适的。在过去的认证中，本条款的一般措辞和概念并没有在这个领域引起问题。第二位评论者还指出，在拟议的第29.1309条（b）款（Ⅱ）项（ⅱ）中使用的“不可能”一词和AC29-2中的定义，涵盖了从 1×10^{-5} 到 1×10^{-9} 的故障率范围，这太宽泛了，没有意义。这条评论意味着需要一个中间的描述性术语和相关的故障率。包括这样一个术语和相关的故障率将比建议的限制性更强，因为那些适用于中间术语的系统可以根据建议获得每飞行小时只有 10^{-8} 的故障率的认证。

第三位评论者对“不造成危险”［拟议的第29.1309条（b）款（Ⅰ）项］这个短语的含义和理由提出疑问。作为对这一意见的回应，联邦航空局认为“不造成危险”这一短语是不恰当的，因为对于B类旋翼机来说，目前的第29.1309条（b）款和拟议的第29.1309条（b）款（Ⅰ）项在含义上没有任何区别。因此，拟议的第29.1309条（b）款（Ⅰ）项修改为：“对于B类旋翼机，设备、系统和装置的设计必须防止旋翼机发生故障或失效时的危害。”与“防止危险”相比，“尽量减少危险”这一短语允许：（Ⅰ）与单发动机旋翼机相适应的安全水平；（Ⅱ）较低的复杂性；（Ⅲ）成本较低的系统和设备。对单发动机正常类别的旋翼机来说，这种较低的安全水平是为了允许实用的设计，使质量和成本的损失最小化。

第四位评论者建议将拟议的第29.1309条（b）款（Ⅱ）项（ⅰ）和（ⅱ）中的内容合并，以说明“（Ⅱ）对于A类旋翼机，设备系统和装置如果发生故障或失效，不得妨碍继续安全飞行和着陆或对乘员造成伤害，除非故障或失效被证明是极其不可能的。”这一建议将更具限制性，因为它将“极不可能”的条件确定为仅降低旋翼机或机组能力的故障。美国联邦航空局还确定，对乘员的伤害并不是这个分析中需要考虑的适当因素，因此这个提法被删除。这与第25部在这方面的规定一致。由于这个原因，该建议超出了本通告的范围。评论者还提到了国家运输安全委员会（NTSB）对1977—1979年旋翼机事故的审查，并引用该文件显示只有2.7%的事故是由于系统、仪器和设备造成的。FAA发现，在1977年至1979年期间，配备仪表飞行的直升机在整个直升机机队中只占很小的比例。这个小比例并不能代表现在的机队，而且预计每年的代表性会更低。这主要是由于从1977年到1979年期间，系统的复杂性迅速增加。诸如电子飞行仪表系统（EFIS）、电传操纵系统和电子燃料控制系统等现在正被提交审批或即将被提交。在仪表飞行过程中失去这些系统中的任何一个，或者在任何飞行操作中失去电传操纵或电子燃料控制，都可能是灾难性的。因此，拟议的第29.1309条（b）款（Ⅱ）项（ⅰ）和（ⅱ）中的规定对于确保足够的安全水平是必要的，因此被采纳。

第四位评论者和第五位评论者还建议删除拟议的第29.1309条（c）款的最后一句话，

这句话要求在设计中尽量减少飞行员的错误，因为这可能会造成额外的危险。两位评论者都表示，这句话过于宽泛，无法明确应用。虽然要求很宽泛，但有必要保证诸如相同的开关，一个经常使用，一个不经常使用，如燃料关闭，不会被并排放置。列出所有这些不良设计的可能性是不切实际的，因此该要求被采纳为建议。

第四位和第五位评论者还建议删除整个拟议的第 29. 1309 条（d）款，因为它是“如何”，只应出现在咨询通告材料中。这一段定义了某些故障分析标准，可以在要求中明确说明。因此，该修正案被采纳。

在这次修正后，第 1309 条（a）～（g）款就再没有修订过。（h）款，无人提出反对意见，按提议的内容通过。

（d）在针对 FAR29 部进行的第 40 次修订中，FAA 对第 29. 1309 条进行了修订。

在 NPRM94-36（1994 年 12 月 12 日）中，FAA 提出修订第 29. 1309 条，将在目前的第 29. 610 条（a）款中增加“结构”一词，以澄清这些要求是针对旋翼机结构的，而不是第 29. 1309 条要求中充分涵盖的设备、系统和装置。

更改后该条适用于结构的防雷保护，由于第 29. 1309 条（h）款适用于系统和设备的防雷保护，所以没有必要引用第 29. 610 条，因此，这项修改建议将删除第 29. 1309 条（h）款中对第 29. 610 条的引用。

FRA28008 最终法规（1996 年 5 月 2 日）采纳了 NPRM94-36 的建议，在无反对意见的情况下通过了这些建议。

（e）在针对 FAR29 进行的第 53 次修订中，FAA 对第 29. 1309 条进行了修订。

在 NPRM10-05（2010 年 4 月 2 日）中，FAA 提出修订第 29. 1309 条，本规则将删除第 29. 1309 条（h）款，并删除第 29. 610 条（d）款（Ⅳ）项中的“雷电和”。第 29. 1309 条（h）款只要求申请人“考虑”雷电的影响。第 29. 610 条（d）款（Ⅳ）项涉及电气连接和防雷电及静电的一般设计要求。它们要求对雷电进行电气连接，将雷电对基本电气和电子设备功能的影响降低到一个可接受的水平。通过拟议的第 29. 1316 条，将用第 29 部电气和电子系统的防雷具体性能标准取代这些对雷电的提及。

FRAAmendment 29-53 最终法规（2011 年 6 月 8 日）采纳了 NPRM10-05 的建议。

SAE AE-2 防雷委员会评论说，拟议的法规文本没有使用“雷电的间接影响”这一短语，尽管在现行的第 23. 1309 条（e）款和 AC20-136A“保护飞机电气/电子系统免受雷电的间接影响”中使用了这一短语。评论者指出，在考虑第 29. 610 条等法规时，这一遗漏可能会造成混乱，因为该条款的目的是解决“雷电的直接影响”。

FAA 承认评论者的观点，即法规文本中没有使用“间接”和“直接”这两个术语，尽管它们经常被用来对雷电的具体影响进行分类。短语“雷电的直接影响”和“雷电的间接影响”一般指的是雷电影响电气和电子系统或功能的机制。直接影响通常与实际的雷电附着在机身或电气和电子系统的外部传感器上有关，它可以造成燃烧、爆破或变形等形式的损害。反之，间接影响是指雷电能量通过电气耦合进入电气和电子设备及其相关线路所造成的影响。性能标准根据飞机电气和电子系统所执行的功能失效的后果，对飞机电气和电子系统进行保护。所采用的规定并不打算区分雷电的影响是如何造成的，而是针对系统或功能的持续性能。

评论者还断言，性能标准没有反映当前的行业惯例或监管要求。FAA 不同意，这些性能标准与现有的第 23. 1309 条（e）款、第 25. 1316 条、第 27. 1309 条（d）款和第 29. 1309 条（h）款一致。这些规定指的是一般的雷电影响，而不是只指雷电的“间接影响”。现有的第 23. 1309 条（e）款明确规定，必须考虑雷电的直接和间接影响。第 25. 1316 条规定了对电气和电子系统的防雷保护。第 27. 1309 条（d）款和第 29. 1309 条（h）款要求必须考虑雷击对旋翼机的影响。因此，本规则制定的性能标准与现有法规和行业惯例是一致的。

评论者还指出，拟议的规则应明确要求是指“雷电的间接影响”，以便与 AC20-136A 一致。事实上，AC 同时涉及雷电的间接和直接影响。然而，AC 并没有描述在电气或电子系统受到直接雷击（直接影响）的情况下显示符合要求的方法。它提到了其他文件，如 SAE 航空航天推荐实践（ARP）5416“飞机雷电测试方法”，以显示符合直接影响的方法。尽管如此，AC 确实提到了申请人需要解决雷电对电气和电子系统的直接影响。

最后，评论者指出，如果拟议的规则适用于雷电的直接影响，则需要改变方法，因为拟议的规则指出，飞机暴露在雷电中后，基本系统不能被损坏。如前所述，联邦航空局已经决定不采用第 29. 1316 条（b）款（Ⅱ）项的拟议要求。这一决定解决了这位评论者的担忧。

6. 2. 2. 2. 2　CS29 对应条款背景和历史沿革分析

CS29 第 4 修正案涉及 29. 1309 的更改内容与 FAR 第 53 修正案相同。

（Ⅰ）FAR29 与 CS29 规章差异：CS29. 1309 条与 FAR29. 1309 条第 53 修正案内容完全一致。

（Ⅱ）CCAR-29-R2 与 FAR29 规章差异：CCAR29. 1309 中的内容与 FAR 第 53 修正案的内容完全一致。

（Ⅲ）CCAR 与 FAR、CS 条款及修正案等效对照如表 6-4 所示。

表 6-4　CCAR 与 FAR、CS 条款及修正案等效对照

关系	CCAR	FAR	CS
		29. 1309　Original(1965)	
		29. 1309　29-14(1977)	
	29. 1309　R0(1988)	29. 1309　29-24(1984)	
等效	29. 1309　R1(2002)	29. 1309　29-40(1996)	29. 1309　Original(2003)
等效	29. 1309　R2(2017)	29. 1309　29-53(2011)	29. 1309　Amendment 4(2016)

注：同一行的条款互为等效。

6.3 符合性验证思路

6.3.1 EH. 1301 功能和安装

该条款主要的符合性验证工作有：

（a）MC1 说明性文件。

本条款说明性文件包括符合性说明和图纸等。

（Ⅰ）符合性说明。

符合性说明应：说明设备组成、设备功能、技术参数、工作原理、计算方法等；表明设备具有标牌，并且说明标牌标明设备的名称、功能或使用限制；说明设备的安装限制，以及设备的安装符合安装限制的方法。

（Ⅱ）图纸。

用图纸表明：设备的安装方法和限制要求（如有），图示设备的安装符合对设备安装的限制要求。

（b）MC4 试验室试验。

设备的试验室试验大纲和报告应表明：设备在所有要求的使用环境下均可实现其功能。

（c）MC5 地面试验。

对于可以通过地面试验验证的功能，通过设备地面试验大纲和报告应表明：设备安装后，航空器在地面上或在地面模拟飞行条件下，设备功能正常。

（d）MC6 飞行试验。

通过设备飞行试验大纲和报告表明：设备安装后，航空器在规定的飞行条件下，设备功能正常。

（e）MC7 航空器检查。

航空器检查试验大纲和报告应表明：设备具有标牌，标牌标明设备的名称、功能或使用限制。

（f）MC9 设备合格性。

（Ⅰ）单独取证设备可以用技术标准规定项目批准书（CTSOA）或设计批准认可证（VDA）表明设备本身的合格性，可以不再用额外的证明材料来证明设备的合格性。

（Ⅱ）随机批准设备：

（ⅰ）用设备的环境试验大纲与报告或环境试验合格表格表明设备在所有要求的使用环境下均可实现其功能；对于重点关注设备需要进行相关试验的目击检查。

（ⅱ）用设备的设计和性能声明（DDP）或设备安装和使用手册表明设备的功能和设计与预定功能相适应。

（ⅲ）对于具有复杂电子硬件的设备，用硬件合格审定计划（PHAC）、硬件构型索引（HCI）和硬件实施概要（HAS），或者硬件合格报告表明设备复杂电子硬件设计的合格性；对于重点关注设备需要进行硬件合格性现场审查。

（ⅳ）对于具有软件的设备，用软件合格审定计划（PSAC）、软件构型索引（SCI）和软件实施概要（SAS），或者软件合格报告表明设备软件设计的合格性。

（ⅴ）对于重点关注设备需要进行软件合格性现场审查。对于采用新技术或新工艺的设备、关键设备、直接影响飞行安全的设备，根据需要进行设备合格性现场审查。

6.3.2 EH. 1309 设备、系统及安装

该条款主要的符合性验证工作如下。

（a）MC1 说明性文件。

本条款说明性文件涉及符合性说明文件、电气负载分析文件以及电源环境适应性分析文件。

通过符合性说明文件说明在论证 29. 1309 条款时需要开展的工作，同时说明设备、系统及安装在失效状态下可以满足条款的要求。

通过电气负载分析文件，确保直升机上每一项需要电力的设备能够有相应的电气负载作为保障。通过电源环境适应性分析文件，说明电源和相应设备、系统在最严酷环境和大气条件下满足预设功能的能力。

（b）MC3 安全性分析。

通过 AC29-2C-Chg7 以及 SAE ARP 4761 中提供的方法进行安全性分析工作，通过功能危险性分析、系统安全性分析、共因分析等方法论证功能失效满足概率要求。

（c）MC5 地面试验。

地面试验用于验证设计阶段所分析的符合性分析内容、安全性分析内容的真实性，通过地面试验给出可以实测的结果。

（d）MC6 飞行试验。

飞行试验用于验证设计阶段所分析的符合性分析内容、安全性分析内容的真实性，通过飞行试验给出可以实测的结果。

6.4 条款解析

6.4.1 EH. 1301 功能和安装

6.4.1.1 条款安全意图

第 29. 1301 条要求申请人正确地安装所有机载设备。

6.4.1.2 条款实质要求

本条款是机载设备的总则性条款，它对设备本身的适航性验证和设备装机批准做出了概述性的规定。本条款适用于所安装的每一项设备，包括必装设备和选装设备。

6.4.1.3 条款关键点分析

本条款适用于所安装的每一项设备。但应注意，即使本条款与所有设备是相关的，为特定系统提出专用功能要求的条款也将优先于本条款。因此，如有条款规定了系统的专用功能要求，那么就要使用该专用条款来评定所装系统的可接受性，而不限于本条款。还应明确，本条款的解释不应用于降低或提高专用条款的要求。

第 29. 1301 条（a）款要求“种类和设计与预定功能相适应”是指装机设备的种类和

设计能够满足旋翼航空器的功能需求，可以实现其预定应当实现的功能。首先，应当确定旋翼航空器所有的工作（目视飞行规则、仪表飞行规则、结冰等）条件，然后根据工作条件确定在适航规章和运行规章中要求的设备，此类设备的预定功能是明确的，应当依照规章进行设备的功能确认和验证；对于安全运行不重要，在适航规章和运行规章中没有要求的设备，申请人应当向审查代表说明设备的功能，并共同确认在型号合格审定过程中验证的功能和条件。根据本条款内容，对本条款的验证要求包括：设备实现的功能符合航空器对设备功能的要求；设备的性能满足航空器对设备性能的要求；设备的功能在航空器定义的使用环境下均可实现；设备的设计应当匹配航空器对设备安全性的要求；设备的设计应当匹配航空器对设备可靠性的要求。

对于设备在所有使用环境下均可实现其功能的验证，首先按照航空器定义的使用环境和设备在航空器内安装的区域确定设备的所有使用环境，然后通常依据美国航空无线电技术委员会文档 RTCA/DO-160“机载设备环境条件”和试验程序进行设备试验环境的选择和验证。应优先使用 RTCA/DO-160 这一标准，因为它已得到航空业界的广泛认可。

对于采用复杂电子硬件的设备，首先按照航空器定义的设备功能安全性要求确定设备的设计保证等级，然后通常依据美国航空无线电技术委员会文档 RTCA/DO-254“机载电子硬件设计保证指南”进行设备复杂电子硬件的设计和验证。应优先使用 RTCA/DO-254 这一标准，因为它已得到航空业界的广泛认可。

对于采用软件实现其功能的设备，首先按照航空器定义的设备功能安全性要求确定设备的设计保证等级，然后通常依据美国航空无线电技术委员会文档 RTCA/DO-178“机载系统和设备合格审定中的软件”考虑进行设备软件的开发和验证。应优先使用 RTCA/DO-178 这一标准，因为它已得到航空业界的广泛认可。

第 29. 1301 条（b）款要求装机设备应当具有标牌，标牌标明设备的名称、功能或使用限制，或这些要素的适用的组合。除对标注信息的要求外，设备的标牌应当是永久性的和清晰可辨的。标牌应当至少具有正确反映其功能的设备名称，并具有与设备图样一致的设备型号（部件号）。

第 29. 1301 条（c）款要求装机设备应当按对该设备规定的限制进行安装，如安装位置要求、温度和环境要求等。有关设备安装限制和正常功能的资料，通常都来自设备制造厂商的设备安装和使用手册。另外，部分咨询通报（AC）的内容也包含了评定特定系统正常功能的准则。因此，设备需要按照设备制造厂商的设备安装和使用手册或相关的咨询通报（AC）的要求进行安装设计，且设备安装的结果不可超过对设备安装规定的限制。通常设备安装规定的限制来源于两个方面：设备设计过程中预期的运行环境；设备设计过程中设定的与其他设备交联的接口，如电源、信号接口的匹配。

第 29. 1301 条（d）款要求装机设备在安装后功能正常。设备装机后，需要进行装机设备的功能试验。由于系统能够正常工作不仅与系统本身有关，还与航空器上与其交联的其他设备有关，因此需要综合考虑验证，包括设备在交联设备正常工作条件下、非正常工作条件下的功能和模拟设备本身功能故障后的功能等。

6.4.2 EH. 1309 设备、系统及安装

6.4.2.1 条款安全意图和实质要求分析

6.4.2.1.1 条款安全意图

第 29. 1309 条的目的是确保安装在旋翼航空器上的设备和系统达到可接受的安全水平，在每飞行小时平均故障率和失效状态影响的严重程度之间存在如下所示的反比关系（图 6-1）：

(a) 无影响的失效状态的发生频率可以高于"有可能的"；

(b) 次要的失效状态的发生频率可以是"有可能的"；

(c) 主要的失效状态的发生频率不得高于"微小的"；

(d) 危险的/严重的失效状态的发生频率不得高于"极其微小的"；

(e) 灾难性的失效状态的发生频率必须是"极不可能的"。

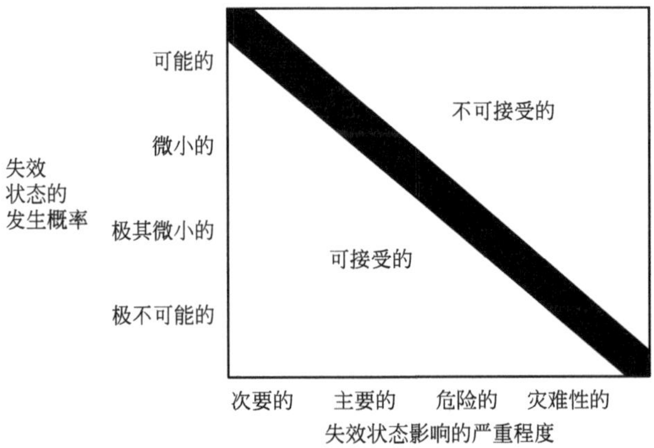

图 6-1 失效状态影响的严酷度和概率间的关系

6.4.2.1.2 条款实质要求

本条款作为 29 部 F 分部设备中的关键条款，规定了在飞机上安装的设备、系统必须满足的功能要求。

6.4.2.1.3 条款关键点分析

第 29. 1309 条（a）款对直升机上设备、系统和安装提出了要求，要求在各种预期的运行条件下可以完成预定功能。

第 29. 1309 条（b）款是第 29. 1309 条中的核心条款，对直升机上每一项设备、系统和安装的安全性提出核心要求。该条款规定了设备、系统和安装需要在可预见的情况下满足其预定功能，同时对任何可能的失效模式要通过告警信息提醒机组注意不安全的情况。结合 AC29-2C 中建议的方法，灾难性的、危险的航空器适航审定时主要的、次要的失效模式必须满足相应的失效概率要求。对各系统，要综合考虑可能的失效模式，分析各个飞行状态下最终可能产生的影响。

第 29. 1309 条（c）款对告警内容提出了要求，规定了发生危险情况时必须提供告警信息，同时告警信息必须能够帮助机组成员减少导致风险的误操作。

第 29. 1309 条（d）款是对第 29. 1309 条（b）款的补充，规定了在验证（b）款时必须考虑外界影响、多重失效等影响，同时考虑各种飞行状态下内容的影响。

第 29. 1309 条（e）款对直升机中电气负载提出了要求。规定了直升机上每一项需要能源的设备、系统及安装需要保持相应的能量负载。

第 29. 1309 条（f）款作为（e）款的补充内容，规定了在论证能源负载分析时，可以使用某种监控程序减小能源负载的假设。

第 29. 1309 条（g）款规定了电源系统及设备的要求，规定了必须考虑最严重的环境和大气条件。同时可以通过环境试验或设计分析使用电气设备。

6.4.2.2 条款关联信息

如图 6-2 所示，各条款之间关系说明如下：

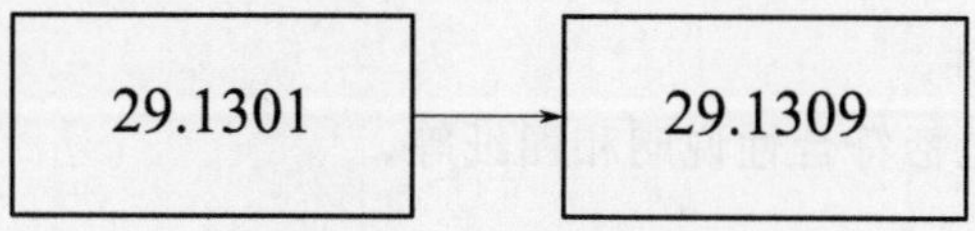

图 6-2 关联条款示意

第 29. 1301 条“功能和安装”。

第 29. 1309 条的要求应服从于第 29. 1301 条的要求。

6.5 符合性验证方法和审查要点

6.5.1 EH. 1301 功能和安装

6.5.1.1 国内外符合性验证方法分析

6. 5. 1. 1. 1 FAAAC 相关分析

FAA 颁布过 3 项与 FAR29. 1301 相关的咨询通告，如表 6-5 所示。

表 6-5 FAR29. 1301 相关咨询通告

咨询通告编号	标题	生效日期	是否有效
AC29-2A	Certification of Transport Category Rotorcraft.	1987. 9. 16	No
AC29-2B	Certification of Transport Category Rotorcraft.	1997. 7. 30	No
AC29-2C	Certification of Transport Category Rotorcraft.	2018. 7. 2	Yes 适用于当前 CCAR 要求

现行有效的 AC29-2C-Chg8 中的 AC 29. 1301，是针对 FAR29. 1301 初始版本条款要求所颁布的咨询通告，自 1997 年 AC29-2B 生效以后一直沿用至今，按照 AC29. 1301 的规定，AC29. 1301 现仍适用于第 29. 1301 条，因此现行有效的 AC29-2C 的 AC29. 1301 是适

用于我国当前有效的 CCAR29. 1301 要求的。

AC29-2C-Chg8 中的 AC29. 1301 对 FAR29. 1301 各款进行了详细的解释和说明，其中表明了条款符合性验证的着眼点。

6. 5. 1. 1. 2　FAA 和 EASA 差异分析

根据 CS29 book2 的规定，现行有效的 CS29. 1301 的 AMC 与 FAAAC29-2C-Change7（日期为 2016 年 2 月 4 日）的 AC29. 1301 保持一致，FAAAC29-2C-Change7 与 FAAAC29-2C-Change8 无差异。

针对此条款要求的符合性验证方法，FAA 和 EASA 无差异。

6.5.1.2　符合性验证工作流程及具体要求

6. 5. 1. 2. 1　验证对象

本条款主要验证对象为所有机载设备的安装。

6. 5. 1. 2. 2　符合性方法流

该条款主要的符合性验证工作有：

(a) MC1 说明性文件。

本条款说明性文件包括符合性说明和图纸等。

(Ⅰ) 符合性说明。

符合性说明应：说明设备组成、设备功能、技术参数、工作原理、计算方法等；表明设备具有标牌，并且说明标牌标明设备的名称、功能或使用限制；说明设备的安装限制，以及设备的安装符合安装限制的方法。

(Ⅱ) 图纸。

用图纸表明：设备的安装方法和限制要求（如有），图示设备的安装符合对设备安装的限制要求。

(b) MC4 试验室试验。

设备的试验室试验大纲和报告应表明：设备在所有要求的使用环境下均可实现其功能。

(c) MC5 地面试验。

对于可以通过地面试验验证的功能，通过设备地面试验大纲和报告应表明：设备安装后，航空器在地面上或在地面模拟飞行条件下，设备功能正常。

(d) MC6 飞行试验。

通过设备飞行试验大纲和报告表明：设备安装后，航空器在规定的飞行条件下，设备功能正常。

(e) MC7 航空器检查。

航空器检查试验大纲和报告应表明：设备具有标牌，标牌标明设备的名称、功能或使用限制。

(f) MC9 设备合格性。

(Ⅰ) 单独取证设备可以用技术标准规定项目批准书（CTSOA）或设计批准认可证（VDA）表明设备本身的合格性，可以不再用额外的证明材料来证明设备的合格性。

(Ⅱ) 随机批准设备：

（ⅰ）用设备的环境试验大纲与报告或环境试验合格表格表明设备在所有要求的使用环境下均可实现其功能；对于重点关注设备需要进行相关试验的目击检查。

（ⅱ）用设备的设计和性能声明（DDP）或设备安装和使用手册表明设备的功能和设计与预定功能相适应。

（ⅲ）对于具有复杂电子硬件的设备，用硬件合格审定计划（PHAC）、硬件构型索引（HCI）和硬件实施概要（HAS），或者硬件合格报告表明设备复杂电子硬件设计的合格性；对于重点关注设备需要进行硬件合格性现场审查。

（ⅳ）对于具有软件的设备，用软件合格审定计划（PSAC）、软件构型索引（SCI）和软件实施概要（SAS），或者软件合格报告表明设备软件设计的合格性。

（ⅴ）对于重点关注设备需要进行软件合格性现场审查。对于采用新技术或新工艺的设备、关键设备、直接影响飞行安全的设备，根据需要进行设备合格性现场审查。

6.5.1.2.3　符合性验证资料

申请人在表明对第 29.1301 条进行符合性验证时，应根据审定项目计划的安排，提交以下文件：

(a) 设备符合性说明文件；

(b) 设备安装图纸；

(c) 设备试验大纲与报告；

(d) 航空器检查试验大纲和报告；

(e) 技术标准规定项目批准书（CTSOA）；

(f) 条款符合性报告。

6.5.1.2.4　审定要点

审查中需要关注的一般要素和审查重点如下：

(a) 应当首先确定设备的批准形式，是单独取证还是随机批准。只有符合对应技术标准规定（CTSO）的设备才可以进行单独取证。

对于国产设备，单独取证要获得技术标准规定项目批准书（CTSOA）；对于国外设备，应当基于供应商所在国家局方与 CAAC 的适航双边的情况来确定，对于已获得美国联邦航空管理局（FAA）的技术标准规定（TSOA）的设备单独取证需要获得 CAAC 的设计批准认可证（VDA），或者可直接向 CAAC 申请获得技术标准规定项目批准书（CTSOA）。通常情况下，仅获得零部件制造人批准书（PMA）批准的设备在型号合格审定过程中不被认为是取证设备。

对于使用随机批准的方式，在型号合格审定过程中同时完成对设备的适航性验证工作，在这种情况下，针对设备的适航性验证所需要完成的验证工作一般会归类为 MC9。比较理想的做法是针对每一个随机批准设备，编制一份设备的验证计划。

需要明确的是，无论是单独取证还是随机批准，设备需要完成的验证工作是相同的。

(b) 所有设备在表明对于本条款的符合性，获得装机批准时，都需要证明对于航空器使用环境的匹配性，主要是设备完成的环境鉴定试验能满足航空器定义的使用环境的要求，对于不能满足航空器使用环境要求的已获得批准的设备，需要补充相关的验证工作。

(c) 所有设备在表明对于本条款的符合性，获得装机批准时，都需要证明其对于航空器安全性水平的匹配性。特别是对于包含复杂电子硬件的设备或包含软件的设备，需要考虑相应的设计保证等级与安全性要求的一致性。

（d）对采用新技术或新工艺的设备、关键设备、直接影响飞行安全的设备、设备设计保证等级为 A 级的设备进行重点关注，并选择部分设备进行重点审查和现场审查。

6.5.2 EH. 1309 设备、系统及安装

6.5.2.1 国内外符合性验证方法分析

6.5.2.1.1 FAAAC 相关分析

FAA 颁布过 3 项与 FAR29. 1309 相关的咨询通告，如表 6-6 所示。

表 6-6 FAR29. 1309 相关咨询通告

咨询通告编号	标题	生效日期	是否有效
AC29-2A	Certification of Transport Category Rotorcraft.	1987. 9. 16	No
AC29-2B	Certification of Transport Category Rotorcraft.	1997. 7. 30	No
AC29-2C	Certification of Transport Category Rotorcraft.	2018. 7. 2	Yes 适用于当前 CCAR 要求

现行有效的 AC29-2C-Chg8 中的 AC29. 1309，是针对 FAR29. Amendment 29-40 条款要求所颁布的咨询通告，自 1997 年 AC29-2B 生效以后一直沿用至今，按照 AC29. 1309 的规定，AC29. 1309 现仍适用于 29. 1309 条款，因此现行有效的 AC29-2C 的 AC29. 1309 是适用于我国当前有效的 CCAR29. 1309 要求的。

AC29-2C-Chg8 中的 AC29. 1309 对 FAR29. 1309 各款进行了详细的解释和说明，其中表明了条款符合性验证的着眼点。

6.5.2.1.2 FAA 和 EASA 差异分析

根据 CS29 book2 的规定，现行有效的 CS29. 1309 的 AMC 与 FAAAC29-2C-Change7（日期为 2016 年 2 月 4 日）的 AC29. 1309 保持一致，FAAAC29-2C-Change7 与 FAAAC29-2C-Change8 无差异。

针对此条款要求的符合性验证方法，FAA 和 EASA 无差异。

6.5.2.2 符合性验证工作流程及具体要求

6.5.2.2.1 验证对象

本条款主要验证对象为安装在旋翼航空器上的设备和系统。

6.5.2.2.2 符合性方法流

该条款主要的符合性验证工作有：

（a）MC1 说明性文件。

本条款说明性文件涉及符合性说明文件、电气负载分析文件以及电源环境适应性分析文件。

通过符合性说明文件说明在论证第 29. 1309 条时需要开展的工作，同时说明设备、系统及安装在失效状态下可以满足条款的要求。

通过电气负载分析文件，确保直升机上每一项需要电力的设备能够有相应的电气负载

作为保障。通过电源环境适应性分析文件，说明电源和相应设备、系统在最严酷环境和大气条件下满足预设功能的能力。

(b) MC3 安全性分析。

通过 AC29-2C Chg7 以及 SAE ARP 4761 中提供的方法进行安全性分析工作，通过功能危险性分析、系统安全性分析、共因分析等方法论证功能失效满足概率要求。

(c) MC5 地面试验。

地面试验用于验证设计阶段所分析的符合性分析内容、安全性分析内容的真实性，通过地面试验给出可以实测的结果。

(d) MC6 飞行试验。

飞行试验用于验证设计阶段所分析的符合性分析内容、安全性分析内容的真实性，通过飞行试验给出可以实测的结果。

6.5.2.3 符合性验证资料

申请人在表明对第 29. 1309 条进行符合性验证时，应根据审定项目计划的安排，提交以下文件：

(a) 符合性说明文件、电气负载分析文件以及电源环境适应性分析文件；

(b) 安全性分析报告；

(c) 地面与飞行试验大纲与报告；

(d) 条款符合性报告。

6.5.2.4 审定要点

审查中需要关注的一般要素和审查重点如下：

第 29. 1309 条 (a) 款审查中要关注各系统之间的关联影响。对某一系统某一功能的响应、运行要同时兼顾相关系统的情况，并将与相关系统的关联体现在符合性说明文件中。

第 29. 1309 条 (b) (d) 款可以合并进行论证。对该两条款的审查，主要体现在对各系统安全性分析的审查工作中。其中重点如下：

(Ⅰ) 申请人是否充分理解系统安全性分析的过程，并在实际的型号设计和适航验证中有效地运用了系统安全性分析的方法。

(Ⅱ) 对整机的功能危险性分析而言，功能列举是否全面完整，对功能失效等级的确定是否合理，是否考虑了最恶劣的情况。要综合考虑整机各系统功能情况给出结果，并且在设计中需要反复迭代更新。该部分内容的评审要综合考虑各种失效模式的情况，是安全性分析评审中的重点。

(Ⅲ) 对故障树分析中的底事件故障率，要求对来源进行严格控制。底事件故障率是验证顶事件是否满足安全性分析要求的关键，是整个安全性分析内容的基石。对底事件故障率的来源，如果通过统计结果给出，则要保证统计结果的真实性；如果通过成品协议中要求给出，则要论证成品厂家可靠性试验工作内容是否可靠；如果通过试验给出，则要对试验进行监控，确保试验满足相关要求。

(Ⅳ) 对故障模式影响分析内容，要确保整机所有 LRU 级组件开展了故障模式影响分析，并且要求分析到所有的故障模式。在审查中要对所有组件、所有功能进行审查，才能确保自下而上安全性分析内容全面可靠。

（Ⅴ）申请人完成的系统安全性分析报告中，要确定 FHA 中识别出的所有失效状态，尤其是灾难性的和危险的失效状态，都得到了适当的处理并可以得到令人满意的安全性结论。

（Ⅵ）随着机载系统复杂程度的增加，在进行安全性分析的审查时，要注意对于软件和复杂电子硬件的研制保证等级（DAL）的分配的合理性。

（Ⅶ）随着机载系统复杂程度的增加，对于共因分析的审查要予以格外的关注，对于失效状态可接受的失效率的确定通常来自对多个系统的评估，而这些评估是基于失效状态的独立性这个假设得到的，因此要确认这种独立性。

第 29.1309 条（c）款审查中主要注意是否所有功能都在符合性说明中给出了告警方案。

第 29.1309 条（e）（f）款可以合并分析，主要在于审查电气负载分析内容的符合性。对各用电组件的电气负载，要求全面、保守，确保所有电气组件在最严苛负载模式下满足要求。

第 29.1309 条（g）款主要考虑在闪电和恶劣大气条件下飞机各组件的使用情况。在论证条款过程中，需要对整机电搭接情况进行分析。

第7章

电动旋翼航空器适航发展与展望

7.1 适航认证进展与核心里程碑

电动垂直起降飞行器（eVTOL）作为低空经济的核心载体，其适航认证进程在全球范围内加速推进。中国民航局（CAAC）、美国联邦航空管理局（FAA）和欧洲航空安全局（EASA）三大适航管理机构正通过持续探索与创新，推动这一新兴领域的认证标准体系建设。2023—2025 年间，全球 eVTOL 适航认证取得突破性进展，中国企业表现尤为突出，多个产品实现里程碑式跨越，为行业发展注入强劲动力。

（a）全球认证格局。

中国在 eVTOL 适航认证领域已处于全球第一梯队（表 7-1）。2024 年 4 月，亿航智能的 EH216-S 无人驾驶载人航空器创造了历史，成为全球首个同时获得型号合格证（TC）、标准适航证（AC）、生产许可证（PC）和运营合格证（OC）的“四证齐全”eVTOL 机型。这一成就标志着无人驾驶 eVTOL 适航体系的重大突破。紧随其后，峰飞航空的 V2000CG 于 2024 年 3 月获得 TC 认证，成为全球首个获证的吨级载物电动垂直起降飞行器，为大型 eVTOL 货运机型树立了安全标杆。中国民用航空华东地区管理局在 2023 年 10 月正式受理了时的科技倾转旋翼 E20 eVTOL 的型号适航审定申请，该项目采用创新方法，结合现有规章及国外同类型号专用条件，提出了适用于倾转旋翼的审定基础。

表 7-1 中国主要 eVTOL 机型适航进展概览

企业名称	机型	适航进展	技术特点	预计取证时间
亿航智能	EH216-S	已获 TC/AC/PC/OC 四证（2024 年 4 月）	无人驾驶，16 旋翼，载重 2 人	已取证
峰飞航空	V2000CG	已获 TC（2024 年 3 月）	吨级货运 eVTOL	已取证

续表

企业名称	机型	适航进展	技术特点	预计取证时间
时的科技	E20	适航审定申请受理（2023 年 10 月）	倾转旋翼，载重 5 人，航程 200 公里	2026 年
沃飞长空	AE200	专用条件征求意见（2023 年 12 月）	八轴内四倾转，载重 6 人	2026 年
辽宁通航	RX4E 锐翔	已获型号适航证（2025 年 1 月）	四座固定翼电动飞机	已取证

（b）传统电动固定翼飞机。

2025 年初，辽宁通用航空研究院研发的 RX4E 锐翔四座电动飞机获得中国民航局型号适航认证，历时 5 年完成全部适航验证工作。这款按照 CCAR-23 部设计的正常类电动飞机，最大起飞质量 1260 千克，动力锂电池总容量 70 千瓦时，最大续航时间 1.5 小时，可广泛应用于飞行员培训、观光旅行等领域。这一认证为电动航空器的适航标准积累了宝贵经验。

（c）复合翼与倾转旋翼。

沃飞长空 AE200 采用“八轴内四倾转”动力布局的适航新构型，显著提升了危险飞行工况与单动力装置失效情况下的安全性。2023 年 12 月，中国民航局发布了《关于就沃飞长空 AE200-100 型电动垂直起降航空器型号合格审定项目专用条件征求意见的通知》，标志着其适航审定工作的审定基础已初步具备。沃飞长空在 2025 年启动符合性验证工作，计划在 2026 年完成 TC 申请，有望成为国内首个完成载人飞行试验的六座 eVTOL 产品。

适航认证周期与路径方面，eVTOL 取得 TC 的周期通常为 3～5 年。不同技术路线的取证进度存在差异：多旋翼构型因机械结构相对简单而率先突破；复合翼与倾转旋翼因技术复杂度更高，其适航认证稍晚，但应用潜力更大。时的科技 E20 eVTOL 作为中国首个倾转旋翼载人电动飞机，预计在 2026 年实现适航取证并投入量产。这一时间节点与国际领先企业基本同步，体现了中国在高端航空装备领域的快速进步。

7.2 适航审定体系与技术挑战

电动旋翼航空器的适航审定体系正处于从传统航空器框架向新型技术规范过渡的关键阶段。当前全球主要民航管理机构采用“专用条件＋豁免”的创新模式，在现有适航规章基础上，针对 eVTOL 的技术特点制定特殊标准。这一灵活务实的审批准入机制，为电动航空器的安全认证开辟了符合技术发展规律的现实路径。

7.2.1 适航审定框架创新

（a）专用条件制定：中国民航局在推进沃飞长空 AE200 适航审定过程中，创新性地发布了型号合格审定项目专用条件征求意见通知，针对倾转旋翼结构、分布式电推进系统、高电压环境下的电磁兼容性等新型技术领域提出特殊审查要求。这种模式既保证了安全标准的严谨性，又兼顾了技术创新的包容性。时的科技在 E20 项目适航审定中同样采用这一思路，从设计特点出发，结合现有规章及国外同类型号专用条件，提出了适用于倾转旋翼 eVTOL 的审定基础。

(b) 符合性验证方法：适航审定的核心环节是确定符合性验证方法。时的科技在 E20 项目受理后，持续就配套的符合性验证方法与局方展开沟通讨论。华羽先翔与蔚蓝航空合作构建智能数据分析系统，通过定制试飞及应急科目验证，显著缩短了产品认证周期。这些创新方法正在重塑传统适航审定流程，提高认证效率。

(c) 全链条适航体系：2025 年 3 月，华羽先翔与蔚蓝航空签署战略合作协议，共建国内首个 eVTOL“研发-培训-应用”全场景解决方案生态体系。该合作覆盖飞行器设计研发、智能制造、适航验证测试及商业化运营全链条，首次实现了航培领军机构与核心主机企业的生态共建。这种全产业链协作模式为适航体系建设提供了系统性支撑。

7.2.2 核心技术挑战与解决方案

电动旋翼航空器的适航认证面临三大关键技术挑战：动力系统可靠性、轻量化材料应用和电池安全性能。这些挑战既是适航审定的重点，也是产业技术攻关的核心方向(表 7-2)。

(a) 动力系统冗余设计：沃飞长空 AE200 采用的“八轴内四倾转”构型通过创新布局显著提升了危险飞行工况与单动力装置失效情况下的安全性，同时降低了动力系统最大拉力需求。这种设计使飞行器在单个甚至多个电机失效情况下仍能安全着陆，满足航空安全标准冗余要求。峰飞航空 V1500M 盛世龙同样采用垂直起降固定翼构型，集性能、效率及可靠性于一身，降低成本的同时满足航空安全标准冗余要求。

(b) 先进复合材料应用：eVTOL 整机高达 70% 的材料由复合材料构成，而碳纤维复合材料又占其中的 90%。中信证券测算，仅现有订单对碳纤维的需求就高达 75 亿元，未来市场空间巨大。碳纤维复合材料在减轻重量的同时提供更高结构强度，是满足适航结构要求的关键材料。时的科技在 E20 研发中开展了复合材料积木式试验、结构强度试验等一系列测试，确保材料性能满足适航标准。

(c) 高能量密度电池：电池直接决定了 eVTOL 的续航能力，占整机价值量的 10%。eVTOL 里程焦虑正推动以固态电池为首的新型电池技术的落地。RX4E 锐翔电动飞机采用 70 千瓦时动力锂电池，可提供 1.5 小时最大续航时间。沃飞长空 AE200 通过优化气动外形，结合低速大扭矩电机与静音螺旋桨，在提升静音性能的同时降低能耗。

表 7-2 eVTOL 适航审定关键技术挑战与解决方案

技术挑战	适航要求	创新解决方案	典型案例
动力系统可靠性	单点失效不影响安全飞行	多冗余电机设计(八轴内四倾转)	沃飞长空 AE200
轻量化结构	结构强度与重量平衡	碳纤维复合材料(占材料 90%)	时的科技 E20
电池安全与续航	热失控防护与能量密度	固态电池技术应用	辽宁通航 RX4E
噪声控制	城市噪声限值	低速大扭矩电机+静音螺旋桨	沃飞长空 AE200
飞控系统安全	故障操作能力	多重飞控计算机冗余	亿航智能 EH216-S

适航人才培养已成为支撑产业可持续发展的关键环节。华羽先翔与蔚蓝航空合作，构

建中国首个适配全倾转旋翼 eVTOL 机型特性的试飞员与飞行员标准化培训体系。沃飞长空自 AE200 进入适航审定程序后，组建了具有丰富民航适航经验的团队，按照中国民航局规定的相应类别培训科目开展适航培训工作。这些举措为适航审定体系提供了人才保障，确保认证工作专业高效推进。

7.3 产业链协同与商业生态建设

电动旋翼航空器的适航发展不仅依赖单一产品的技术突破，更需要全产业链协同和商业生态共建。中国低空经济政策红利持续释放，为 eVTOL 适航认证与商业化创造了有利环境。2023 年 12 月中央经济工作会议将低空经济纳入新质生产力范畴，2024 年政府工作报告首次将低空经济定义为增长引擎。据预测，2030 年中国低空经济规模有望达到 2 万亿元；到 2035 年市场规模将达 3. 5 万亿元。

7.3.1 产业链配套建设

（a）上游材料与核心部件：据德国企业 Lilium 分析，其 eVTOL 整机价值量分布中，动力系统占比 40%、结构与内饰占 25%、电池占 10%。基于 Global Info Research 预测的 2026 年中国 eVTOL 产值 46. 02 亿美元计算，对应动力系统市场约 18. 4 亿美元，结构材料市场 11. 5 亿美元，电池市场 4. 6 亿美元。非晶合金电机因铁芯损耗小、效率高、体积小，正成为 eVTOL 动力系统的理想选择；碳纤维复合材料在结构件中占据主导地位；高能量密度固态电池则是解决续航瓶颈的关键技术方向。

（b）适航试验验证能力：时的科技在 E20 研发过程中系统性地开展了复合材料积木式试验、结构强度试验、航电设备功能与环境适应性试验、电池电机性能试验、旋翼开发试验、动力系统验证试验等系列测试，并完成了框架机试飞测试、原型机整机设备联调、地面压载试验、全机振动试验等工作。沃飞长空 AE200 适航构型原型机已总装下线，正在持续开展相关密集试验试飞工作。这些系统化的试验验证为适航认证奠定了科学基础。

（c）适航人才培养体系：华羽先翔与蔚蓝航空的战略合作包括构建我国首个适配全倾转旋翼 eVTOL 机型特性的试飞员与飞行员标准化培训体系，为低空产业闭环提供关键人才保障。蔚蓝航空拥有成熟的飞行器驾驶员培养体系与丰富教学经验，这一合作将人才培养与适航认证紧密结合，形成创新闭环。

7.3.2 应用场景与商业模式

eVTOL 的商业化应用场景正从单一领域向多元化拓展，形成多层次应用生态。中信证券预测，2025 年迎来首批 eVTOL 商业化运营项目，2026 年行业有望开启高速增长。不同技术路线的 eVTOL 将分阶段投入市场：多旋翼类 eVTOL 有望率先投入市场，复合翼、矢量推进型 eVTOL 会稍晚落地，但会凭借其航程、航速优势适用于更多场景。

（a）观光旅游：有望成为最早商业化的应用场景。eVTOL 在旅游观光领域的潜在市场规模有望超过 50 亿元。时的科技 E20 eVTOL 设计最大航程 200 千米、最快时速 320 千米，可提供 25 分钟内从上海市区抵达苏州的“空中出租车”服务。亿航智能 EH216-S 可搭载两人，最大飞行速度 130 千米/时，特别适合城市空中观光体验。

（b）跨境出行服务：时的科技计划在取证后，将产品卖到马来西亚等共建“一带一路”国家。亿航智能与阿根廷国家飞机制造公司（FAdeA）签署战略合作备忘录，聚焦 EH216-S 在阿根廷及拉美地区的适航认证、本地化生产及运营服务体系建设。这一合作标志着中国 eVTOL 技术在拉丁美洲市场的首次深入落地。

（c）公共服务与物流：峰飞航空 V2000CG 作为全球首个获证的吨级载物 eVTOL，开辟了大型电动航空器货运市场。华羽先翔与蔚蓝航空的合作将探索 eVTOL 在空中出行、应急救援、物流运输等应用场景，共同构建安全可靠的 eVTOL 运营生态。

成本控制与票价策略对商业化推广至关重要。时的科技计划量产后为用户提供每千米约 3 元每座的出行服务，还有点对点固定班次，目标是让 eVTOL 进入人们日常生活，而不只是高端出行。这一亲民价格策略将显著提升市场接受度，推动大规模商业化应用。

7.4 国际拓展与标准体系建设

中国电动旋翼航空器企业正积极拓展全球市场，通过技术输出、国际合作和标准共建，加速 eVTOL 适航认证的国际化进程。这一战略不仅拓展了中国航空产业的全球影响力，也为国际适航标准体系的完善贡献了中国智慧。

7.4.1 全球化战略布局

（a）拉美市场突破：2025 年 6 月，亿航智能在巴黎国际航空航天展期间与阿根廷国家航空航天制造商 FAdeA 签署战略合作备忘录（MoU）。FAdeA 作为阿根廷国家级航空制造企业，具备强大的工程研发能力、完整的飞机制造基础设施以及与监管机构长期合作的丰富经验，将为 EH216-S 在拉美的顺利落地与规模化应用提供有力支撑。这一合作凸显了拉美地区在全球低空经济战略布局中的重要地位。

（b）欧洲适航认证：峰飞航空在德国奥格斯堡成立欧洲研发及适航中心，任命原空客 EC135 及 H145 直升机产品负责人 Mark R Henning 担任峰飞欧洲总经理。Henning 拥有 26 年航空从业经验，将带领团队根据 EASA 的安全标准打造产品，达到民航客机安全级别。峰飞于 2022 年启动 V1500M 盛世龙的欧洲适航认证，2025 年最终取得 EASA 适航认证。

（c）东南亚市场开拓：辽宁通用航空研究院研发的 RX4E 锐翔四座电动飞机在 2025 年进军海外市场，主要目标市场包括东南亚、中东和非洲等地区，特别针对岛屿较多、道路基础设施较差的区域。时的科技同样计划在取证后，将 E20 产品卖到马来西亚等共建“一带一路”国家。

7.4.2 国际标准共建

全球 eVTOL 适航标准正处于建设初期，欧洲、美国和中国基本上处于前后脚起步阶段，都是边探索、边制定相应规则。中国企业在积极参与国际标准制定方面发挥了重要作用。

（a）标准输出：沃飞长空表示当第一代产品拿到适航证后，会协同民航局方、产业伙伴等其他相关机构，将适航积累的标准流程慢慢固化，成为未来适航审定的基础。这种“实践先行、标准后立”的模式是新兴航空技术领域的典型特征。

（b）适航审定国际合作：时的科技积极推动产学研协同，与中国民航大学签署《E20 eVTOL 适航审定合作协议》，全面推动 E20 项目适航审定工作的开展；与中国民用航空飞行学院签署战略合作协议，共同推进 eVTOL 行业发展。同时，该公司已向局方推荐多位合格人员成为委任工程代表，联合高校共同推进适航审定工作。

（c）适航人才国际化：峰飞航空聘请原空客直升机产品负责人 Mark R Henning 担任欧洲总经理，这一举措不仅提升了企业的适航认证能力，也促进了中欧适航理念的融合。Henning 特别认同峰飞 V1500M 盛世龙的简洁设计理念，认为其“安全可靠、舒适便捷、安静环保，既可垂直起降又可快速巡航，集性能、效率及可靠性于一身”。

7.5 未来趋势与挑战应对

电动旋翼航空器适航发展正处于从技术验证向商业化运营过渡的关键阶段。展望未来五年，行业将迎来适航认证的集中突破和商业模式的多元化探索，同时也面临基础设施、空域管理、公众接受度等多重挑战。

7.5.1 适航认证与商业化进程

（a）适航取证时间表：多家中国 eVTOL 企业明确了适航取证时间表。时的科技预计其倾转旋翼 E20 eVTOL 将在 2026 年实现适航取证并投入量产。沃飞长空 2025 年启动 AE200 的符合性验证工作，争取成为国内首个完成载人飞行试验的六座 eVTOL 产品，2026 年完成型号合格证（TC）申请。峰飞航空 V1500M 盛世龙于 2025 年取得 EASA 适航认证。

（b）量产能力建设：沃飞长空在 2024 年 11 月正式宣布其首款自主研发的六座电动垂直起降航空器 AE200 的量产构型和未来发展规划。时的科技正在紧锣密鼓地进行原型机的飞行测试，为 2026 年量产做准备。量产能力建设是适航认证后的关键环节，直接关系到商业应用的规模扩张。

（c）低空基础设施：中国各地正在加快低空飞行起降基地建设。浙江、山东、海南、安徽、广东等地低空飞行起降基地已基本落成，多地正在加快低空经济发展布局。一些地方政府还建立了专门的产业基金，为“低空经济”发展提供资金基础。这些基础设施将为取证后的 eVTOL 商业化运营提供物理支撑。

7.5.2 技术发展方向

(a) 动力系统优化：eVTOL 电机有小型化、高频化的发展趋势，非晶电机因铁芯损耗小、效率高、体积小，有望被广泛应用。沃飞长空 AE200 通过优化气动外形，结合低速大扭矩电机与静音螺旋桨，显著提升了静音性能，满足现代都市出行对于环境噪声的严格要求。

(b) 电池技术突破：eVTOL 里程焦虑有望推动以固态电池为首的新型电池技术的落地。RX4E 锐翔采用 70 千瓦时动力锂电池提供 1.5 小时续航，代表了当前电动航空电池技术的先进水平。随着能量密度提升和充电速度加快，电池技术突破将显著扩展 eVTOL 的应用场景。

(c) 自主飞行系统：亿航智能 EH216-S 为全智能无人驾驶航空器，通过地面指挥调度系统管理，多架航空器可以在空中完成井然有序的无人驾驶飞行。无人驾驶技术不仅能降低运营成本，也减少了人为操作失误带来的安全风险，是适航安全的重要保障。

7.5.3 面临挑战与应对策略

eVTOL 适航发展面临的挑战与应对策略如表 7-3 所示。

表 7-3 eVTOL 适航发展面临的挑战与应对策略

挑战领域	具体问题	应对策略	典型案例
适航认证	标准不完善、验证方法复杂	专用条件＋豁免模式、符合性方法创新	沃飞长空 AE200 审定
空域管理	低空空域开放不足	设立专门管理机构、推进分类管理	国家低空经济发展司
基础设施	起降点不足	多地建设起降基地、规划立体交通网络	浙江、广东起降基地
公众接受度	安全担忧、噪声问题	冗余设计、静音技术、科普宣传	AE200 静音螺旋桨
商业模式	初期运营成本高	亲民票价策略、规模化本地生产	时的科技 3 元/千米定价

(a) 适航认证复杂度：eVTOL 适航认证面临标准不完善、验证方法待探索等挑战。沃飞长空采用“专用条件＋豁免”模式，在现有适航规章基础上制定特殊标准。华羽先翔与蔚蓝航空合作构建智能数据分析系统，通过定制试飞及应急科目验证，缩短产品认证周期。

(b) 空域管理改革：eVTOL 商业化运营需要低空空域开放和精细化管理。中国设立低空经济发展司，拟订并组织实施“低空经济”发展战略、中长期发展规划，提出有关政策建议，协调有关重大问题。空域分类管理、数字化空中交通管理系统建设将是支持 eVTOL 大规模商业运营的关键。

(c) 公众接受度提升：安全性、噪声和隐私问题是影响公众接受度的主要因素。沃飞长空 AE200 优化了舱内空间利用率及驾驶员、乘员的视野设计，提高了乘坐舒适性和飞行安全性。时的科技 E20 通过倾转旋翼构型，在起飞时是多旋翼模式，升空后螺旋桨逐步倾转变成固定翼飞行器，减少悬停噪声对城市环境的影响。

（d）商业模式验证：初期高成本是商业化的主要障碍。时的科技计划在量产后提供每公里约 3 元每座的出行服务，通过亲民价格提升市场接受度。亿航智能与 FAdeA 合作推动 EH216-S 在拉美地区的本地化生产，通过规模化降低制造成本。

未来展望：根据中信证券预测，2025 年迎来 eVTOL 的商业化运营，2026 年行业有望开启高速增长。到 2027 年，中国对 eVTOL 的需求量约为 500 架。随着适航认证标准体系不断完善、技术持续进步和应用场景多元化，电动旋翼航空器将逐步成为城市立体交通体系的重要组成部分，实现“空中出租车”从概念到日常出行方式的转变。

电动旋翼航空器适航发展是一个技术、法规、产业和生态协同演进的系统工程。通过持续的技术创新、灵活的适航政策、完善的基础设施建设和商业模式的不断验证，这一新兴领域将逐步克服当前挑战，实现安全、高效、可持续的商业化运营，重塑未来城市交通格局。